超深层油气藏钻完井复杂故障处理：完测分册

陈宗琦　刘　练　柳志翔　李冬梅　编著

中国石化出版社

图书在版编目(CIP)数据

超深层油气藏钻完井复杂故障处理．完测分册/陈宗琦等编著．—北京：中国石化出版社，2023.5
ISBN 978－7－5114－6922－9

Ⅰ.①超… Ⅱ.①陈… Ⅲ.①油气钻井－完井－油气测井－故障修复 Ⅳ.①TE257②P631.8

中国国家版本馆CIP数据核字(2023)第044993号

中国石化出版社出版发行
地址:北京市东城区安定门外大街58号
邮编:100011 电话:(010)57512500
发行部电话:(010)57512575
http://www.sinopec-press.com
E-mail:press@sinopec.com
北京柏力行彩印有限公司印刷
全国各地新华书店经销
*
787毫米×1092毫米16开本14.5印张318千字
2023年5月第1版 2023年5月第1次印刷
定价:168.00元

编　委　会

序

顺北油气田位于塔里木盆地中西部，是目前世界上发现且开发的埋藏最深的油气藏之一。其油气藏类型特殊，地质结构复杂，具有地层跨度大、超深、超高压、超高温且含有酸性气等特点，因而导致部分井段可钻性差、恶性漏失、垮塌、溢流甚至井喷、工具仪器不能适应、对特殊工艺需求高等世界罕见的钻井难题，使得该区勘探开发难度大、安全风险和开发成本高，钻井周期长。2016 年，中国石化宣布在顺北油气田勘探取得重大商业发现，成为塔里木盆地石油勘探的新亮点。此后，中国石化加大科技攻关力度，攻克了一系列世界级难题，自主研发形成了顺北超深断控型油气成藏理论和关键技术，取得了多口井的油气突破和重大发现。2021 年以来，顺北油气田完井测试获得 10 余口千吨井，成为中国石化“十四五”期间重要的增储上产阵地。

目前，顺北油气田已初步形成了以特深装备配套技术、环境保护技术、井身结构优化技术、分层钻井提速技术、长裸眼井筒强化技术、特殊油气藏井控装备配套及井控技术、保护油气层技术、防漏及小间隙固井技术、超深井小井眼水平井钻井技术、高压超深（特深）完井测试技术为核心的特深层钻井配套技术。尽管如此，钻完井生产过程中的井眼复杂情况和工程故障仍时有发生，严重影响了生产效率和经济效益。随着顺北油气田向更深层勘探，油藏埋深更深，温度、压力更高，地质条件更加复杂，特深层井身结构分析、破碎带安全钻进、志留系井漏机理分析、耐高温高压 MWD 仪器研发、缝洞型储层安全钻进等技术仍需持续攻关、完善和配套。总结、分析井眼复杂情况及工程故障发生、处理过程中的经验、教训，能够达到举一反三、借鉴经验、提高效率、保障安全生产的目的。

特深层油气藏的钻探，需要突破常规思路，加大科研攻关力度，加强新技术和新工具的配套应用，集中力量攻克一批“卡脖子”的核心技术，加大井眼复杂情况预防和故障处理的资源投入，从而支撑中国石化乃至我国特深层油气藏的勘探开发。

《超深层油气藏钻完井复杂故障处理丛书》是西北油田分公司结合塔里木盆地勘探开发成效与现状，对近些年发生的钻完井工程复杂情况及故障的处理进行深入研究、系统分析、经验总结后形成的最新成果。该套丛书分为《钻井分册》和

《完测分册》，系统介绍了钻完井作业过程中各类复杂情况及故障的发生经过、原因分析、处置手段、经验教训和相关建议，具有较强的指导性和实用性。同时，该套丛书把“异常判断、事前预防、工具选择、处理方法”的内容切实落实到操作岗位上，能够帮助现场基层管理人员和操作人员掌握复杂情况及故障的预防和处理操作技能，具有非常强的指导性和推广价值。

中国石化历来重视石油工程领域复杂情况及故障的预防。按照集团公司的要求，油田事业部每年都组织开展钻完井及试油气作业井下故障专项分析，强化经验总结和教训分享。这些工作有效推进了重点探井、高风险井、高难度井的精细管理，提高了钻完井工程质量和生产效率。但是随着钻井工艺新技术、钻井信息技术的发展和推广，钻完井复杂情况和故障的处理技术也需要进一步完善，着力在技术处理模板化、标准化、序列化上下功夫，形成一套切实有效的故障防治和处理方案。

希望通过此套《超深层油气藏钻完井复杂故障处理丛书》，在进一步提高地质认识、细化工程方案、强化现场管理、持续推进“四提”工作方面，为基层操作人员和管理人员提供丰富的、可借鉴的科学施工经验，为石油工程领域培养更多的工程复杂情况与故障处理专家。特将该丛书推荐给石油工程生产领域的工程技术人员和管理人员。

中国科学院院士　高德利

前　言

塔里木盆地石油、天然气资源丰富，勘探开发前景广阔，是中国石化油气资源接替的重点区域。塔河油田位于新疆塔里木盆地北部，是中国第一个古生界海相亿吨级大油田，自1997年发现以来，经过25年的发展，产量从初期的39×10^4t跃升至2022年的670×10^4t。快速发展的塔河油田已于2006年跻身我国陆地十大油田行列。顺北油气田位于塔里木盆地中西部，是全球陆地上最深的断控缝洞型油气藏，自2016年发现以来，实现了塔河外围资源阵地接替，累计探明石油储量1.9×10^8t、天然气储量$191\times10^8m^3$，累计原油产量334×10^4t、天然气产量$16\times10^8m^3$。

塔里木盆地地质结构复杂，油气藏埋藏深、岩石强度大、井壁易漏失易垮塌、超深定向钻井困难，钻井难度之大世所罕见。随着勘探开发规模的不断扩大，为了进一步提高地质认识，细化工程方案，优化重点探井、高风险井、高难度井的精细管理，需对钻完井及试油气井井下故障进行深入分析研究，对典型故障案例进行专题剖析，形成切实有效的故障防治方案，提高钻完井工程质量和生产时效。为此，编写了《超深层油气藏钻完井复杂故障处理丛书》。

本丛书由中国石化西北油田分公司组织编写，在工程技术部、监督管理部、完测中心、工程技术研究院对近年来发生的井眼复杂情况与故障处理的案例进行收集的基础上，请具有丰富现场经验的专家分别对钻井、完测相关内容进行了整理、完善，精选经典案例分类别介绍了塔里木盆地各种井下复杂工况及故障的预防及处理措施。通过详细介绍问题的发生经过、原因分析及处理过程，为科学、合理处理、预防钻完井井下复杂情况和故障提供了有益借鉴。

本丛书在编写过程中，得到了中国石化油田勘探开发事业部、中国石化各油田（分公司）领导及参加西北油气田钻完井施工的有关专家的大力支持和帮助，特别是苗锡庆、黎宏、卢云霄、刘殷韬等同志，为本书的编写及出版提出了大量宝贵意见及建议。在此，对他们表示衷心的感谢。

目　　录

第一章　封隔器故障

顺北油气田发现于2016年，总面积$2.8\times10^4km^2$，目的层为奥陶系中下统碳酸盐岩地层，资源量约17×10^8t油气当量。截至2022年2月，顺北油气田累计产油334×10^4t，累计产气$16\times10^8m^3$。

封隔器作为顺北地区油气测试及完井投产工艺中的关键工具，目前在该地区已累计使用15个类型共1400余套，综合成功率91.72%。工区超深及高温高压的工程条件，给封隔器的应用带来了极其严峻的挑战，现场使用过程中出现了遇阻或中途坐封、坐封失效、失封窜漏、解封卡阻等问题，发生封隔器失效的井累计达116口。

第一节　顺北地区封隔器类型及应用情况

一、PHP－MCHR套管液压封隔器

PHP－MCHR套管液压封隔器是一款可回收式液压封隔器，主要应用于Φ177.8mm、Φ193.7mm套管中，工作压差为52MPa，工作温度为150℃。该封隔器为液压坐封，水力锚与卡瓦双向锚定，上提解封，其结构见图1－1－1。

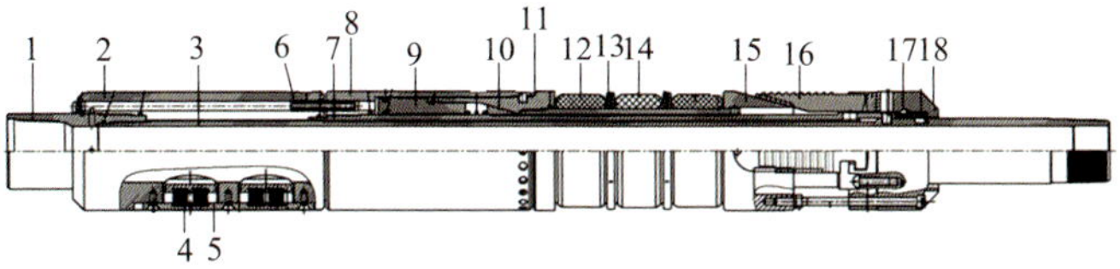

图1－1－1　PHP－MCHR套管液压封隔器结构

1—接头；2—球齿；3—内中心管；4—弹簧；5—压板；6—连杆；7—外中心管；8—下缸套；9—上活塞；10—锁环；11—下活塞；12—边胶筒；13—隔环；14—中间胶筒；15—锥体；16—卡瓦；17—凸轮块；18—释放套

2008～2015年，该封隔器累计使用242井次，发生故障12井次，其中，用于射测联作共12井次，出现故障6井次，成功率仅50%。其使用情况见表1－1－1。

表1－1－1　PHP－MCHR套管液压封隔器使用情况统计

时间	2008年	2009年	2010年	2011年	2012年	2013年	2014年	2015年	合计
使用数/井次	13	12	88	56	39	13	15	6	242
故障数/井次	4	1	0	3	1	0	2	1	12
成功率/%	69.23	91.67	100.00	94.64	97.44	100.00	86.67	83.33	95.04

二、PHP 套管液压封隔器

PHP 套管液压封隔器是一款可回收式液压封隔器，主要应用于 Φ177.8mm、Φ193.7mm 套管中，工作压差为 52MPa，工作温度为 150℃。该封隔器为液压坐封，卡瓦双向锚定，上提解封，其结构见图 1-1-2。

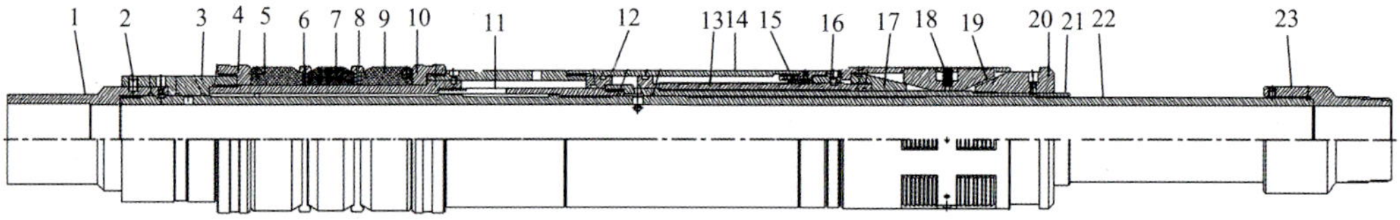

图 1-1-2 PHP 套管液压封隔器结构

1—上接头；2—剪切销钉；3—平衡接头；4—倒环；5—弹簧胶筒；6—隔环；7—中间胶套；8—隔环；9—弹簧胶筒；10—倒环；11—释放爪；12—上活塞；13—下活塞；14—缸筒；15—锁环；16—坐封销钉；17—上椎体；18—弹簧；19—卡瓦；20—下椎体；21—外中心管；22—内中心管；23—下接头

2011～2015 年，该封隔器累计使用 134 井次，发生故障 6 井次。其使用情况见表 1-1-2。

表 1-1-2 PHP 套管液压封隔器使用情况统计

时间	2011 年	2012 年	2013 年	2014 年	2015 年	合计
使用数/井次	7	23	54	35	15	134
故障数/井次	0	0	3	1	2	6
成功率/%	100.00	100.00	94.44	97.14	86.67	95.52

三、RH 套管液压封隔器

RH 套管液压封隔器是一款可回收式液压封隔器，主要应用于 Φ177.8mm 套管中，工作压差为 52MPa，工作温度为 150℃。该封隔器为液压坐封，水力锚与卡瓦双向锚定，上提解封，其结构见图 1-1-3。

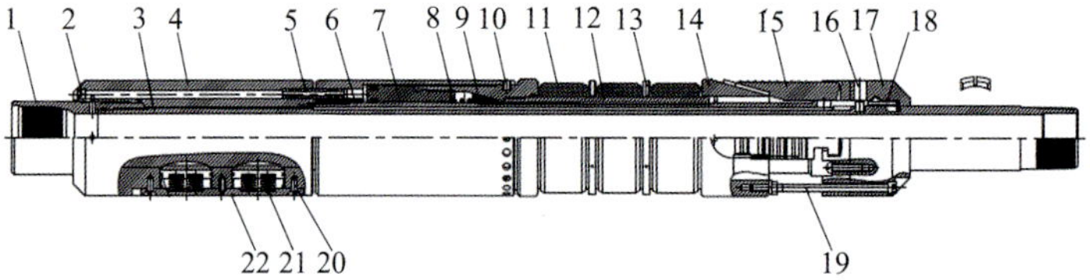

图 1-1-3 RH 套管液压封隔器结构

1—上接头；2—沉头管塞；3—主芯阀；4—水力锚总成；5—传压管；6—活塞芯阀；7—活塞；8—弹簧；9—棘齿机构；10—坐封销钉；11—胶筒；12—胶筒芯轴；13—隔环；14—楔形块；15—卡瓦；16—解封销钉；17—卡瓦支架；18—锁键；19—连接螺杆；20—固定螺杆；21—弹簧；22—压板

2009～2015 年，该封隔器累计使用 49 井次，发生故障 4 井次。其使用情况见表 1－1－3。

表 1－1－3 RH 套管液压封隔器使用情况统计

时间	2009 年	2010 年	2011 年	2012 年	2013 年	2014 年	2015 年	合计
使用数/井次	5	10	30	2	1	0	1	49
故障数/井次	0	0	3	0	1	0	0	4
成功率/%	100.00	100.00	90.00	100.00	0	—	100.00	91.84

四、Premier 套管液压封隔器

Premier 套管液压封隔器是一款永久式液压封隔器，主要应用于 Φ177.8mm 套管中，工作压差为 70MPa，工作温度为 177℃。该封隔器为液压坐封，卡瓦双向锚定，下切割工具切割中心管后上提解封，其结构见图 1－1－4。

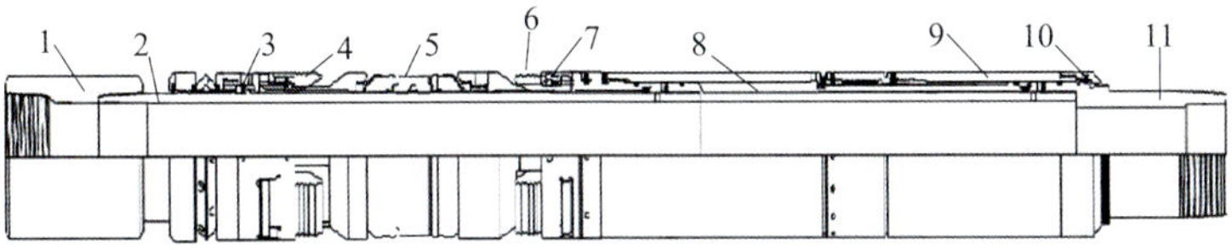

图 1－1－4 Premier 套管液压封隔器结构

1—上接头；2—中心管；3—固定螺钉；4—上卡瓦；5—胶筒；6—下卡瓦；7—剪切销钉；8—1#液压缸；9—2#液压缸；10—剪切环；11—下接头

2012～2015 年，该封隔器已累计使用 3 井次，发生故障 1 井次。其使用情况见表 1－1－4。

表 1－1－4 Premier 封隔器使用情况统计

时间	2012 年	2013 年	2014 年	2015 年	合计
使用数/井次	2	0	1	0	3
故障数/井次	1	0	0	0	1
成功率/%	50.00	—	100.00	—	66.67

五、SH1X 套管液压封隔器

SH1X 套管液压封隔器是一款可回收式液压封隔器，与 PHP－MCHR 套管液压封隔器结构相同，主要应用于 Φ177.8mm、Φ193.7mm 套管中，工作压差为 52MPa，工作温度为 150℃。该封隔器为液压坐封，水力锚与卡瓦双向锚定，上提解封，其结构见图 1－1－5。

2012～2015 年，该封隔器累计使用 20 井次，发生故障 4 井次。其使用情况见表 1－1－5。

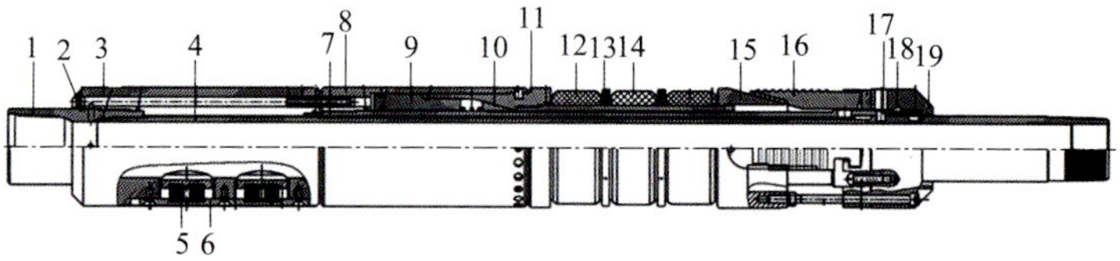

图 1－1－5　SH1X 套管液压封隔器结构

1—上接头；2—堵头；3—球齿座；4—内中心管；5—弹簧；6—压板；7—连杆；8—外中心管；9—下缸体；10—上活塞；11—锁环；12—边胶筒；13—隔环；14—中间胶筒；15—锥体；16—卡瓦；17—剪切销钉；18—凸轮块；19—释放套

表 1－1－5　SH1X 套管液压封隔器使用情况统计

时间	2012 年	2013 年	2014 年	2015 年	合计
使用数/井次	2	8	8	2	20
故障数/井次	1	1	1	1	4
成功率/%	50. 00	87. 50	87. 50	50. 00	80. 00

六、SHR－HP 套管液压封隔器

SHR－HP 套管液压封隔器是一款可回收式液压封隔器，主要应用于 Φ177. 8mm、Φ193. 7mm 套管中，工作压差为 70MPa，工作温度为 204℃。该封隔器采用液压坐封，水力锚与卡瓦双向锚定，上提解封，其结构见图 1－1－6。

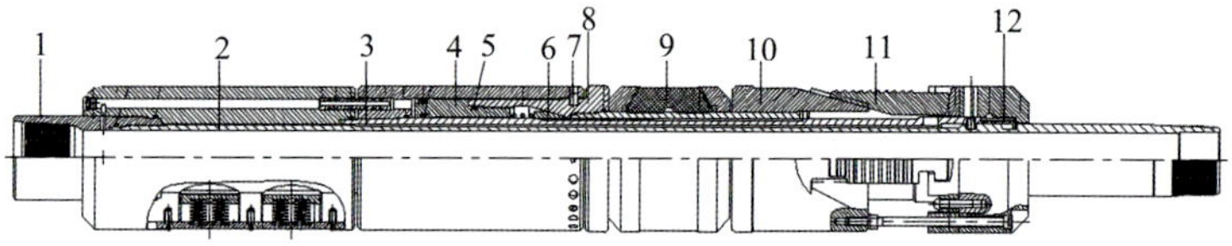

图 1－1－6　SHR－HP 套管液压封隔器结构

1—上接头；2—内中心管；3—外中心管；4—上活塞；5—橡胶套；6—锁环；7—剪切销钉；8—下活塞；9—组合胶套；10—锥体；11—卡瓦；12—剪切销钉

2012～2015 年，该封隔器累计使用 39 井次，发生故障 4 井次。其使用情况见表 1－1－6。

表 1－1－6　SHR－HP 套管液压封隔器使用情况统计

时间	2012 年	2013 年	2014 年	2015 年	合计
使用数/井次	9	24	2	4	39
故障数/井次	0	3	1	0	4
成功率/%	100. 00	87. 50	50. 00	100. 00	89. 74

七、Y241 套管液压封隔器

Y241 套管液压封隔器是一款可取式液压封隔器，主要应用于 Φ177. 8mm、Φ206. 4mm

套管中，工作压差为50MPa，工作温度为150℃。该封隔器为液压坐封，卡瓦单向锚定，上提解封；酸压作业时通常与水力锚配合使用，其结构见图1－1－7。

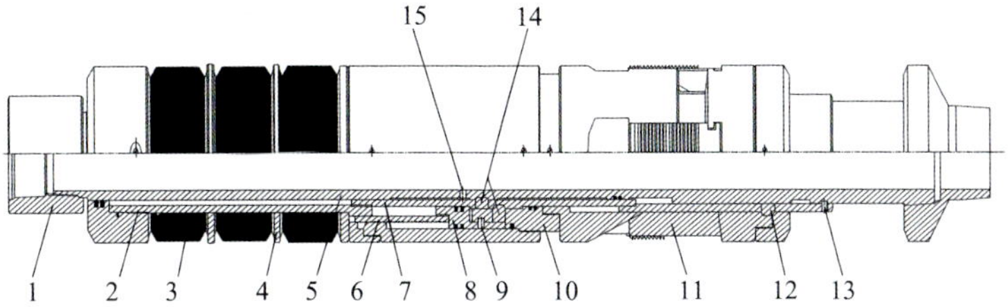

图1－1－7　Y241套管液压封隔器结构

1—上接头；2—胶筒轴；3—胶筒；4—隔环；5—中心管；6—锁定棘齿；7—活塞芯轴；8—上活塞；9—坐封销钉；10—下活塞；11—卡瓦；12—解封释放销钉；13—解封销钉；14—锁块；15—传压孔

2011～2015年，该封隔器累计使用8井次，发生故障3井次。其使用情况见表1－1－7。

表1－1－7　Y241套管液压封隔器使用情况统计

时间	2011年	2012年	2013年	2014年	2015年	合计
使用数/井次	8	0	0	0	0	8
故障数/井次	3	0	0	0	0	3
成功率/%	62.50	—	—	—	—	62.50

八、MFH套管液压封隔器

MFH套管液压封隔器是一款可回收式液压封隔器，主要应用于Φ177.8mm、Φ193.7mm套管中，工作压差为52MPa，工作温度为177℃。该封隔器为液压坐封，水力锚与卡瓦双向锚定，上提解封，其结构见图1－1－8。

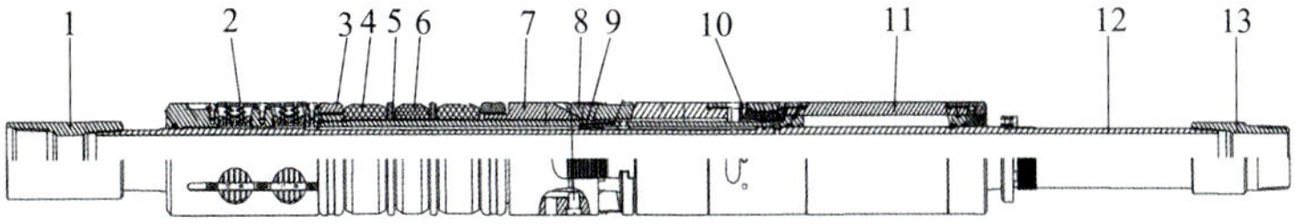

图1－1－8　MFH套管液压封隔器结构

1—上接头；2—定位销；3—导环；4—端胶筒；5—隔环；6—中间胶筒；7—锥体；8—卡瓦；9—锁环；10—剪切销钉；11—坐封套；12—中心管；13—下接头

2012～2015年，该封隔器累计使用22井次，发生故障2井次。其使用情况见表1－1－8。

表1－1－8　MFH套管液压封隔器使用情况统计

时间	2012年	2013年	2014年	2015年	合计
使用数/井次	2	14	5	1	22
故障数/井次	0	0	1	1	2
成功率/%	100.00	100.00	80.00	0	90.91

九、Y211 套管机械封隔器

Y211 套管机械封隔器是一款可回收式机械封隔器，工作压差为 50MPa，工作温度为 150℃。该封隔器为提放管柱坐封，卡瓦单向锚定，上提解封。若需双向锚定，则通常与水力锚配合使用。在顺北地区，该款封隔器使用了 CYY211 和 LXY211 两种型号，其结构见图 1－1－9、图 1－1－10。

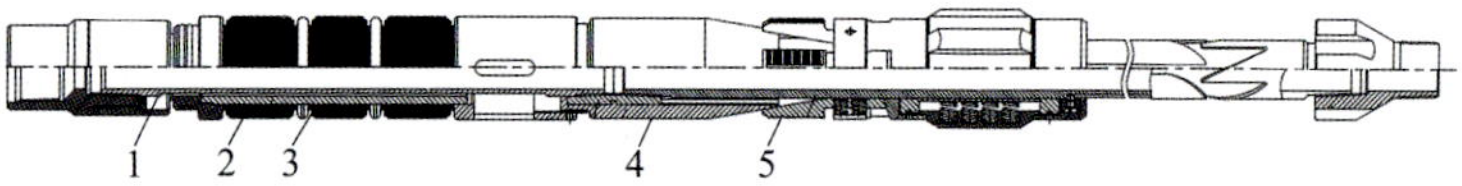

图 1－1－9　CYY211 套管机械封隔器结构

1—中心管；2—胶筒；3—隔环；4—锥体；5—卡瓦

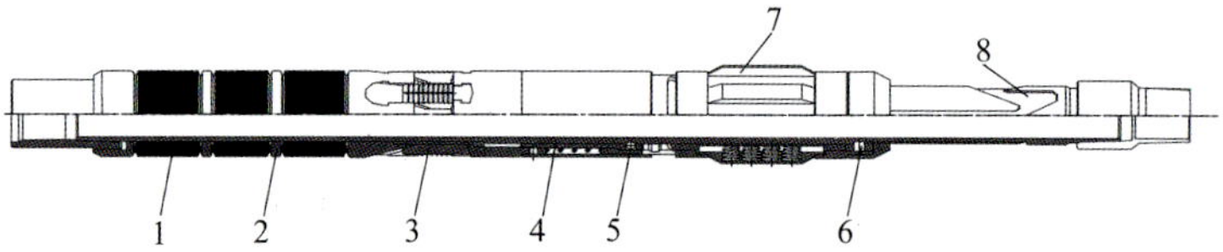

图 1－1－10　LXY211 套管机械封隔器结构

1—胶筒；2—隔环；3—卡瓦；4—中心管；5—锁球；6—换位销；7—摩擦块；8—换位槽

2009～2015 年，Y211 套管机械封隔器累计使用 240 井次，发生故障 10 井次。其使用情况见表 1－1－9。

表 1－1－9　Y211 套管机械封隔器使用情况统计

时间	2009 年	2010 年	2011 年	2012 年	2013 年	2014 年	2015 年	合计
使用数/井次	57	71	58	22	27	2	3	240
故障数/井次	0	1	3	3	2	0	1	10
成功率/%	100.00	98.59	94.83	83.36	92.59	100.00	66.67	95.83

十、RTTS 套管机械封隔器

RTTS 套管机械封隔器是一款可取式机械封隔器，当应用于 Φ177.8mm、Φ193.7mm 套管中时，封隔器工作压差为 70MPa；当应用于 Φ244.5mm 套管中时，封隔器工作压差为 55MPa；工作温度有 177℃和 204℃两个等级。该封隔器为提放旋转管柱坐封，水力锚与卡瓦双向锚定，上提解封，其结构见图 1－1－11。

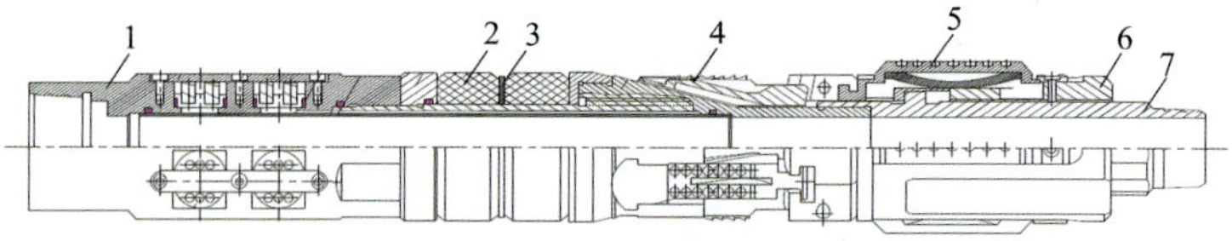

图 1－1－11　RTTS 套管机械封隔器结构

1—上接头；2—胶筒；3—隔环；4—卡瓦；5—摩擦换位总成；6—限位环；7—中心管

2009～2015 年，该封隔器累计使用 69 井次，发生故障 4 井次。其使用情况见表 1－1－10。

表 1－1－10 RTTS 套管机械封隔器使用情况统计

时间	2009 年	2010 年	2011 年	2012 年	2013 年	2014 年	2015 年	合计
使用数/井次	4	17	11	3	17	15	2	69
故障数/井次	0	0	1	0	1	1	1	4
成功率/%	100. 00	100. 00	90. 91	100. 00	94. 12	93. 33	50. 00	94. 20

十一、CHAMP 套管液压封隔器

CHAMP 套管液压封隔器是一款可回收式机械封隔器，主要应用于 Φ177. 8mm 套管中，工作压差为 105MPa，工作温度为 204℃。该封隔器为提放旋转管柱坐封，水力锚与卡瓦双向锚定，上提解封，其结构见图 1－1－12。

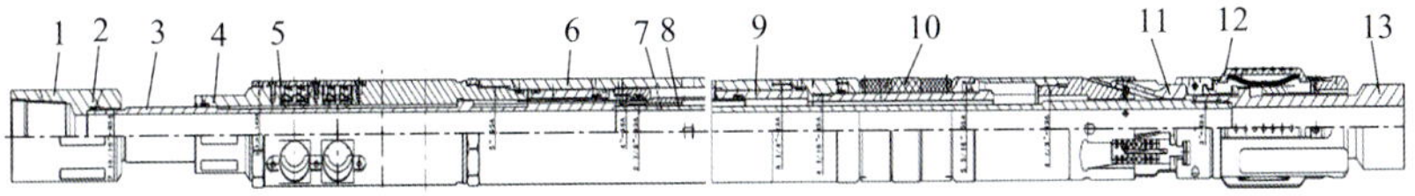

图 1－1－12 CHAMP 套管液压封隔器结构

1—上接头；2—支撑密封；3—花键芯轴；4—水力锚本体；5—水力锚卡瓦；6—外筒；7—中芯轴；8—循环套；9—密封短节；10—胶筒；11—卡瓦；12—摩擦块；13—下芯轴

2014～2015 年，该封隔器累计使用 7 井次，发生故障 2 井次。其使用情况见表 1－1－11。

表 1－1－11 CHAMP 套管液压封隔器使用情况统计

时间	2014 年	2015 年	合计
使用数/井次	2	5	7
故障数/井次	0	2	2
成功率/%	100. 00	60. 00	71. 43

十二、PDP 裸眼封隔器

PDP 裸眼封隔器是一款液压扩张式裸眼封隔器，工具外径有 Φ117. 6mm、Φ127mm、Φ136. 7mm 3 种，分别适用于 Φ120～158mm、Φ130～168mm、Φ140～170mm 裸眼井径，工作压差为 45MPa，工作温度为 149℃。该款封隔器通过节流压差坐封，压差消除后自动解封，其结构见图 1－1－13。

2008～2017 年，该封隔器累计使用 110 井次，发生故障 15 井次。其使用情况见表 1－1－12。

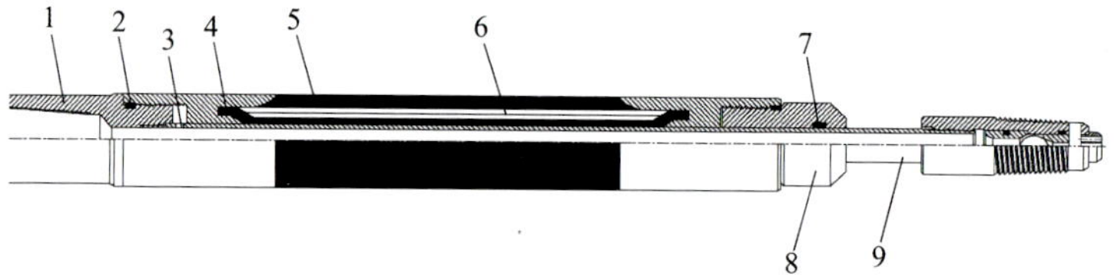

图 1-1-13　PDP 裸眼封隔器结构

1—上接头；2—密封圈；3—传压孔；4—内胶筒；5—外胶筒；6—钢带；7—密封圈；8—密封接头；9—芯轴

表 1-1-12　PDP 裸眼封隔器使用情况统计

时间	2008 年	2009 年	2010 年	2011 年	2012 年	2013 年	2014 年	2015 年	2016 年	2017 年	合计
使用数/井次	25	20	19	38	6	0	1	1	0	0	110
故障数/井次	6	5	2	2	0	0	0	0	0	0	15
成功率/%	76.00	75.00	89.47	94.74	100.00	—	100.00	100.00	—	—	86.36

十三、K344 裸眼封隔器

K344 裸眼封隔器是一款液压扩张式裸眼封隔器，工具外径有 Φ98mm、Φ105mm/108mm、Φ118mm、Φ128mm、Φ138mm、Φ150mm 6 种，分别适用于 Φ107 ~ 118mm、Φ115 ~ 126mm、Φ130 ~ 142mm、Φ152 ~ 158mm、Φ158 ~ 165mm、Φ165 ~ 185mm 裸眼井径，工作压差为 50MPa，工作温度为 150℃/160℃。该款封隔器通过节流压差坐封，压差消除后自动解封，其结构见图 1-1-14。

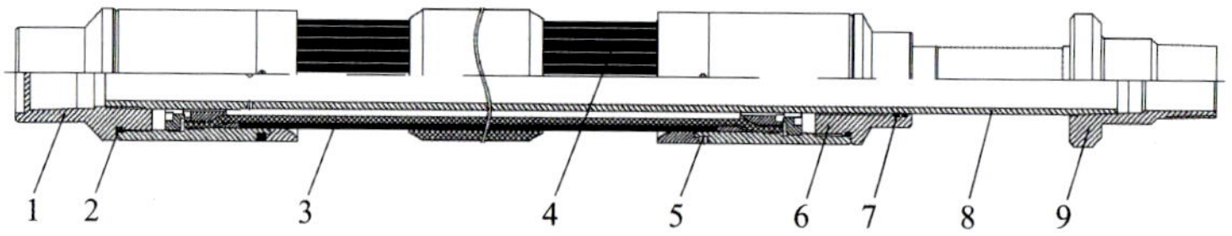

图 1-1-14　K344 裸眼封隔器结构

1—上接头；2—密封圈；3—内胶筒；4—钢带；5—螺钉；6—密封接头；7—密封圈；8—芯轴；9—下接头

2008 ~ 2017 年，该封隔器累计使用 302 井次，发生故障 17 井次。其使用情况见表 1-1-13。

表 1-1-13　K344 裸眼封隔器使用情况统计

时间	2008 年	2009 年	2010 年	2011 年	2012 年	2013 年	2014 年	2015 年	2016 年	2017 年	合计
使用数/井次	22	15	18	35	54	50	37	24	25	22	302
故障数/井次	1	0	0	0	5	6	1	1	1	2	17
成功率/%	95.45	100.00	100.00	100.00	90.74	88.00	97.30	95.83	96.00	90.90	94.37

十四、PIP 裸眼封隔器

PIP 裸眼封隔器是一款液压扩张式裸眼封隔器，工具外径有 Φ117.6mm、Φ127mm、

Φ136.7mm 3 种，分别适用于 Φ120～158mm、Φ130～160mm、Φ140～170mm 裸眼井径，工作压差为45MPa，工作温度为149℃。该款封隔器通过节流压差坐封，压差消除后自动解封，其结构见图 1－1－15、图 1－1－16。

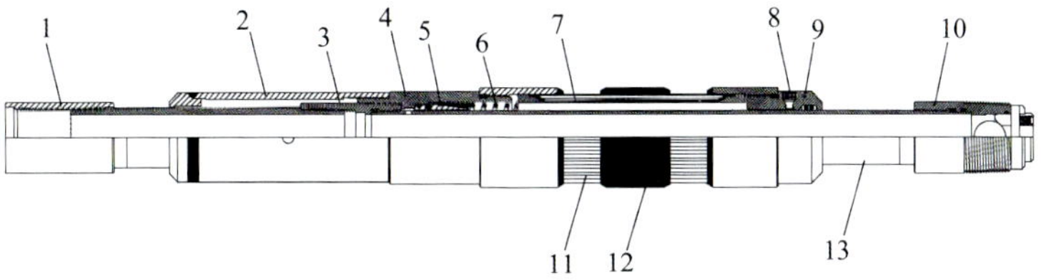

图 1－1－15 PIP 裸眼封隔器结构(丝扣脱手)

1—上接头；2—伸缩腔；3—丝扣脱手节箍；4—丝扣脱手短节；5—单流阀；6—弹簧；7—内胶筒；8—泄压孔；9—密封短节；10—球座；11—钢带；12—外胶筒；13—芯轴

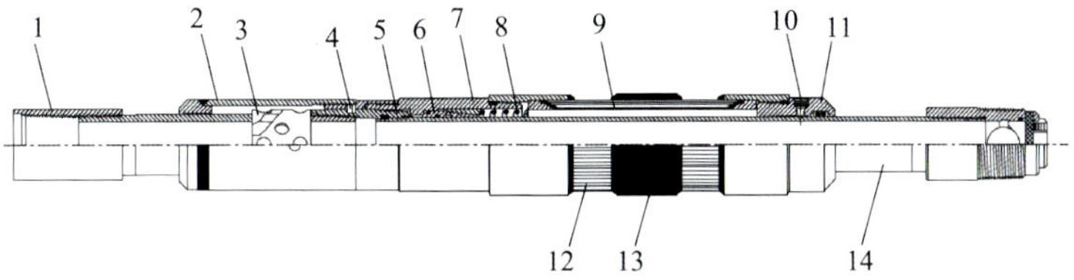

图 1－1－16 PIP 裸眼封隔器结构(带解封销钉)

1—上接头；2—伸缩腔；3—滑动减震器；4—解封销钉；5—丝扣脱手节箍；6—单流阀；7—丝扣脱手短节；8—弹簧；9—内胶筒；10—泄压孔；11—密封短节；12—钢带；13—外胶筒；14—芯轴

2008～2017 年，该封隔器累计使用 71 井次，发生故障 16 井次。其使用情况见表 1－1－14。

表 1－1－14 PIP 裸眼封隔器使用情况统计

时间	2008 年	2009 年	2010 年	2011 年	2012 年	2013 年	2014 年	2015 年	2016 年	2017 年	合计
使用数/井次	23	13	9	22	1	3	0	0	0	0	71
故障数/井次	2	4	1	9	0	0	0	0	0	0	16
成功率/%	91.30	69.23	88.89	59.10	100.00	100.00	—	—	—	—	77.46

十五、K341 裸眼封隔器

K341 裸眼封隔器是一款液压扩张式裸眼封隔器，工具外径有 Φ98mm、Φ105mm/108mm、Φ128mm、Φ138mm、Φ150mm、Φ158mm 6 种，分别适用于 Φ110～117mm、Φ115～126mm、Φ152～158mm、Φ158～165mm、Φ165～185mm、Φ173～189mm 裸眼井径，工作压差为50MPa，工作温度为150℃/160℃。该款封隔器通过投球打压坐封，上提管柱解封，其结构见图 1－1－17。

2008～2017 年，该封隔器累计使用 73 井次，发生故障 10 井次。其使用情况见表 1－1－15。

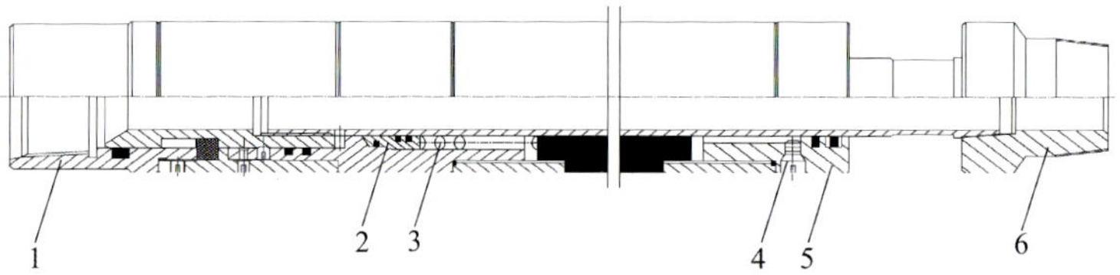

图 1-1-17 K341 裸眼封隔器结构

1—上接头；2—单流阀；3—弹簧；4—泄压阀；5—密封接头；6—下接头

表 1-1-15 K341 裸眼封隔器使用情况统计

时间	2008 年	2009 年	2010 年	2011 年	2012 年	2013 年	2014 年	2015 年	2016 年	2017 年	合计
使用数/井次	0	0	0	17	20	17	13	3	2	1	73
故障数/井次	0	0	0	2	4	2	1	1	0	0	10
成功率/%	—	—	—	88.24	80.00	88.24	92.31	66.67	100	100	86.30

第二节 封隔器中途遇阻或坐封

封隔器在下入过程中发生失效的原因较多，主要包括井筒准备不充分或泥浆稠化导致的中途遇阻、工具损伤，反循环排量过高导致的胶筒膨胀，下入操作不当(顿钻、下入过快)或正循环导致的封隔器中途坐封，等等。

一、TP12#井 HPH-MCHR 封隔器黏滞遇阻

(一)基本情况

2020 年，TP12#井采用“封隔器+油管锚+射孔枪”射采联作管柱完井，目的层为 S_1t，Φ177.8mm 油层套管射孔井段为 4064～4075m。井内管柱结构见图 1-2-1。

(二)发生经过

1. 第一次管柱遇阻情况

管柱下至井深 553.48m 处(封隔器中胶位置为 322.98m 处)时，开始出现摩阻增大现象。继续下放 7m，摩阻逐渐增大至 20kN，管柱无法正常下放，反复提放活动管柱仍无法通过遇阻点。

起出管柱检查发现，封隔器坐封销钉被剪断，已启动坐封；封隔器卡瓦内有铁屑残留，水力锚有一块锚爪有轻微凸出；封隔器解封销钉被剪断，处于解封状态；封隔器本体有金属划痕，本体附着大量油泥(图 1-2-2)。

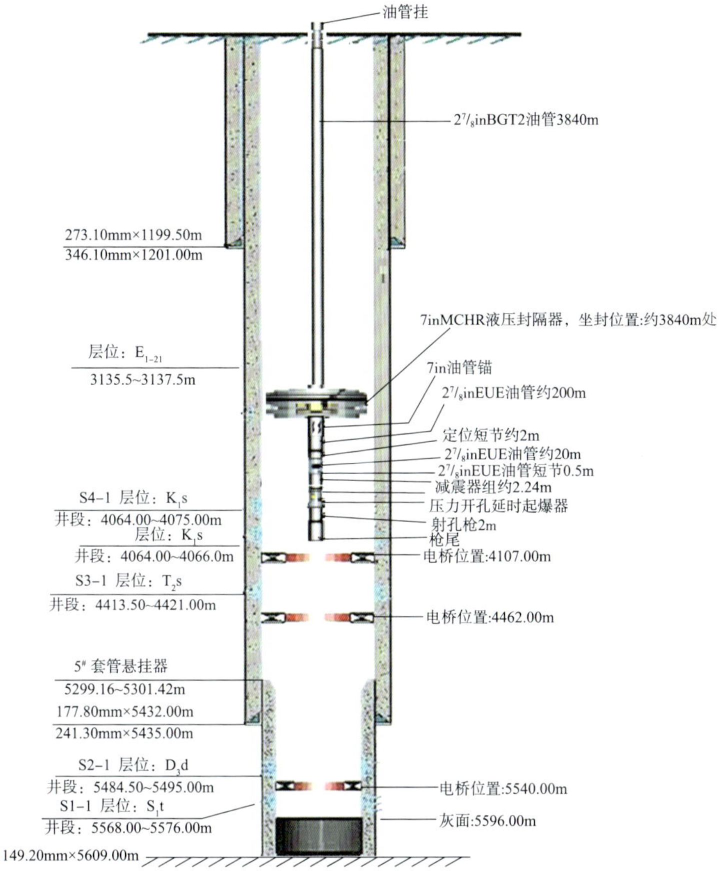

图 1-2-1　TP12# 井管柱结构(1in = 2.54cm)

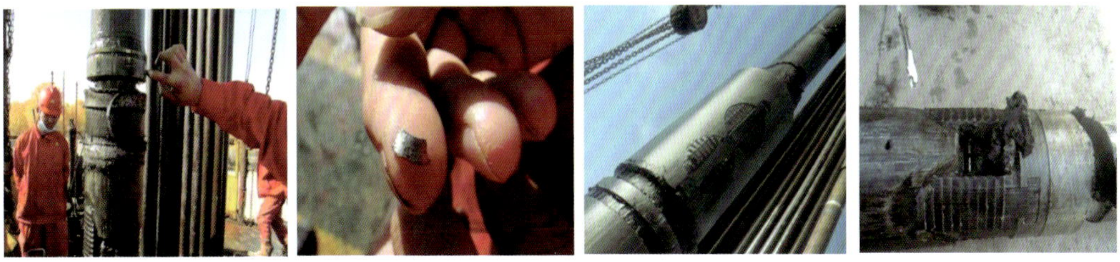

(a)封隔器已坐封　(b)卡瓦内铁屑残留　(c)水力锚锚爪轻微凸出　(d)本体有金属划痕及附着油泥

图 1-2-2　第一次管柱遇阻后起出工具检查情况

2. 刮管洗井

刮洗一体化管柱时，在 15.2 ~ 476.53m 井段摩阻为 10 ~ 20kN，476.53 ~ 534.16m 井段摩阻为 1 ~ 3kN，534.16 ~ 591.83m 井段摩阻为 1 ~ 4kN，水眼返出条状油泥。在 303.44 ~ 591.83m 井段反复刮削 5 次，采用 600L/min 排量正循环洗井，出口返出块状油泥(图 1-2-3)。洗井后继续下钻，无摩阻增加现象。

图 1-2-3　刮管洗井返出的块状油泥

图 1-2-4　第二次管柱遇阻后起出工具检查情况

3. 第二次管柱遇阻情况

管柱下至井深 557.31m 处(封隔器中胶位置为 326.88m 处)遇阻 20kN，上提管柱时无卡阻。起出管柱检查发现，封隔器完好，工具本体附着大量油泥(图 1-2-4)。

(三)原因分析

大量高黏油泥在上部井筒形成段塞，由于封隔器与套管之间间隙小(单侧间隙 2.75mm)，管柱下入过程中黏滞载荷较大，导致管柱遇阻，工具异常动作。其中，第一次管柱遇阻后多次上提下放活动管柱(最大上提 80kN)，封隔器规环被黏滞并向下拖动，剪断坐封销钉，封隔器异常坐封。起管柱时封隔器被油泥黏滞，且处于半坐封状态(卡瓦已打开)，封隔器解封销钉(8 颗销钉剪切载荷为 150kN)被长距离拖动，在较低的载荷下(起出摩阻为 60～80kN)被疲劳剪断，因而出现异常解封现象。

(四)处理措施与效果

1. 热油处理井筒

组下刮削洗井管柱结构(自下而上)：铣柱 + 刮洗一体化工具 + 变扣 + Φ73mm 斜坡钻杆。管柱到位后采用 80℃稀油以 200L/min 排量反循环洗井 2 周。

2. 模拟通井

组下模拟通井管柱结构(自下而上)：丝堵 + 油管锚 + 变扣 + 铣柱 2 根 + Φ73mm 斜坡钻杆。在 301.94～676.69m 井段反复通井 3 次，直至上下划眼无挂卡、无遇阻。

井筒处理后第三次下完井管柱并取得成功。

(五)经验教训

(1)带封隔器的管柱入井前，应采用刮管、通井、洗井等作业方式充分清理井筒，确保满足管柱下入条件。对于高含蜡或胶质沥青质、易形成高黏度油泥段塞的井，应采取必要的措施(如热油循环)清理段塞。

(2)该井封隔器与套管之间间隙过小(单侧间隙2.75mm)，不满足《气井试气、采气及动态监测工艺规程》(SY/T 6125—2013)中"井下工具的最大外径应小于套管最小内径6mm"的要求，因此，应选择满足规程要求的封隔器。

二、TK2#井套管浮箍挂卡封隔器导致坐封失败

(一)基本情况

2013年，TK2#井采用"水力锚+PHP封隔器+K341-128封隔器"套裸双封管柱完井，目的层为O_2yj，Φ177.8mm油层套管射孔井段为5758~5832m。管柱下入过程中，因套管浮箍挂卡封隔器，导致封隔器损伤，坐封失败。

(二)发生经过

管柱下入过程中，在井深5611m、5656m处和下放油管悬挂器时发生3次遇阻情况，反复提放管柱通过遇阻点。前两次遇阻点位置在Φ177.8mm套管浮箍附近。管柱到位后，进行了投球坐封、3次正打压坐封，未起压。其后，经过5次反循环冲洗球座、7次打压坐封、2次投球，均未能成功坐封封隔器。

起出管柱检查后发现，PHP封隔器下活塞被拉出17cm，8只解封销钉全部被剪断，卡瓦套上端卡住一块铝片；封隔器上胶筒和中胶筒被拉掉缺口；上、下垫环有明显纵向凹痕；旁通孔有流体流出；水力锚锚爪压板槽内卡住一铝合金块；K341-128封隔器外胶筒有2处长约1.5cm的划痕；球座与两个钢球均在球座内，钢球之间夹杂小块铝合金和胶皮(图1-2-5)。

图1-2-5 TK2#井起出管柱检查情况

(三)原因分析

(1)TK2#井在起出PHP封隔器之前，油管一直未见液，起至PHP封隔器时，发现流体从封隔器旁通孔和下活塞泄漏，PHP封隔器下部油管充满液体。因此，判断坐封不起压

的原因是 PHP 封隔器存在漏点。地面拆解该封隔器，发现解封销钉已被剪断，中心管上移，平衡接头上“O”形圈破损，封隔器内外连通。

(2)管柱下入过程中的两次遇阻均发生在浮箍位置，提放管柱的过程中浮箍挂卡 PHP 封隔器，解封销钉被剪断，平衡孔被打开，导致封隔器内外连通。封隔器本体多处出现纵向凹痕、胶筒破损、铝合金浮箍碎块出井等现象，也反映出浮箍与封隔器之间发生了较严重的挂卡。

(四)处理措施与效果

使用专用工具对浮箍进行磨铣处理，重新下完井管柱并顺利到位，正常完成后续施工。

(五)经验教训

(1)套管封隔器的坐封位置宜优化到套管浮箍、浮鞋等固井附件以上。

(2)封隔器在通过井口、悬挂器、回接筒等存在变径的特殊位置时，应严格控制好下放速度，关注悬重变化，防止工具损伤。

(3)管柱下入过程中若发生遇阻或遇卡情况，应根据工具特点明确上提、下放操作吨位，细化活动管柱措施并严格落实。

(4)施工过程中若遇阻、遇卡或吨位超过工具操作范围，应起出管柱检查，井筒处理合格后方可再次下入，防止因盲目下入造成工具异常。

三、SHB 1#井残留水泥环挂卡封隔器导致中途坐封

(一)基本情况

2018 年，SHB 1#井采用“伸缩管 + 水力锚 + PHP - 2 封隔器”管柱完井。目的层为 O_2yj，储层段为 7553.64 ~ 7876.00m。该井上部井段为 Φ244.5mm 套管，悬挂 Φ177.8mm 套管未回接到井口，储层段为 Φ149.2mm 裸眼。管柱结构基本情况见图 1 - 2 - 6。

(二)发生经过

完井管柱下至井深 5172.56m 处时，封隔器在尾管悬挂器附近遇阻 20kN。上提管柱 4m 后复探，仍在原位置遇阻 20kN。反复提放活动管柱 9 次，提放 + 旋转活动管柱 3 次，仍未通过遇阻点。最后一次上提管柱时遇卡，悬重由 840kN 上涨至 900kN，强提至 1060kN 解卡，起出完井管柱。

工具提出井口后检查时发现，PHP - 2 封隔器坐封销钉和解封销钉已被剪断，胶筒落井，坐封卡瓦有坐封痕迹，伸缩节全部拉开，水力锚和球座完好。起出工具情况见图 1 - 2 - 7。

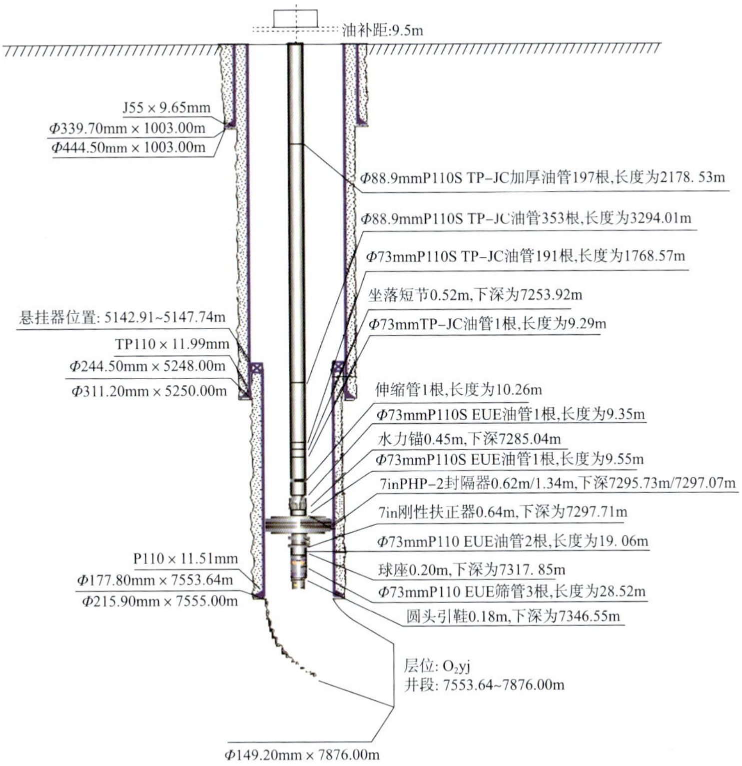

图 1-2-6　SHB 1#井管柱结构

图 1-2-7　SHB 1#井起出工具情况

(三)原因分析

(1)管柱下至5172.56m处时(套管悬挂器位于5142.91~5147.74m)遇阻20kN，此时封隔器位置为5152.27m处，与套管悬挂器位置相差4.53~9.36m。

(2)SHB 1#井 Φ177.8mm 套管固井时，上水泥塞面为4909.0m处，塞长233m，用Φ215.9mm PDC钻头扫塞，后期未对悬挂器位置进行刮管(刮管井段为7068~7537m)，套管悬挂器内壁黏附的水泥环未充分清除，导致封隔器下放过程中发生遇阻现象。现场检查工具时发现，封隔器下活塞剪切销钉单侧受力较严重，下锥体和卡瓦不同方向有明显的压痕，表明管柱遇阻点在封隔器下部。

(3)伸缩管安装8颗铜销钉(剪切力为184kN),最上部一根伸缩管受力约为7kN(下部管柱重量)。在封隔器遇阻后、接顶驱之前多次点刹管柱,导致伸缩管销钉疲劳,承载力下降;接顶驱后边下放边旋转,到遇阻位置点刹,反复操作过程中的交变载荷和冲击载荷导致伸缩管销钉被剪断,伸缩管全部拉开。

(4)在伸缩管销钉被剪断后,伸缩管及下部管柱快速下坠冲击,导致封隔器坐封销钉被剪断,下锥体下行推动卡瓦伸开,咬住套管悬挂器内壁,管柱上提遇卡。SHB 1#井封隔器解封载荷设定为220kN,管柱过提解卡载荷恰为220kN,且起出检查时发现卡瓦有明显的坐封痕迹,说明管柱遇阻卡时封隔器已经处于坐封状态。

(四)处理措施与效果

采用带Φ150mm铣锥的通铣管柱处理井筒,并对水泥塞段、套管悬挂器附近井段进行反复刮管清理,重新下完井管柱并顺利到位,正常完成后续施工。

(五)经验教训

(1)对于套管悬挂井身结构,下完井管柱前宜用专用工具处理悬挂器,清除套管内壁黏附物,防止管柱下入过程遇阻卡。

(2)对于套管未回接的井,完井封隔器下部宜使用扶正器,有利于封隔器顺利通过套管悬挂器的变径井段。

第三节　封隔器坐封失效

封隔器在下入到位后,打压坐封过程中会因打球座压力过高导致封隔器坐封失效,或因地层能量亏空、杂物充填等导致封隔器坐封失效。

一、S73#井(第一次完井)封隔器胶筒损伤导致坐封失效

(一)基本情况

2011年,S73#井采用"丢手接头+刚性扶正器+PIP封隔器+刚性扶正器+球座+筛管+引鞋"管柱完井。目的层为三叠系下油组,射孔井段为5063~5105m。该井上部井段为Φ177.8mm油层套管,侧钻Φ149.2mm裸眼。井内管柱结构见图1-3-1、表1-3-1。

(二)发生经过

下完井管柱过程中,在裸眼段多次遇阻,上提下放后通过,最大遇阻载荷为80kN,遇阻情况见表1-3-2。

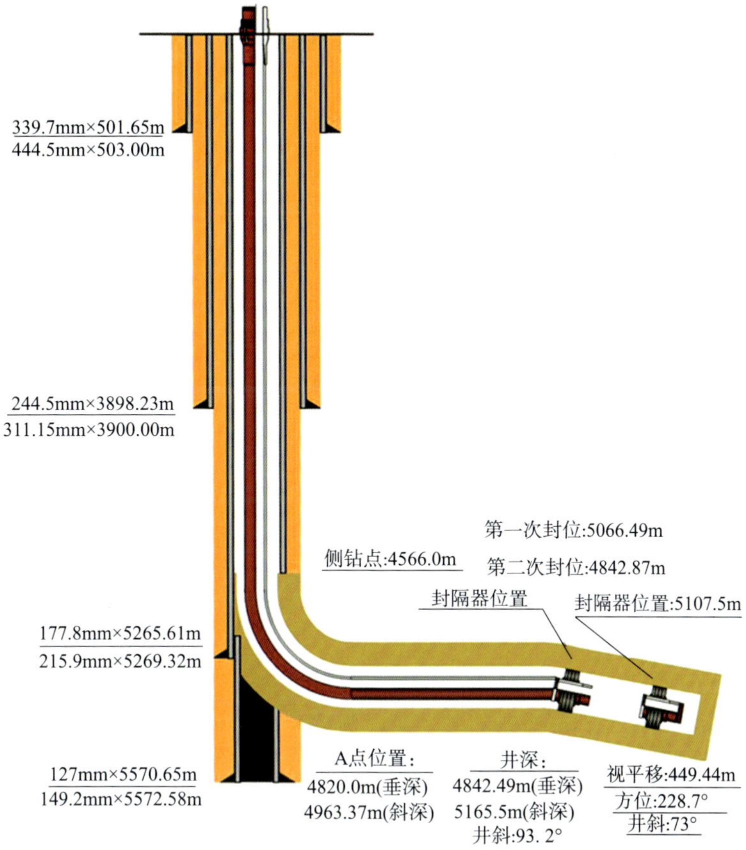

图 1－3－1 S73# 井管柱结构

表 1－3－1 S73# 井入井管串数据

管柱	名称	内径/mm	外径/mm	总长度/m	下深/m
	油管挂	76.00	173.00	0.40	
	双公接头			0.81	
	$2^{7}/_{8}$in TP–JC斜坡油管	62.00	73.00	4625.43	
	定位短节	62.00	73.00	1.45	
	$2^{7}/_{8}$in EUE斜坡油管	62.00	73.00	428.14	
	安全丢手接头	60.00	127.00	0.49	
	刚性扶正器	60.00	136.00	0.29	
	4.63in PIP封隔器	60.00	118.00	3.28	5066.49
	刚性扶正器	60.00	136.00	0.29	
	球座	40.00	91.00	0.07	
	筛管	62.00	73.00	9.66	
	导向头	70.00	136.00	0.18	5078.08

表 1－3－2　S73# 井下完井管柱时遇阻情况

遇阻井点/m	井径/mm	井斜度/(°)	狗腿度/(°/30m)	遇阻载荷/kN
4853	254.00	66.76	13.92	80
4952	198.12	84.74	7.37	80
4975	190.50	90.49	2.27	80
4987	190.50	89.51	3.65	80
5012	210.82	87.89	3.56	80
5046	228.60	87.14	0.58	80
5067	154.94	87.20	1.91	80

1. 封隔器坐封异常

完井管柱组下到位(封隔器中胶位置为 5066.49m)，正注密度为 1.20g/cm³ 的油田水泵送胶棒到位，泵压为 2～5MPa，排量为 0.2～0.3m³/min；泄压至 2MPa 后坐封封隔器，正打压至 4MPa，排量为 0.1m³/min，稳压 10min，停泵观察发现压力不降，环空无返液。继续打压至 6MPa，排量为 0.1m³/min，停泵观察，压力缓慢降至 0，环空返出密度为 1.20g/cm³ 的油田水 0.1m³，初步判断为封隔器密封不严。其后，继续小幅提排量正注油田水，油压无法稳定，环空持续返液。提高排量至 0.6m³/min，泵压由 24MPa 突降至 13MPa，显示球座被打掉，环空持续返液，封隔器坐封失效。

2. 起出封隔器检查情况

起出井内封隔器，检查入井工具情况(图 1－3－2)。

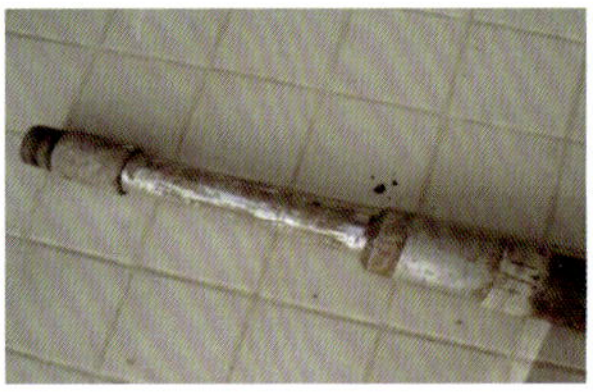
(a)封隔器下部解封槽

(b)外胶筒83cm长裂口

(c)外胶筒4cm破裂口

(d)内胶筒6cm破裂口

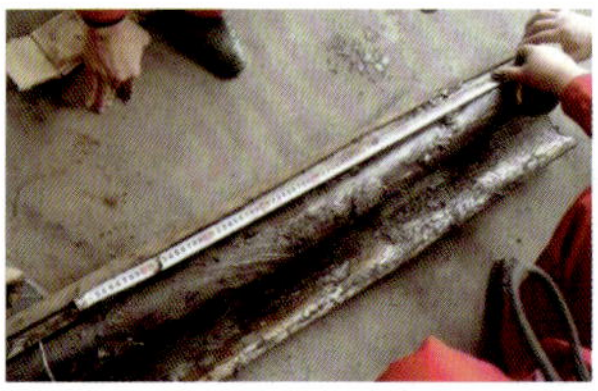
(e)外胶筒与内胶筒破裂口位置对比

(f)破裂口处中部钢带变形

图 1－3－2　S73# 井起出封隔器检查情况

(1)根据封隔器泄压槽位置，可判断封隔器并无解封动作[图 1－3－2(a)]。

(2)封隔器外胶筒存在 83cm 长破裂口，裂口呈不规则断裂状，无横向断纹[图 1－3－2(b)]，判断为外部胶筒崩裂所致；外胶筒存在另一 4cm 破裂口[图 1－3－2(c)]，根据裂口处存在的小凹槽，判断此破裂是由地层岩石划伤造成的。

(3)封隔器内胶筒中上部存在6cm破裂口，破裂处胶筒明显拉长变形[图1－3－2(d)]。内胶筒破裂口与外胶筒83cm长裂口位置对比[图1－3－2(e)]。

(4)外胶筒破裂口处中部钢带存在微向外凸起变形现象[见图1－3－2(f)]。

(三)原因分析

1. 施工情况分析

(1)泵送胶棒碰压为5MPa，封隔器打压至4MPa时压力不降，环空不返液，表明封隔器胶筒已坐封。

(2)打压至6MPa时，压力降至0，环空返液，表明封隔器胶筒在打压坐封过程中损坏。

2. 封隔器坐封失效原因分析

(1)裸眼井段岩性为砂泥岩，井壁不稳定。该井为侧钻水平井，在井深5007～5166m处，井斜由89°降至73°。S73#井前期通井作业施工29天，下入钻头和外径146mm扶正器通井共11次，遇阻吨位为80～200kN。采用钻头和外径为146mm的扶正器通井时，在裸眼井段反复短起下钻通井，裸眼井段共通井约50次。下入外径为127mm的模拟通井工具通井7次，遇阻吨位为80～160kN。反复通井会造成裸眼井段损伤、井壁不规则。坐封裸眼井段井径为152.40～160.02mm，经过长时间通井，导致实际井径扩大。S73#井测井曲线见图1－3－3。

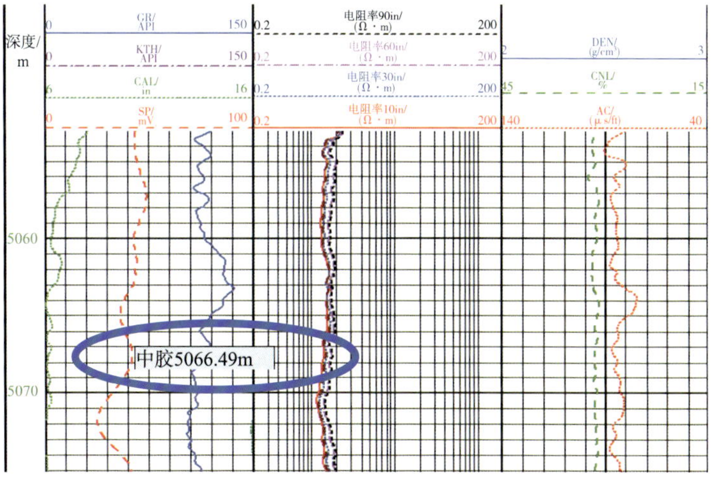

图1－3－3 S73#井测井曲线

(2)下入完井测试管柱的过程中，有10处遇阻80kN，反复活动钻具后通过遇阻点。下钻至井深4853m处后，摩阻为50～70kN。因此，遇阻或摩阻过大会使封隔器胶筒损坏。

(四)处理措施与效果

为了防止再次通井对井壁造成更大伤害，完井管柱提出井口后直接第二次组下完井管柱。管柱下至裸眼封隔器胶筒位置(4842.87mm处)时遇阻，尝试两次无法通过。为防止反复提放管柱损坏胶筒，且保证封隔器胶筒位置井壁稳定、井径规则，决定就地坐封并正常完成后续施工。

（五）经验教训

（1）裸眼井壁不稳定导致的高摩阻严重影响管柱下入，沉砂及不规则井壁可能损伤入井封隔器的胶筒。

（2）裸眼井段长时间反复通井会造成井筒持续扩径，导致封隔器胶筒坐封时过度膨胀，因此，在井筒准备阶段应尽早采取必要措施稳定井壁，清除裸眼水平井段的沉砂，确保满足封隔器的使用条件。

（3）PIP 型封隔器的胶筒较长，强度和硬度较低，难以将胶筒与井壁有效隔离，因此，在类似 S73#井的裸眼井筒条件下，不宜选用 PIP 型封隔器。

二、TK1#井打球座压力过高导致封隔器坐封失效

（一）基本情况

2014 年，TK1#井采用“水力锚 + PHP – MCHR 封隔器”管柱酸压完井。目的层为一间房组，储层段为 5774 ~ 5810m。该井 Φ177. 8mm 套管未回接，悬挂器位置为 5142. 12m 处。入井管串数据如表 1 –3 –3 所示。

表 1 –3 –3　TK1#井入井管串数据

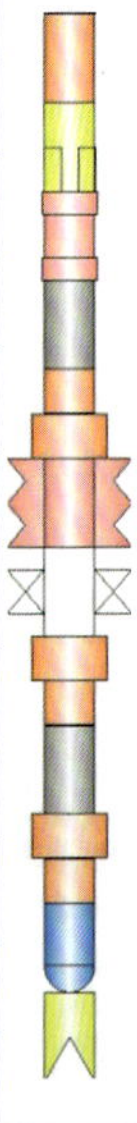

入井管串（自上而下、工程）					
序号	工具名称	外径/mm	内径/mm	长度/m	下深/m
1	油补距	—	—	6. 80	6. 80
2	油管挂	275. 0	76	0. 26	7. 06
3	双公接头	88. 9	76	0. 34	7. 40
4	油管 589 根	88. 9	76	5516. 23	5523. 63
5	变扣 1	88. 9	62	0. 55	5524. 18
6	水力锚	144. 0	62	0. 38	5524. 56
7	PHP – MCHR 封隔器	146. 0	62	0. 80/0. 54	5525. 36/5525. 90
8	变扣 2	73. 0	62	0. 50	5526. 40
9	油管	73. 0	62	9. 30	5535. 70
10	变扣 3	73. 0	62	0. 54	5536. 24
11	球座	95. 0	32/58	0. 18	5536. 42
12	喇叭口	93. 0	70	0. 13	5536. 55

(二)发生经过

1. 封隔器坐封、验封

组下酸压完井管柱到位后，逐级打压至 18MPa 并各稳压 3min；继续打压至 21MPa，稳压 10min，压力不降。环空打压至 15MPa，稳压 15min，压力不降，油管不返液，验封合格。

2. 打球座过程

油管依次打压至 32MPa、35MPa、36MPa、40MPa、42MPa，稳压最高 20min，套压补至 20MPa，泄油压至 20MPa，继续打压至 45MPa，压力突降至 31MPa；之后，油、套压同时降至 17MPa，观察 10min，油、套压同时持续下降，泄油压至 0，套压也降至 0。环空注油田水 $0.9m^3$，油、套压同时升至 10MPa，油套连通，坐封失效。

3. 工具出井检查

起出完井管柱，上提管柱显示悬重为原悬重 833kN，无解封显示。起出封隔器，发现解封销钉全部被剪断。打球座过程中管柱密封良好，判断油套连通是由封隔器坐封造成的，活塞缸套处的密封圈因为坐封失效而被刺坏，解封销钉已被剪断(图 1－3－4)。

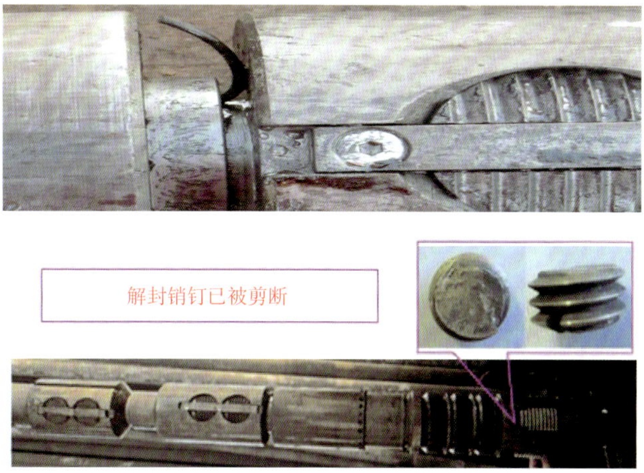

图 1－3－4 TK1$^{\#}$井封隔器出井及销钉

(三)原因分析

TK1$^{\#}$井使用的是 73mm 扣型球座，销钉孔较大，工具方对应销钉孔尺寸，安装了常规 88.9mm 扣型球座销钉 5 颗。球座对比见图 1－3－5。

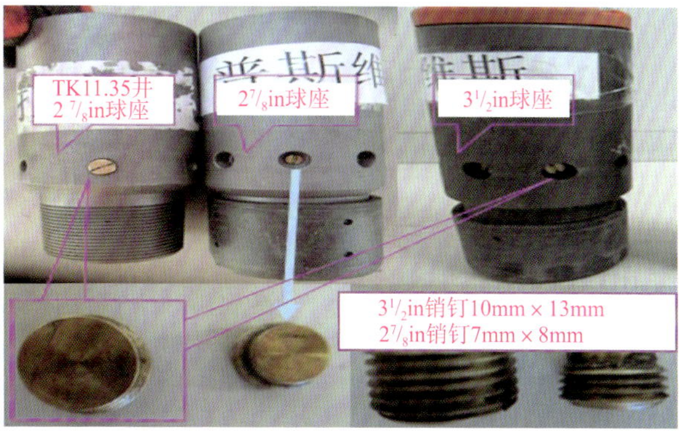

图 1－3－5 封隔器球座对比

88.9mm 扣型球座销钉剪切值计算：销钉规格为 10mm × 13mm，

单颗剪切值为6MPa，根据 $F=p\cdot S$，计算该球座销钉的剪切力为24429.02N，即：

$$F=p\cdot S=6\times\frac{3.1415926\times72\times72}{4}=24429.02(\text{N}) \quad (1-3-1)$$

TK1#井 2⅞in 球座安装了5颗销钉，计算得销钉剪切值为46.23MPa，即：

$$p=F/S=\frac{24429.02\times5}{\dfrac{3.1415926\times58\times58}{4}}=46.23(\text{MPa}) \quad (1-3-2)$$

1. 鼓胀效应

鼓胀效应发生在整个管柱上，在有关鼓胀效应的计算过程中，主要应考虑管柱内外平均压力的变化(图1-3-6)。假设平均压力为井口压力与井底压力之和的一半，则由鼓胀效应所引起的管柱轴向力及长度变化的简化计算公式为：

$$F_e=0.6A_i\Delta p_{ia}-0.6A_o\Delta p_{oa} \quad (1-3-3)$$

$$\Delta L=\frac{2\times L\times\gamma}{E}\times\left(\frac{\Delta p_{ia}-R^2\Delta p_{oa}}{R^2-1}\right) \quad (1-3-4)$$

式中，F_e 为鼓胀效应引起的力，kN；Δp_{ia} 为管柱内平均压力变化，psi（1psi = 0.006895MPa）；Δp_{oa} 为环空平均压力变化，psi；A_i 为油管内径面积，in^2（$1in^2$ = $6.4516cm^2$）；A_o 为油管外径面积，in^2；ΔL 为鼓胀效应引起的长度变化，in（1in = 0.0254m）；L 为深度，m（本计算中为封隔器中胶位置，为5525.36m处）；γ 为泊松比，钢材为0.3；E 为弹性模量，钢材为 3×10^7psi；R 为油管外径与内径之比。

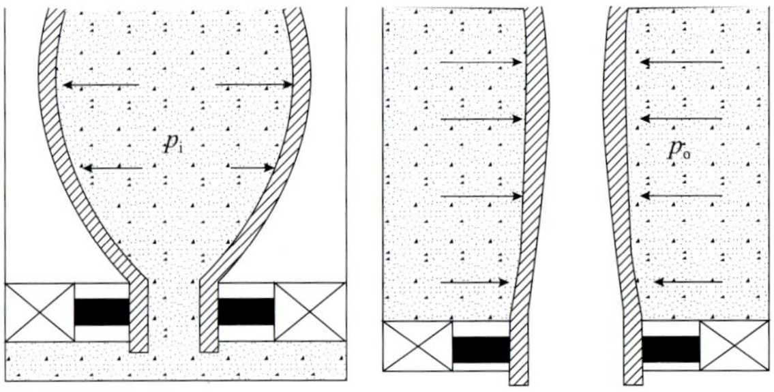

(a)管柱内鼓胀效应　　(b)管柱外鼓胀效应

图1-3-6　管柱内、外鼓胀效应示意图

封隔器坐封、验封及打球座过程中压力监测曲线见图1-3-7。

打球座和环空打压是分阶段进行的，时间间隔可以忽略，相当于同时打压，把各个阶段累加起来计算，F_e 为47kN，ΔL 为0.7674m，即打球座过程中管柱受到向上的轴向力47kN，可引起管柱缩短0.7674m。

作用力与反作用力：当打球座井口泵压为45MPa时，根据 $F=p\cdot S$ 计算得打掉球座时球座受到的力为116.5kN。

根据牛顿第三运动定律：

$$F=-F' \quad (1-3-5)$$

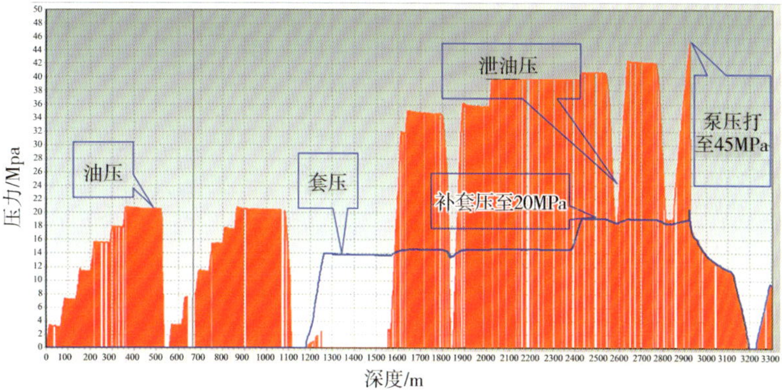

图 1-3-7　封隔器坐封、验封及打球座过程中压力监测曲线

得知，球座打掉瞬间封隔器中心管受到向上的力为 116.5kN。此力可以上移中心管起到解封作用。

2. 活塞效应

活塞效应是指管柱内外流体压力作用在管柱直径变化处或底部球座上而引起管柱长度变化的效应。打球座时产生活塞力的示意图见图 1-3-8。

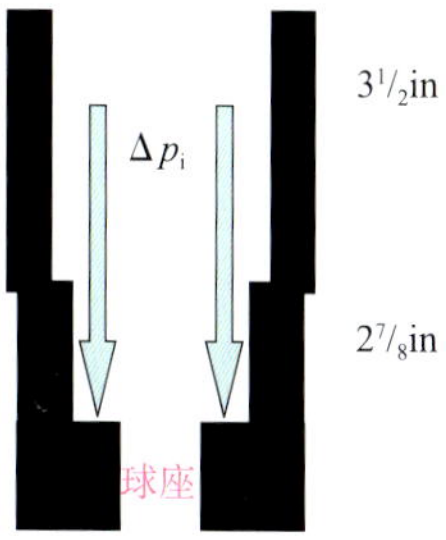

图 1-3-8　打球座时产生的活塞力示意图

油管及环空压力的变化会导致活塞力的变化。引起油管及环空压力变化的因素有很多，例如油管内外的流体密度、地面泵压等发生变化等。引起活塞效应的力 ΔF_p 的计算公式为：

$$\Delta F_p = (A_p - A_i)\Delta p_i - (A_p - A_o)\Delta p_o \qquad (1-3-6)$$

式中，A_i 和 A_o 分别为油管内侧及外侧的横截面积，m^2；A_p 为管柱密封腔的横截面积，m^2；Δp_i 为计算点处下端面的压力变化，Pa；Δp_o 为计算点处上端面的压力变化，Pa。

根据虎克定律，由活塞效应引起的管柱长度变化为：

$$\Delta L_p = \frac{L\Delta F_p}{EA_s} \qquad (1-3-7)$$

式中，ΔL_p 为活塞效应引起的管柱长度变化，m；E 为管柱的弹性模量，Pa；A_s 为管柱横截面积，m^2。

经过计算可知，打掉球座瞬间的 ΔF_p 为 16.6kN，ΔL_p 为 -0.22m。打球座后管柱受到的 ΔF_p 为 16.6kN。

鼓胀效应引起的轴向力、反作用力、活塞力的合力为 116.5kN + 47kN + 16.6kN = 180.1kN（封隔器解封载荷为 188.2kN，在井下受温度影响，实际吨位减小）。根据图 1-3-9 所示曲线计算得封隔器位置井温为 122.66℃（封隔器位置为 5525.36m 处），销钉剪切值分别降至 171.2kN（降低 9%）、167.5kN（降低 11%）。

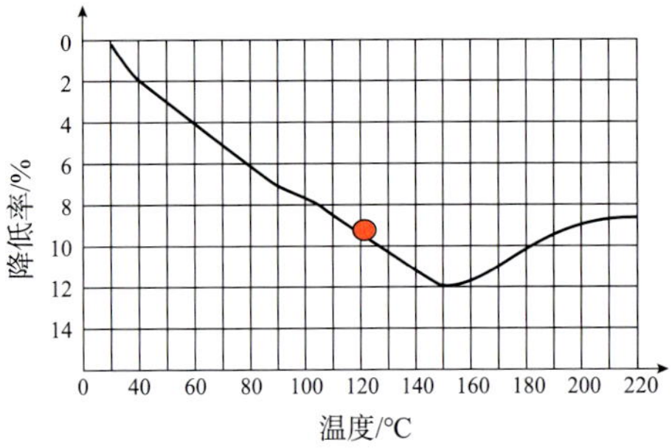

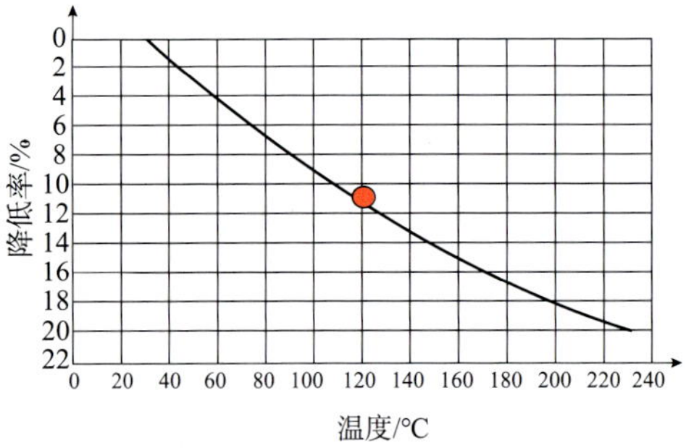

图 1-3-9 销钉剪切值降低情况

打掉球座瞬间，封隔器中心管受到的向上合力 180.1kN >171.2kN，封隔器失封。

若打掉球座的压力按照 46.23MPa 计算，则合力为 187.1kN，接近封隔器解封载荷 188.2kN。

(四)处理措施与效果

重新组下完井管柱，使用匹配球座，封隔器坐封、验封正常。

(五)经验教训

(1)剪切销钉是球座压力控制的重要部件，其剪切值是影响球座操作可靠性的关键指标。因此，工具服务方应采取必要措施确保剪切销钉剪切值的可靠与稳定，并确保其操作指标满足入井使用需要。

(2)套管液压封隔器坐封时，应注意做好各阶段的压力与排量控制。对于酸压井，封隔器坐封投球前，应以小于 0.25m^3/min 的低排量向油管泵注完井液 1～2m^3，泵压持续上升至击落球座或压力趋稳不再上升后则立即停泵，记录泵入量，观察 15min，记录泵压变化。将停泵 15min 后的油压作为击落球座后的井口油压预判值；验封合格后、击球座前，将套压泄至井口油压预判值的 1/2，打压击落球座。击落球座后，再将套压泄至 5MPa 并观察压力变化。

三、TP13#井打球座压力过高导致封隔器坐封失效

(一)基本情况

2020 年，TP13#井采用“Y541 封隔器 + 扶正器”完井管柱完井，目的层为 O_2yj，储层段为 7155～7290m。该井 Φ177.8mm 套管未回接，悬挂器位置为 4710.33～4714.13m，储层段为 Φ149.2mm 裸眼。井内管柱结构见图 1-3-10。

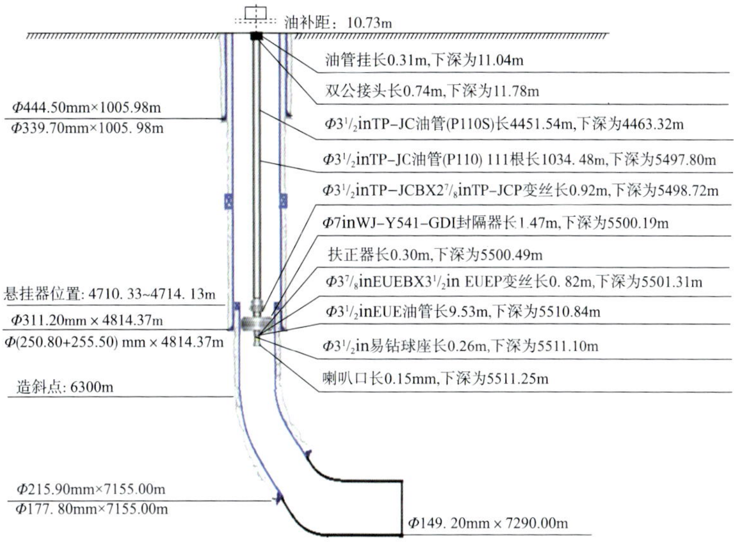

图 1-3-10　TP13[#]井管柱结构示意图

(二)发生经过

完井管柱下至尾深 5511. 25m 后到位，投 Φ38mm 钢球，油管内逐级打压至 31MPa 并坐封封隔器，稳压合格；环空打压 12MPa，验封合格。

油管内加压至 48MPa，压力突降至 9MPa，继续泵入 $2m^3$ 油田水，压力无上涨，显示球座被击落。套压由 12MPa 降至 0，两次补套压至 5MPa，压力缓慢降至 0，油压保持 9MPa 不变。环空泵注密度为 $1.01g/cm^3$ 的油田水，排量为 $0.3m^3/min$，油压、套压逐步趋平，油、套连通，判断封隔器坐封失效，起出完井管柱。

(三)故障原因分析

1. 封隔器启动坐封瞬间封隔器以上管柱受力分析

封隔器启动坐封瞬间，封隔器卡瓦未锚定在套管上，管柱可自由运动，封隔器以上管柱受鼓胀效应与活塞效应的综合作用(图 1-3-11)。

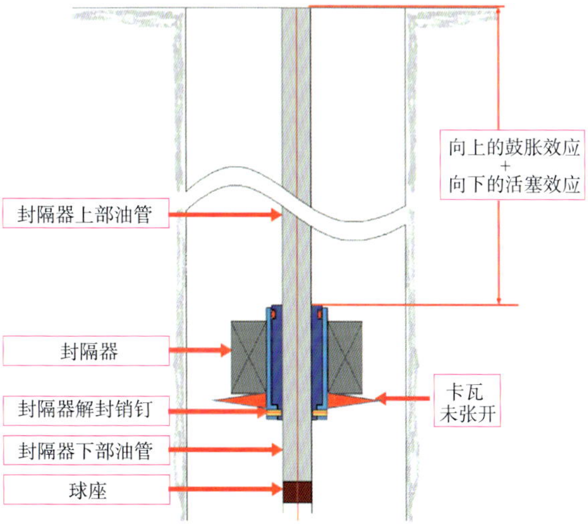

图 1-3-11　启动坐封瞬间封隔器以上管柱受力分析示意图

TP13[#]井 Y541 封隔器启动坐封压力 8MPa，封隔器上部油管长 5499. 64m，计算得封隔器启动坐封前鼓胀效应造成管柱缩短 0. 348m，活塞效应造成管柱伸长 0. 580m，管柱累计伸长 0. 232m，封隔器中心管承受向上的拉力 14. 5kN。

2. 球座击落瞬间管柱受力分析

球座击落瞬间，Y541 封隔器已完全坐封，卡瓦锚定在套管上，封隔器不能下行，管柱受力情况见图 1－3－12。

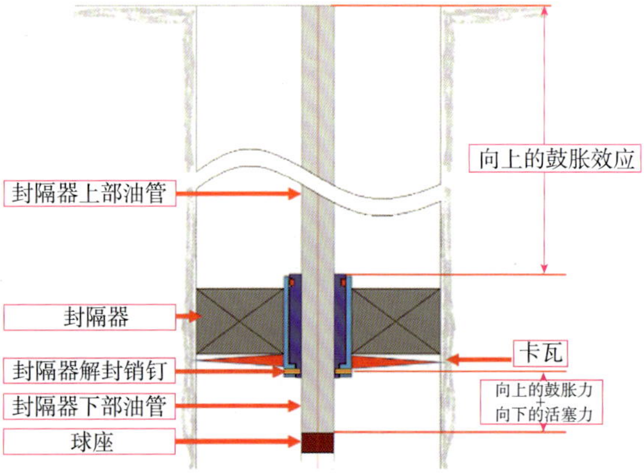

图 1－3－12　球座击落瞬间管柱受力分析示意图

（1）封隔器以上管柱承受正鼓胀力，管柱有缩短趋势（由于封隔器以下管柱承受向下的活塞力，且活塞力大于上部管柱的鼓胀力，因此管柱无法缩短）；同时，上部管柱还承受启动坐封前管柱的上拉力。

TP13#井打球座期间，油管内为密度为 0.83g/cm³ 的稀油，环空为密度为 1.01g/cm³ 的环空保护液，套压为 12MPa，泵压为 48MPa，击落球座，计算得鼓胀引起的管柱长度变化为 1.069m（趋势），产生拉力 66.9kN，鼓胀力与封隔器启动坐封前管柱上的拉力之和为 81.4kN。球座击落瞬间封隔器以上管柱受力情况见表 1－3－4。

表 1－3－4　球座击落瞬间封隔器以上管柱受力情况

启动坐封前拉力	14.5kN
	1.481t
坐封前油压/MPa	7
泵压/MPa	48
油管内液体密度/(g/cm³)	0.83
坐封前封隔器处油管内压力/MPa	51.618
坐封前油管内平均压力/MPa	29.309
封隔器处油管内压力/MPa	92.618
油管内平均压力/MPa	70.309
坐封前套压/MPa	0
套压/MPa	12
环空液体密度/(g/cm³)	1.01
坐封前封隔器处环空压力/MPa	54.491

续表

坐封前环空平均压力/MPa	27.245
封隔器处环空压力/MPa	66.491
环空平均压力/MPa	39.245
鼓胀长度变化/m	1.069
鼓胀拉力	66.9kN
	6.824t
合力	81.4kN
	8.304t

(2)封隔器以下管柱受正鼓胀力与活塞力，正鼓胀力使管柱缩短，活塞力使管柱伸长。经计算，封隔器以下管柱长度为10.65m，管柱累计长度变化为0.0023m。球座击落瞬间封隔器以下管柱情况见表1-3-5。

表1-3-5 球座击落瞬间封隔器以下管柱情况

油管外径/mm	88.90
油管内径/mm	76.00
油管外圆面积/mm^2	6204.02
油管内圆面积/mm^2	4534.16
油管截面积/mm^2	1669.86
油管长度/m	10.65
坐封前油压/MPa	7
球座击落压力/MPa	48
油管伸长量(鼓胀)/m	0.0035
油管伸长量(活塞)/m	0.0058
累计长度变化/m	0.0023

3. 球座击落后管柱受力分析

压力在液体中以一定速度传播(该速度等于声波在液体中的传播速度)。球座击落时油管内的压力波从球座处向井口逐步传递，管柱的形变恢复也从球座处向井口逐步传递。球座击落后，封隔器以下管柱的活塞力和鼓胀力消失，被拉长的管柱向上回弹，产生回弹力；在封隔器以上管柱中，由于压力波传播需要时间，向上的鼓胀力依然存在(图1-3-13)。

(1)封隔器以上管柱受力情况同样可参考表1-3-4计算结果。鼓胀力与封隔器启动坐封前管柱力之和($F_{封隔器上}$)为81.38kN。

(2)封隔器以下管柱受力(被拉长的管柱向上回弹，产生回弹力)情况：根据能量守恒，即球座击落瞬间封隔器以下管柱的弹性势能等于击落后弹性势能与重力势能之和，计

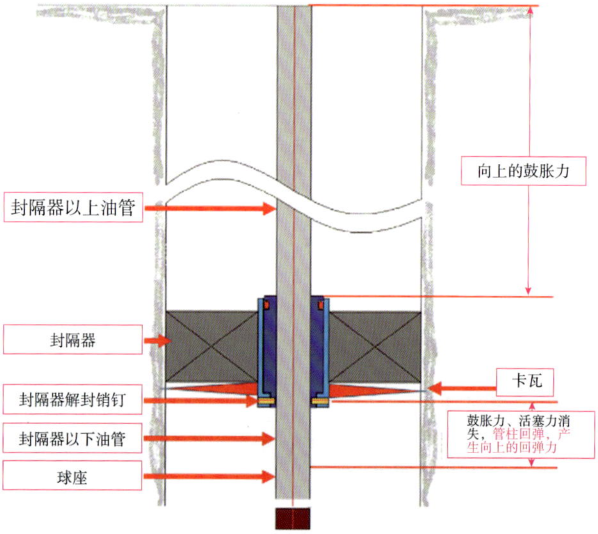

图 1-3-13　球座击落后封隔器受力分析示意图

算得球座击落瞬间管柱的回弹量($\Delta L_{弹}$)为 0.00186m；根据虎克定律计算，球座击落瞬间管柱的回弹力为 60.2kN，即封隔器受到管柱向上的冲击力($F_{冲}$)为 60.2kN。

(3)封隔器解封销钉受力(上部管柱向上的鼓胀力 + 下部管柱的回弹力)情况：封隔器所受合力($F_{合}$) = $F_{封隔器上}$ + $F_{冲}$ = 81.4kN + 60.2kN = 141.6kN，接近 TP13#井使用封隔器的解封载荷 143~145kN。

4. 不同状态下的封隔器受力模拟

(1)不同击落压力下封隔器解受力情况见表 1-3-6。

表 1-3-6　不同击落压力下封隔器受力情况(封隔器到球座管柱的长度为 10.65m)

球座击落压力/MPa	30	35	41
$F_{封隔器上}$/kN	51.5	65.1	81.3
$F_{冲}$/kN	40.8	49.6	60.3
合力/kN	92.3	114.7	141.6

(2)不同封隔器到球座管柱长度情况下封隔器受力情况见表 1-3-7。

表 1-3-7　不同封隔器到球座管柱长度情况下封隔器受力情况(球座击落压力为 41MPa)

封隔器到球座管柱长度/m	10.65	20.00	30.00	40.00
$F_{封隔器上}$/kN	81.3	81.3	81.3	81.3
$F_{冲}$/kN	60.3	51.2	43.3	37.1
合力/kN	141.6	132.5	124.6	118.4

不同击落压力、不同管柱长度下封隔器受力情况见图 1-3-14。

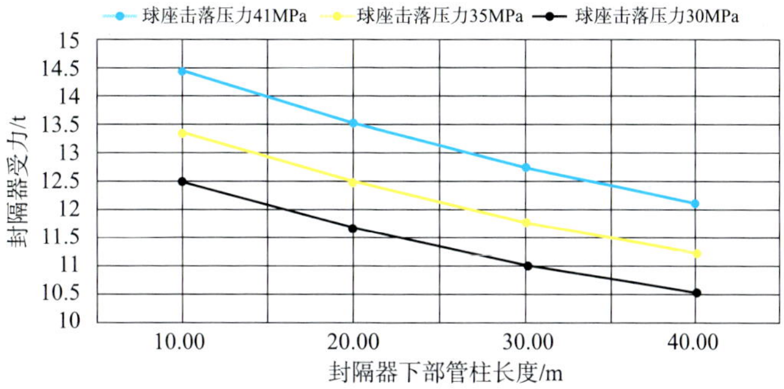

图 1－3－14　不同击落压力、不同管柱长度下封隔器受力情况

设定球座销钉剪切压力为36MPa，在井口压力达到48MPa时才将其击落。击落瞬间，封隔器的解封销钉受到上部管柱向上的鼓胀力及下部管柱向上的回弹力，二者合力将封隔器的解封销钉提前剪断，导致封隔器坐封失效。

(四)处理措施与效果

将球座的销钉剪切值设置为30MPa，重新下完井管柱，封隔器坐封、验封正常。

(五)经验教训

(1)当需要提高泵压击落球座时，可适当增大封隔器备压(备压增大值不小于预计泵压增大值)，以抵消封隔器上部管柱的鼓胀力。

(2)选取球座剪切值时应结合配套的封隔器解封载荷及相应的工况：

①地层压力明确、井筒无漏失等球座击落压力较准确的工况，建议采用30MPa。

②地层压力不明确、漏失较严重等球座击落压力较难预测，存在坐封过程中提前击落风险的工况，建议将球座压力相应设高，推荐35MPa，同时将封隔器解封载荷设置为180～200kN。

(3)在漏失井需要将球座击落压力设置为较高的情况下，封隔器与球座之前的管柱应适当加长，以缓解击落球座瞬间向上的回弹力。

四、TK6#井地层能量亏空导致封隔器坐封失效

(一)基本情况

2017年，TK6#井采用“气举阀＋PHP－MCHR封隔器”管柱完井，目的层为$O_2yj+O_{1-2}y$，储层段为5814.56～6005.00m。该井上部井段为Φ177.8mm油层套管，储层段为Φ149.2mm裸眼。该井管柱结构见图1－3－15。

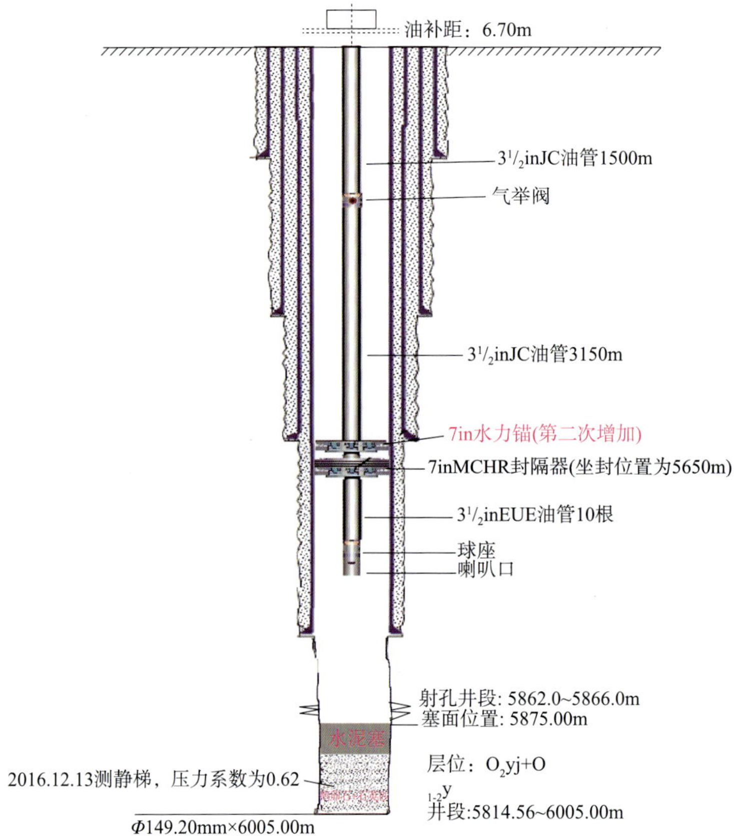

图 1－3－15　TK6#井管柱结构示意图

(二)发生经过

投球入座后，油管补液 1.6m³ 从而补满油管管柱(计算液面位置为 352.4m，折算液柱压力为4MPa)；分级正打压至6MPa、10MPa、14MPa，各稳压5min，无压降；继续打压至17MPa，稳压 10min，无压降；继续打压至 20MPa 时，压力突然降至 0。开环空，油管正注 1.14g/cm³ 油田水 4.5m³，泵压为 0 ~ 4MPa，排量为 0.3m³/min，环空见液，油套连通。起钻(原悬重为 690kN)上提无挂卡反应。封隔器及球座检查情况如下：

图 1－3－16　TK6#井提出井口的封隔器

(1)封隔器坐封销钉已剪断，活塞下行(图 1－3－16)，证明封隔器已完成坐封动作。

(2)封隔器旁通已打开，解封销

钉已剪断(图 1－3－17)，封隔器已处于解封状态，解封载荷为 160kN。

图 1－3－17 TK6#井提出井口的封隔器的解封销钉

(3)球座的销钉剩余 4 颗，其余全部落井，材质为钢质，8 个销钉孔有轻微承压形变。

(三)原因分析

1. 球座异常击落的原因分析

(1)TK6#井修井之前，初期实测静压资料显示地层压力系数为 1.10MPa/100m，后期压力系数下降至 0.62MPa/100m，地层亏空严重。

(2)两次组下完井管柱期间，通过灌液量测得液面下降速度分别为 10h 下降 352.4m、19h 下降 610m、57h 下降 910m(图 1－3－18)。

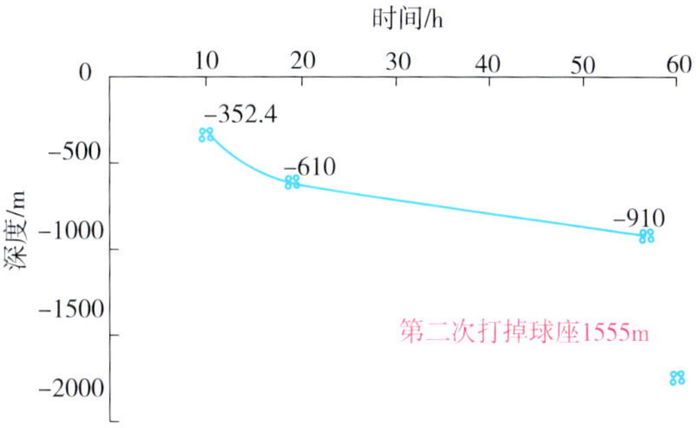

图 1－3－18 漏失深度与时间关系

综上所述，球座在坐封期间提前击落的主要原因为：地层实际压力系数(0.86MPa/100m，通过正打压至 20MPa，多级球座实际承受压差为 36MPa 折算得到)远低于通过坐封时的液面计算所得的压力系数(1.07MPa/100m)。

2. 封隔器解封原因分析

球座击落瞬间，封隔器中心管在活塞力的反作用力 147.7kN(方向向上)和油管鼓胀力 16.4kN(方向向上)的共同作用下解封。

封隔器在启动坐封后，封隔器卡瓦支撑在套管壁上，封隔器不再发生位移，中心管所受合力平衡。打掉球座瞬间，整个系统受力发生变化，但是系统所受合力仍然符合牛顿定律。

TK6#井采用 88.9mm 扣形多级球座，球座打掉后通径为 73mm，当油管打压至 20MPa 时，球座受到的轴向载荷为 147.7kN。根据牛顿第三运动定律 $F = -F'$ 得知，球座打掉瞬间封隔器中心管受到的向上的活塞力的反作用力为 147.7kN，此力使中心管上移并起到解封作用。

MCHR 封隔器自带水力锚，其操作动力源自封隔器胶筒下部环空与上部环空的压差。

在球座未打掉前，水力锚不会被撑开锚定管柱，故在封隔器受到反作用力冲击时，水力锚不能起到固定管柱的作用。

球座提前被击落，击落瞬间油管压力大于环空压力，封隔器中心管仍受到向上的鼓胀力。计算得该力为16.4kN。

在球座被击落的瞬间，封隔器中心管所受合力为：活塞力的反作用力147.7kN + 鼓胀力16.4kN = 164.1kN。封隔器解封销钉8颗，解封载荷为160kN，故在合力作用下封隔器被解封。

TK6#井采用88.9mm扣形球座而未采用73mm扣形球座也是导致封隔器解封的一个原因。由上述计算可知，导致封隔器解封的主要因素为击落球座瞬间的反向冲击力(反作用力)，若改用73mm扣形的球座，打掉后通径为58mm，计算得其在击落压力为37.5MPa时，活塞力为97.02kN，不足以解封封隔器。

MCHR封隔器使用统计情况见表1-3-8。

表1-3-8 MCHR封隔器使用统计情况

序号	井号	球座	水力锚/油管锚	油套平衡压/MPa	击落时压降/MPa	击落时套压/MPa	备注
1	TK915-9	88.9mm 多级球座	无	—	20→0	-4	失败
2	TK915-9	88.9mm 多级球座	有	—	18.6→8.2	10	成功
3	YK28	73mm 多级球座	无	0	37.0→12	15	成功
4	HY1-3	73mm 多级球座	有	13	37.0→26	10	成功
5	TK7244H	73mm 多级球座	无	11	38.8→14	15	成功
6	DK13	73mm 多级球座	无	0	32→17	10	成功
7	DK23H	73mm 多级球座	无	0	32→12	15	成功
8	TK7228X	73mm 多级球座	无	0	34→26	15	成功
9	TP273H	73mm 多级球座	无	6	416	9	成功
10	TP343	73mm 多级球座	有	0	25→10	5	成功
11	HY1-4	73mm 多级球座	有	12	36→23	10	成功

地层能量亏空是导致此次作业中球座提前击落的原因，而击落瞬间产生的活塞力和鼓胀力所产生的合力导致了封隔器提前解封。

(四)处理措施与效果

起完井管柱，第二趟完井管柱增加水力锚，封隔器坐封、验封正常。

(五)经验教训

(1)对漏失地层，应采取必要措施求取准确的地层压力系数，为完井管柱下入和封隔器坐封提供必要的基础参数。

(2)通过对近年 MCHR 封隔器使用情况统计分析可知，MCHR 封隔器不宜配合 88.9mm 球座使用，应选用 73mm 球座，从而减小坐封、打球座期间的活塞力。

五、顺南蓬 1#井封隔器窜漏与球座堵塞导致起管柱作业

(一)基本情况

2019 年，顺南蓬 1#井采用"井下安全阀 + 压井滑套 + 水力锚 + PHP - 2 封隔器"管柱完井，目的层为 O_2yj，Φ193.7mm 套管射孔井段为 6630 ~ 6660m。井内管柱结构见图 1 - 3 - 19。

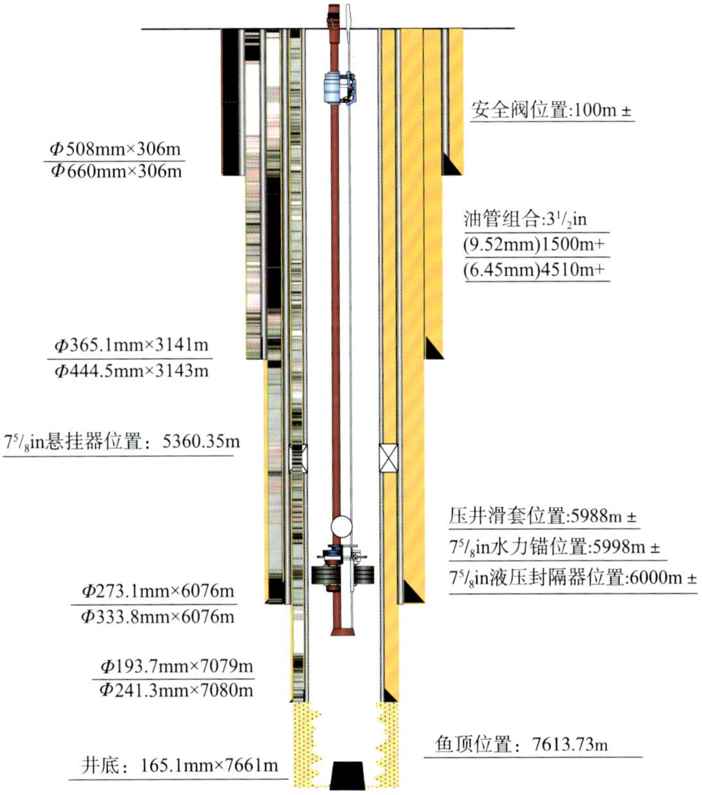

图 1 - 3 - 19　顺南蓬 1#井管柱结构示意图

(二)发生经过

1. 现场施工情况

投球入座，逐级正打压至 36.5MPa，稳压 5min，无压降；继续打压至 41.3MPa，稳压 10min，无压降，坐封合格。环空打压至 46.8MPa，稳压 15min，无压降，验封合格。正打压至 61MPa，泵入密度为 1.01g/cm³ 的清水 1m³，停泵 5min 后压降 8.5MPa，判断球座击落；逐级打压至最高压力 84MPa，停泵 42min 后压降 34MPa，地层吸液无法满足后期改造要求，遂决定起管柱检查。

顺南蓬 1[#]井封隔器坐封、验封、开井曲线见图 1－3－20。

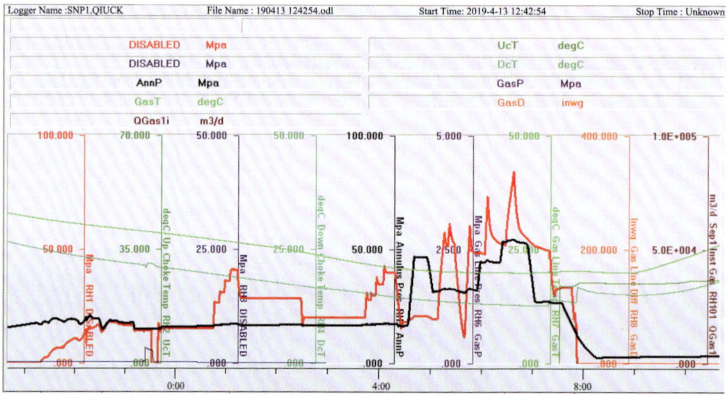

图 1－3－20　顺南蓬 1[#]井封隔器坐封、验封、开井曲线

上提管柱至原悬重 1040kN，继续上提至 1380kN 时突降至 1040kN，解封成功。其间，环空补密度为 1.01g/cm^3 的清水 0.9m^3，待胶筒回收。投 Φ63mm 钢球，正打压 12MPa 后打开滑套成功。

2. 工具检查情况

(1)压井滑套循环孔已打开，滑套行程还差 140mm 到位(图 1－3－21)。

图 1－3－21　顺南蓬 1[#]井压井滑套出井状态

(2)水力锚完好。PHP－2 封隔器整体处于正常解封状态，封隔器胶筒轻微损伤，胶筒上下金属网有一定磨损(图 1－3－22)。

图 1－3－22　顺南蓬 1[#]井起出水力锚(左)及 193.7mm 的 PHP－2 封隔器(右)

(3)多级球座：球座未打掉，但钢球已入座，从下端可看到钢球，球座内及其上部油管有 2 ~2.5m 沉淀物，钢球卡死在球座内(图 1 –3 –23)。

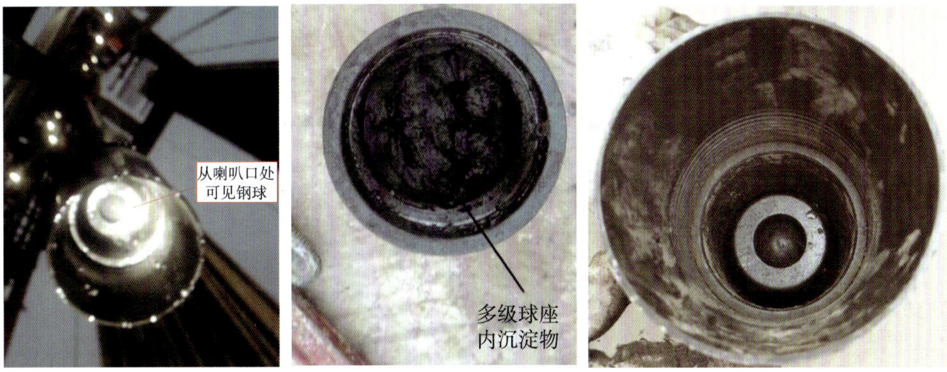

图 1 –3 –23 顺南蓬 1# 井起出球座照片(球座处于卡死状态)

(三)原因分析

1. 出井后球座高温剪切实验

(1)验漏实验。向球座内灌满水后静置观察 30min，无渗漏现象。

(2)高温剪切实验。在球座内加入高温导热油，连接试压堵头，然后将球座放入装满高温导热油的加热容器内。缓慢加热至 170℃，并保温 30min，然后连接打压管线逐级打压至 5MPa、15MPa、25MPa，每个台阶稳压 2min，打压至 30.9MPa 时，压力突然落零，打掉球座。实验过程参数变化情况见图 1 –3 –24。

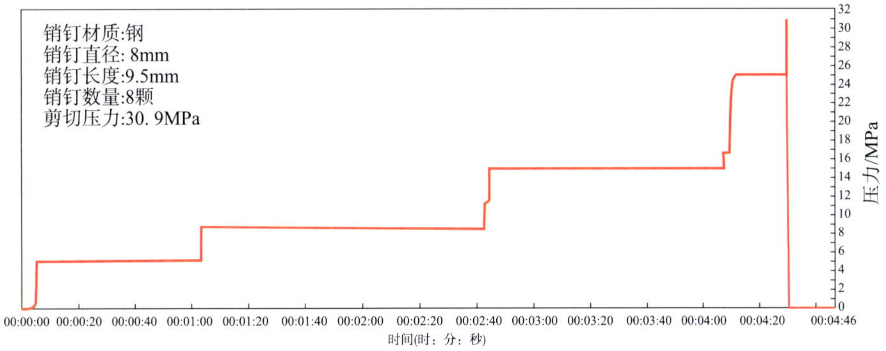

图 1 –3 –24 顺南蓬 1# 井起出球座高温剪切实验参数变化曲线

钢球卡死在球座内，说明钢球承受过压差。球座起出后，地面实验显示其密封良好、剪切正常。球座未被击落有两个原因：①固相沉淀所致，即在坐封初期球座上无沉淀，在坐封封隔器的过程中固相不断堆积在球座，在打球座时，压力已不能正常传递至球座上，导致球座无法正常击落；②封隔器下活塞密封圈损坏导致管内外连通(图 1 –3 –25)，封隔器下活塞外部的密封圈在封隔器坐封后，打球座期间，还没达到球座剪切压差时便发生损坏，导致球座未被击落。

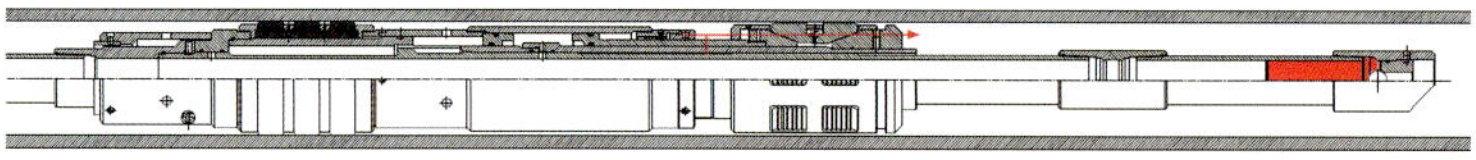

图 1－3－25　封隔器下活塞密封圈损坏导致管内外连通

2. 封隔器拆卸情况

对出井封隔器进行拆卸检查，发现下活塞外部密封圈损坏(刺断约 1/6，图 1－3－26)。下活塞上端面(活塞腔内)有较多固相沉淀物(图 1－3－27)，其成分与球座中的固相沉淀相近，用磁铁验证有磁性，最大颗粒长约 10mm、宽约 5mm、厚约 1mm。

图 1－3－26　顺南蓬 1#井起出的封隔器密封件

图 1－3－27　顺南蓬 1#井封隔器下活塞上端面固相沉淀物

3. 泄漏及后期产液通道分析

出井后球座高温剪切实验及封隔器拆卸情况分析表明，打球座期间，泄漏位置为封隔器下活塞外部的密封圈处，泄漏及后期产液通道依次为油管、封隔器中心管传压孔、下活塞传压孔、下活塞与活塞缸间隙、棘刺锁定部分(无密封件)、封隔器外部(封隔器胶筒以下)。

下活塞与活塞缸(内径为 139.7mm)单边间隙为 0.13～0.25mm，当量直径为 6～12mm；密封圈损坏部分约为 1/6，当量直径为 3～5mm。

4. 封隔器坐封液缸承压能力分析

液缸薄弱处外径为 155.19mm，内径为 139.57mm，材质为 42CrMo，热处理硬度为 HRC28 – 36，材质屈服强度为 758MPa，计算得液缸最大抗内压强度为 76MPa。顺南蓬 1# 井打球座最高压力为 61MPa，坐封前油压为 15.8MPa，最大压差为 45.2MPa，未超过封隔器的承压能力。

5. 球座内固体沉淀化验分析

通过对沉淀物的有机质检测及 X 衍射实验分析可知，沉淀物中有机质含量为 21.6%（抽提法）；无机质含量为 78.4%，其成分主要为 $CaSO_4$、$BaSO_4$、$CaCO_3$、地层砂（石英、长石）、Fe_2O_3、$FeCO_3$ 和黏土矿物（图 1 –3 –28、表 1 –3 –9）。

图 1 –3 –28　样品全貌（左）及洗油后沉淀物磁性实验（右）

表 1 –3 –9　顺南蓬 1# 井球座处沉淀物综合定量分析（质量分数）

名称	有机质部分	无机质部分						
	有机质（抽提法）	$CaSO_4$	$BaSO_4$	$CaCO_3$	地层砂	Fe_2O_3	$FeCO_3$	黏土矿物
含量/%	21.6	20.3	6.5	4.7	1.4	37.5	4.9	3.1

综上所述，固相沉淀或下活塞外部密封圈在球座击落前损坏均可造成球座无法击落。

（四）处理措施与效果

起出完井管柱、重新组下完井管柱前，组下带强磁短节的洗井管柱清洁井筒，第二次完井管柱封隔器坐封、验封正常。

（五）经验教训

（1）组下完井管柱前，应采取必要措施清洁井筒及入井油管，并采用清洁工作液施工，严防固相沉淀堵塞管柱及工具。投球坐封前应正挤或循环一个油管容积的洗井液，确保油管内液体清洁。

（2）应采取必要措施检测并保障液压封隔器的高压工作能力。目前，常用的液压封隔器在入井前仅能进行低压（5MPa）试压检测，无法确定其高压承压能力。因此，封隔器供应商应提供与封隔器配套的高压试压工具，在入井前对封隔器进行高压检测。

六、SHB2#井杂物填充导致封隔器坐封不充分

(一)基本情况

2019 年，SHB2#井采用“伸缩管 + 水力锚 + PHP - 2 封隔器”管柱完井，目的层为 $O_2yj + O_{1-2}y$，储层段为 7486.00 ~ 7771.13m。该井上部井段为 Φ219.1mm 套管，悬挂 Φ168.3mm 套管未回接到井口，储层段为 Φ143.9mm 裸眼。井内管柱结构见图 1 - 3 - 29。

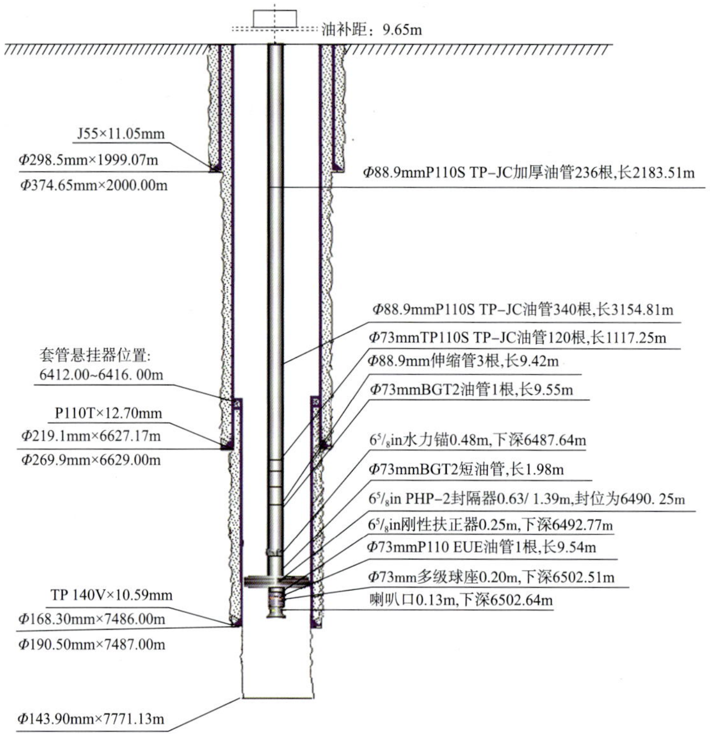

图 1 - 3 - 29 SHB2#井管柱结构示意图

(二)发生经过

1. 解封封隔器

上提管柱，封隔器无明显解封迹象。起钻过程中持续高摩阻，最高上提载荷为 1200kN，最低上提载荷为 940kN。起油管至 6430m 处，高架槽返浆出现线流后进行平推压井。套压升至 22MPa，停泵观察发现套压不降，判断封隔器解封胶筒未完全收缩到位；关井观察至套压为 5MPa，泄套压至 0，继续起油管到 Φ219.1mm，此后套管内无摩阻显示，正常起钻。

2. 工具检查情况

(1)伸缩节处于拉伸状态(图 1 - 3 - 30)。

图 1-3-30 SHB2#井起出的原井伸缩节

（2）水力锚下扣端一支锚爪及半截压条落井，未落井锚爪合金齿损坏严重（图 1-3-31）。

图 1-3-31 SHB2#井起出的水力锚

（3）封隔器解封销钉未被剪断，胶筒处于压缩状态，胶筒最大外径为 161mm（入井前胶筒外径为 135mm），坐封活塞行程为 58mm；卡瓦撑开不充分，卡瓦外径为 144mm（入井前卡瓦外径为 138mm），卡瓦下锥体与下接头距离为 270mm（与入井前一致），见图 1-3-32。

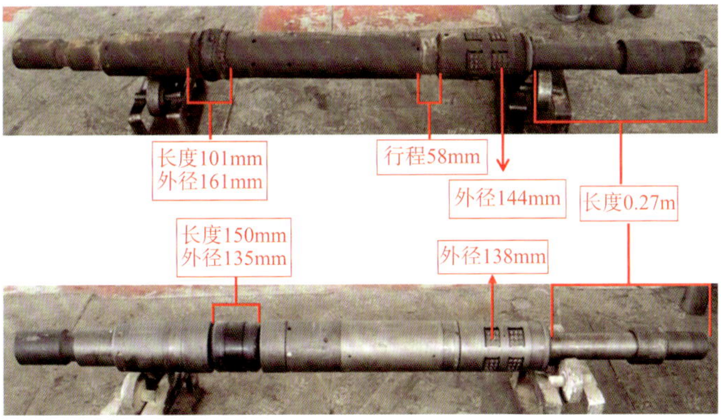

图 1-3-32 SHB2#井起出（上）和下入（下）的封隔器对比

（三）原因分析

1. 封隔器检查情况

（1）出井封隔器状态为井内坐封状态，解封销钉未剪断，下锥体与下接头距离与入井前一致。

(2)胶筒压缩正常。胶筒部分入井前长度为150mm，完全坐封后胶筒理论长度为102.9mm，出井胶筒的测量长度为101mm，胶筒处于充分压缩状态。

(3)封隔器完全坐封时活塞的理论行程为63.16mm，出井封隔器活塞行程的测量值为58mm，坐封活塞行程不足。

(4)入井前卡瓦外径为138mm，出井后测量卡瓦外径为144mm，套管内径为147.12mm，卡瓦撑开程度不足以锚定套管。

(5)拆除封隔器下端下锥体、卡瓦、卡瓦护套、上锥体后，拆卸锁环部分(锁环座与活塞缸套之间的螺纹)困难，之后尝试拆活塞缸与旁通套之间的螺纹，卸扣期间发现下活塞与外中心管(下活塞芯轴)无相对运动，胶筒被持续挤压，表明下活塞与外中心管(下活塞芯轴)之间存在卡阻，详见图1-3-33。

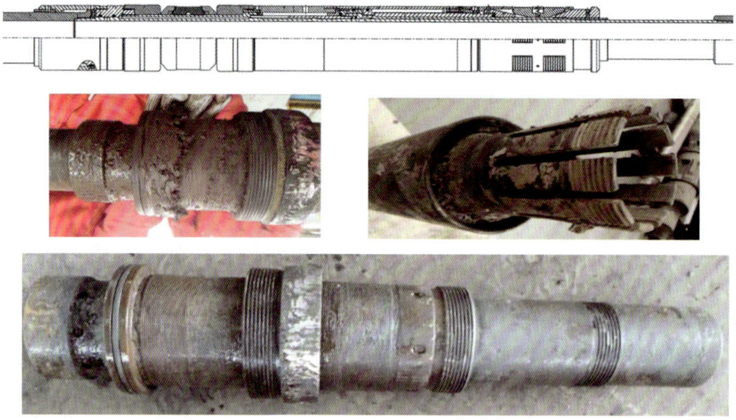

图1-3-33 SHB2#井起出封隔器及部件拆解

2. 封隔器下活塞与外中心管(下活塞芯轴)阻卡原因分析

(1)下活塞与外中心管(下活塞芯轴)的间隙小(0.13mm)，小间隙段长(250mm)，且该段为上部开口下部O形圈密封，泥浆固相进入间隙，会导致下活塞与中心管的相对运动困难，造成卡阻。

(2)下活塞存在变形。下活塞与外中心管(下活塞芯轴)上部进液处被泥浆固相堵塞，使液体及压力无法进入下活塞与外中心管(下活塞芯轴)之间的间隙，形成空气腔。封隔器下至6490.25m时，空气腔内外压差高达114.6MPa，活塞缸被向内挤压变形，抱紧中心管，影响其相对运行。

上述原因导致下活塞行程不到位，卡瓦撑开不足，封隔器坐封不充分。

3. 封隔器内部固相成分分析

SHB2#井泥浆密度为1.75~1.80g/cm^3，加重材料为石灰石粉和重晶石粉。

采用酸溶实验分析固相成分，石灰石粉占比53.34%，其余为重晶石粉。

固相粒径分析显示，石灰石粉粒径0.717~121μm，粒径31.5~74.1μm占比52.19%，其粒度分级见图1-3-34；重晶石粉粒径0.551~60.2μm，粒径4.15~40.2μm

占比 80.38%，其粒度分级见图 1－3－35。

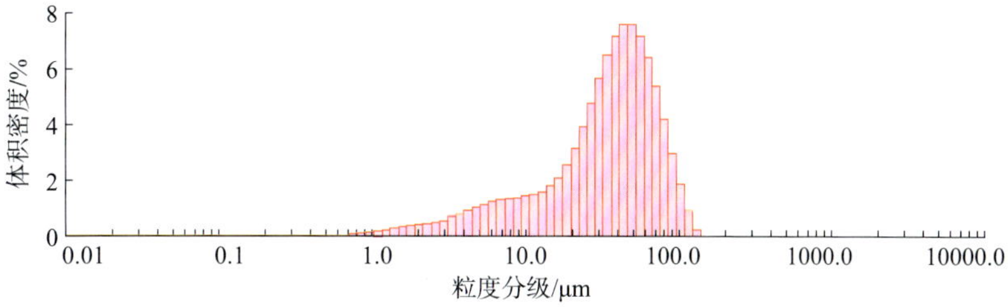

图 1－3－34　SHB2#井泥浆石灰石粉粒度分级

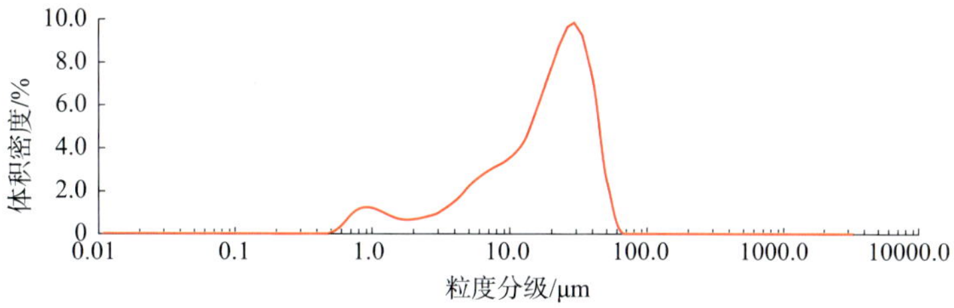

图 1－3－35　SHB2#井泥浆重晶石粉粒度分级

SHB2#井 PHP－2 封隔器下活塞与外中心管间的间隙为 0.13mm，上部开口下部 O 形圈密封；加重材料最大粒径为 0.12mm，易从上部开口处进入间隙。

(四) 处理措施与效果

起出完井管柱，封隔器更换为 Premier 封隔器，封隔器坐、验封正常。

(五) 经验教训

(1) 在泥浆环境中设计完井管柱，应选用满足高固相含量工况的封隔器完井。

(2) 用于泥浆环境的封隔器，应在防止固相沉淀卡阻方面做结构优化，提高封隔器应用的可靠性。

(3) 封隔器芯轴与缸套内部可采用填充高温油脂的措施阻止杂质进入，避免固相沉淀对活塞运行的影响。

七、TP3#CH 井封隔器换位机构卡阻导致坐封失败

(一) 基本情况

2011 年，TP3#CH 井采用“气举阀＋循环滑套＋水力锚＋LXY211－146 封隔器”管柱完井，目的层 O_2yj，射孔井段 6212.00～6881.55m。该井上部井段为 Φ244.5mm 套管，悬挂 Φ177.8mm 套管未回接到井口，储层段为 Φ149.2mm 裸眼。井内管柱结构见图 1－3－36。

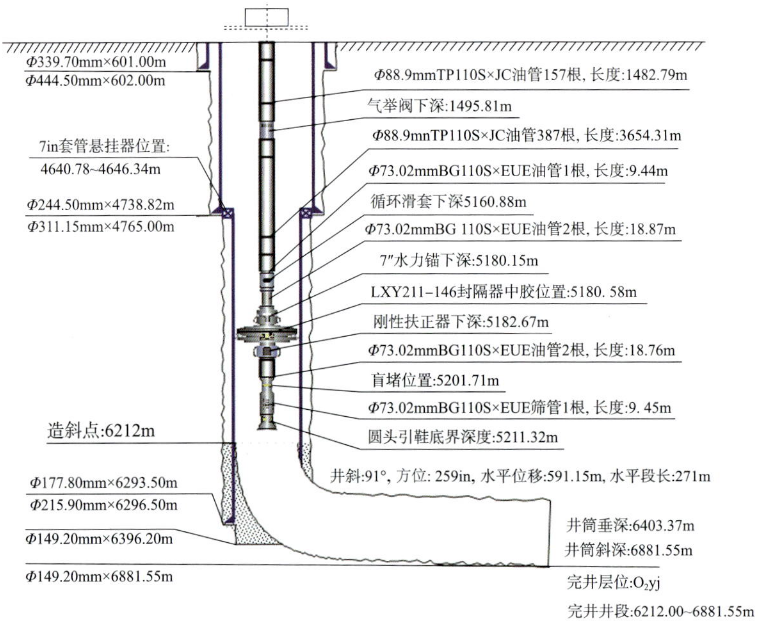

图 1-3-36　TP3[#]CH 井管柱结构

(二)发生经过

1. 坐封封隔器异常

完井管柱下至设计位置后，上提管柱 3.2m 下放无坐封显示，后多次上提下放管柱均未成功坐封封隔器。起完井管柱，封隔器起至悬挂器位置时反复提放管柱试坐封封隔器，均未见封隔器有坐封显示。

2. 封隔器出井检查

封隔器起出井口后检查发现，封隔器的下胶筒和中间胶筒落井，卡瓦锁紧装置下部外筒与中心管之间卡有 5cm 左右的胶筒碎块，摩擦块上部匙环与中心管之间卡有两只胶筒碎块，详见图 1-3-37。

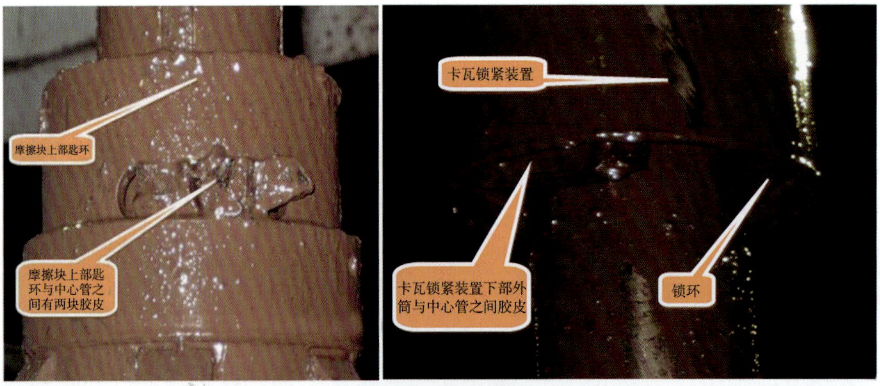

图 1-3-37　LXY211-146 封隔器起出井口情况

(三)原因分析

1. 封隔器胶筒掉井原因

组下完井管柱过程中，封隔器在通过 Φ177.8mm 套管悬挂器时遇阻 14.7kN，上提管柱解除卡阻，再次下放管柱封隔器坐封，此时封隔器卡瓦在悬挂器下部的 Φ177.8mm 套管中，而封隔器胶筒在上部的 Φ244.5mm 套管中，使封隔器胶筒被过度挤压膨胀脱落。

2. 封隔器坐封失败原因

完井管柱下到设计位置后，上提下放管柱坐封封隔器。由于封隔器胶筒碎块卡在换位机构与锁紧机构中间，使封隔器摩擦块上部匙环不能插入卡瓦总成下部的锁定装置内，卡瓦总成与中心管锁定机构无法解锁，卡瓦无法上移支撑至套管内壁，造成封隔器坐封失败。

(四)处理措施与效果

起出完井管柱，重新组下完井管柱。封隔器下至悬挂器位置时放慢管柱下放速度，封隔器顺利通过悬挂器变径位置。管柱下至设计位置后封隔器坐封、验封正常。

(五)经验教训

LXY211－146 封隔器采用上提下放管柱的方式坐封。在组下完井管柱过程中，需要注意以下方面：

(1)应严格控制管柱上提高度，避免换位机构转入可坐封状态。

(2)应严格控制下放速度，密切关注悬重变化。管柱遇阻时应缓慢上提管柱将换位机构置于解封状态，再缓慢下放管柱试通过遇阻位置，避免意外坐封产生较大的冲击和下压载荷损坏封隔器。

(3)管柱下至可能影响封隔器正常下入的位置前(如套管悬挂器)，应做好预警和管控工作，放缓管柱下放速度谨慎通过。

(4)完井管柱下入前应充分做好井筒准备，清理井内杂物，避免换位机构被卡阻而导致封隔器坐封失败。

八、TP4#CH 井泥浆沉淀卡阻封隔器换位机构导致坐封失败

(一)基本情况

2012 年，TP4#CH 井采用“水力锚＋LXY211－146 封隔器＋水力锚＋LXK344－138 封隔器”管柱完井，目的层 O_2yj，射孔井段 6688.24～6865.58m。该井上部井段为 Φ244.5mm 套管，悬挂 Φ177.8mm 套管未回接到井口，储层段为 Φ149.2mm 裸眼。井内管柱结构见图 1－3－38。

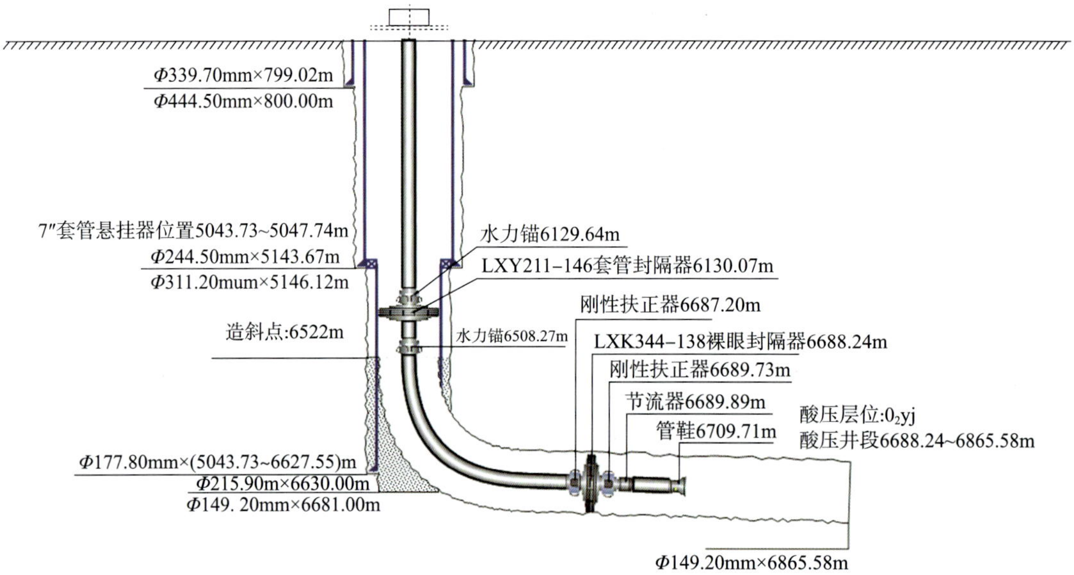

图 1-3-38 TP4#CH 井管柱结构示意图

(二)发生经过

完井管柱下至设计位置后上提 4.5m 下放无坐封显示，多次上提下放管柱，封隔器仍无法坐封。起出完井管柱检查，发现封隔器换位机构内存在大量泥浆固相沉淀。

(三)原因分析

组下完井管柱到位后穿换井口用时 7.5h，其间地层一直处于漏失状态，累计吊灌密度 1.40g/cm^3 的泥浆 190m^3。泥浆中的固相颗粒进入封隔器换位机构，在高温条件下板结，封隔器换位机构失效，导致坐封失败。

(四)处理措施与效果

起完井管柱，再次组下完井管柱到位后无须穿换井口，减少封隔器在泥浆中的停待时间，坐封、验封正常。

(五)经验教训

(1)应严格控制压井液的固相含量和固相粒径，并调整好压井液的抗高温性能，避免固相板结。

(2)在类似井况组下完井管柱，建议 LXY211-146 封隔器从 Φ244.5mm 套管进入 Φ177.8mm 套管时进行试坐封，验证封隔器操作的可靠性，以降低后续施工的井控风险，提高作业时效。

九、TK106#井打球座压力高导致封隔器超压失封

(一)基本情况

2008年，TK106#井采用“水力锚+定位短节+安全丢手+压井滑套+PIP封隔器”管柱完井，目的层O_2yj，射孔井段5918.00～5926.00m。该井上部井段为Φ177.8mm油层套管，储层段为Φ149.2mm裸眼。井内管柱结构见图1-3-39。

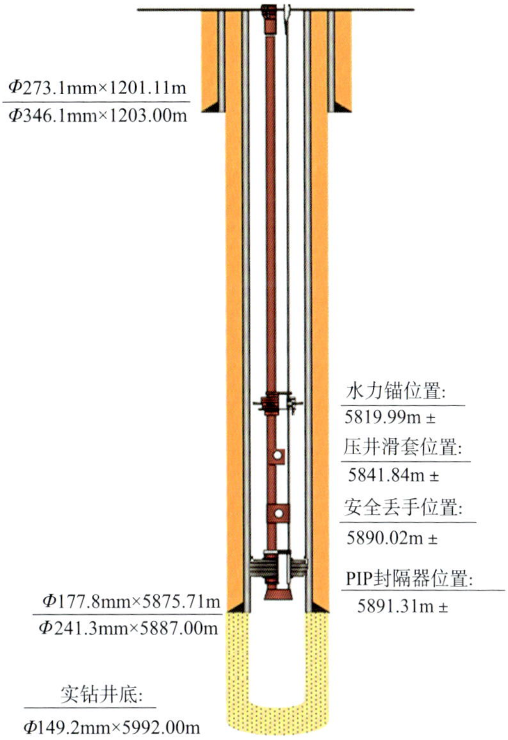

图1-3-39 TK106#井管柱结构示意图

(二)发生经过

(1)坐封正常：完井管柱下至设计位置后投入Φ44mm钢球，正打压至18MPa坐封PIP封隔器，泄压至4MPa。

(2)打球座：正打压到设定值35MPa后无压降，继续打压至46MPa压力迅速降至22MPa，判断球座打掉。随后正打压至7MPa时，发现套压升至7MPa(套管关闭)；泄套压后正打压至3MPa，环空返液；正打压至10MPa时，套压升至10MPa(套管关闭)，油套连通，判断为封隔器失效。

(三)原因分析

起出井内管柱检查发现，球座已正常打掉，封隔器胶筒破损严重，上端磨损15cm，中胶磨损90cm，下端磨损掉30cm，部分胶皮落井，见图1-3-40。

图1-3-40 TK106#井起出封隔器外观情况

查PIP封隔器选型表可知，117.6mm的PIP封隔器在Φ152.4mm井眼中胶筒抗内压31.5MPa。TK106#井球座安装9个销钉，现场打球座施工最高压差46MPa，超出胶筒抗内压值，导致胶筒破裂。

(四)处理措施与效果

起出完井管柱，球座销钉减少至7个后重新下完井管柱，封隔器坐封、验封和打球座正常。

(五)经验教训与建议

(1)工具的性能和操作指标应正确匹配，并由相关技术人员在工具入井前严格核实。

(2)若出现打球座压力过高的现象，应采取必要措施处理球座或保护封隔器，避免封隔器超压损坏。

十、YB1－2#井裸眼井壁损伤封隔器胶筒导致坐封失败

(一)基本情况

2011 年，YB1－2#井采用“水力锚＋安全丢手＋扶正器＋2 级 K341－128 裸眼封隔器”分段酸压管柱完井，目的层 O_2yj，储层段 5470～5580m。该井上部井段为 Φ244.5mm 套管，悬挂 Φ177.8mm 套管未回接到井口，储层段为 Φ149.2mm 裸眼。井内管柱结构见图 1－3－41。

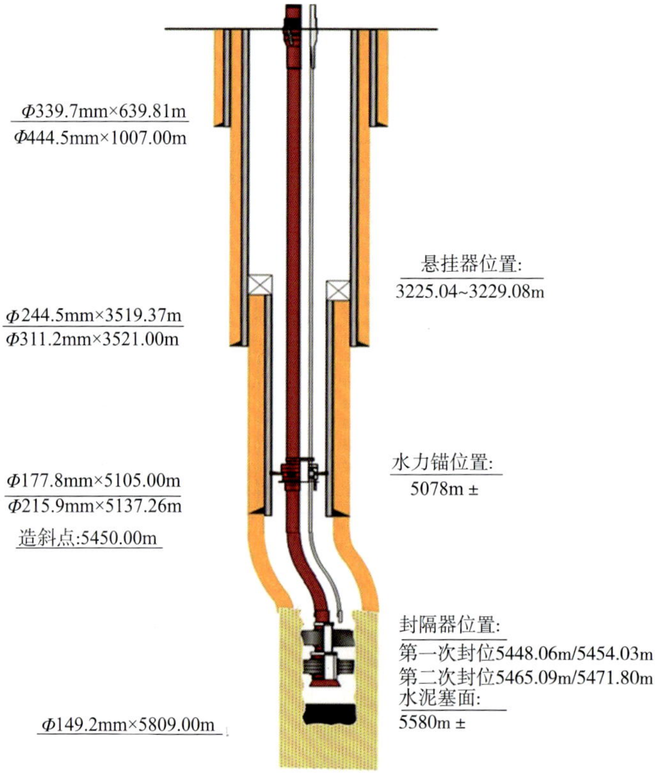

图 1－3－41　YB1－2#井管柱结构示意图

(二)发生经过

1. 第一次坐封、验封简述

(1)坐封正常：投 Φ45mm 钢球，逐级打压至 14MPa，稳压 15min，无压降，封隔器坐封。

(2)打球座：继续正打压至 18MPa 时压力突降到 16MPa，地面判断球座被击落(球座

设定值为16.5MPa)。

(3)验封有压降：油管正打压15MPa，稳压10min压力降至13MPa后稳定，环空不返液。环空打压至3.5MPa时，油管返液。正注压井液0.2m^3，油压升至6MPa环空返液。反复试验两次，油压6MPa均出现环空返液现象。注入量和返出量一致，判断封隔器失封。

(4)起出工具检查：水力锚、丢手接头完好，球座未被击落。

1#封隔器：封隔器有坐封显示(坐封中胶位置5454.03m)，下部胶筒膨胀外径144mm，下部钢片变形严重。下部胶筒有长3cm和2cm的裂口各一个，胶筒中部有1.5cm三个切口深度可见钢片，见图1-3-42。胶筒上部钢片变形，钢片膨胀直径133mm，胶筒外观有多处硬物挤压导致的塑形变形，见图1-3-43。

图1-3-42 YB1-2#井第一次完井提出的1#封隔器外观情况

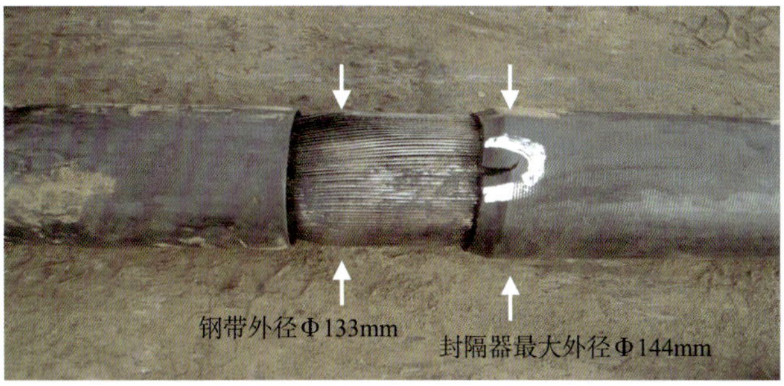

图1-3-43 YB1-2#井第一次完井提出的1#封隔器钢带、胶筒变形情况

2#封隔器：封隔器有坐封显示(坐封中胶位置5448.06m)，上、下部胶筒膨胀至外径132mm，下部钢片变形。下部胶筒有三个2cm贯通切口已可见钢片，见图1-3-44。胶筒上部钢片变形；胶筒外观有多处硬物挤压导致的塑形变形，见图1-3-45。

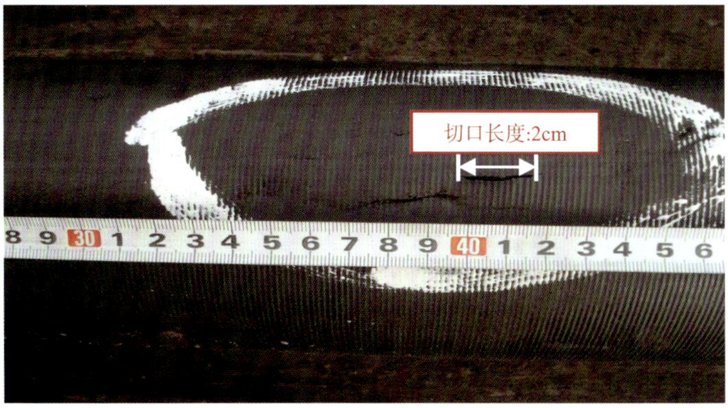

图1-3-44 YB1-2#井第一次完井提出的2#封隔器胶筒情况

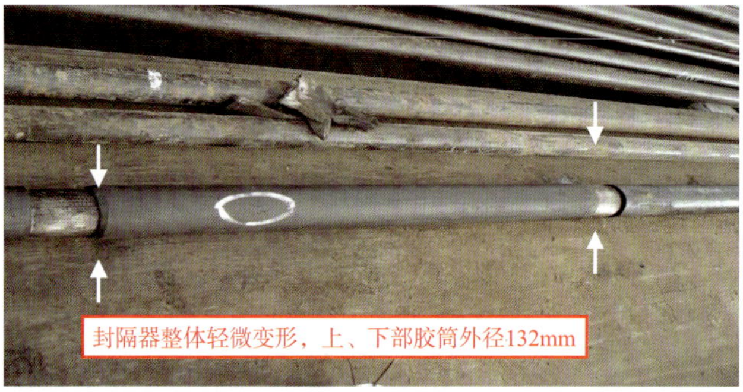

图 1-3-45 YB1-2[#]井第一次完井提出的2[#]封隔器外观情况

2. 第二次坐封、验封简述

起出第一次完井管柱，采用相同结构管柱进行第二次完井。

(1)坐封正常：投 Φ36mm 钢球，逐级打压至 12MPa，稳压 10min，压力稳定。

(2)打球座：打压至 15MPa 时，压力突降至 0MPa，显示球座击落，环空未返液。

(3)验封失败：油管正注盐水 0.2m³，泵压 2MPa，1min 后环空返液，判断油套连通。

(4)起出工具检查情况：

①两个封隔器胶筒明显膨胀，回收正常。

②两个封隔器胶筒外部均有不同程度的划痕和被外部挤压破裂的痕迹。其中 1[#]封隔器的外胶筒上部接头处有一条长 4cm 的斜向裂口，可探到内部不锈钢弹片，外胶筒下部接头处有多处压痕，见图 1-3-46。2[#]封隔器有一条长 1cm 的横向裂口，见图 1-3-47。

③水力锚锚爪张开后没完全收回，一侧压板和中部锚爪掉落，见图 1-3-48。

图 1-3-46 YB1-2[#]井第二次完井提出的 1[#]封隔器破损情况

图 1-3-47 YB1-2[#]井第二次完井提出的 2[#]封隔器破损情况

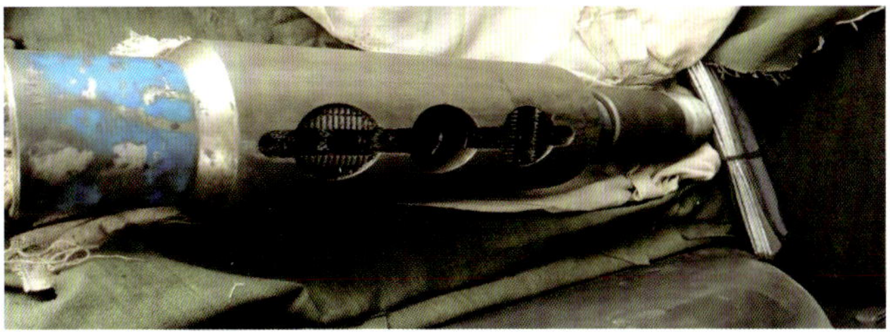

图 1-3-48 YB1-2#井第二次完井提出的水力锚外观情况

(三)原因分析

(1)两次封隔器坐封位置的地层岩性为灰质白云岩，岩性坚硬。起出的4个封隔器胶筒破损情况表明，裸眼井壁存在局部尖锐外形，坐封时胶筒在与井壁的高接触应力下被挤压破裂，导致封隔器失封。

(2)第一次完井管柱提出后发现球座完好，且1#封隔器严重变形，说明在打球座的过程中封隔器胶筒破裂，球座并未被打掉。

(3)YB1-2#井钻至井深5450m因井斜角过大(18.21°)采取纠斜措施，5450.29～5459.95m井段全角变化率67.5°/30m。两次完井管柱4个封隔器的坐封位置均在纠斜井段附近，井筒条件较差，不利于封隔器坐封。

(四)处理措施与效果

第三次组下完井管柱前，组下底带双铣柱的通井管柱对封隔器坐封位置进行处理，完井管柱到位后，通过校深调整封隔器使其坐封于井况较好的井段，封隔器坐封、验封正常。

(五)经验教训

(1)对裸眼坐封井段，宜结合综合测井、多臂井径测井及FMI成像判断井径及岩性情况。若井壁坚硬且井径较不规则，应采取必要措施处理井壁或适当选用外径较大的封隔器。

(2)封隔器坐封在全角变化率较大的井段附近时，应慎重选择坐封位置，施工时采取必要措施校准封隔器的坐封位置。

十一、TH1237#井稠油导致封隔器坐封异常

(一)基本情况

2015年，TH1237#井采用“APC掺稀滑套+PHP-2套管封隔器+伸缩管+机械安全丢手+K341-150裸眼封隔器”管柱完井，目的层O_2yj，储层段6250～6305m。该井上部井

段为 Φ193.7mm 油层套管，侧钻 Φ165.1mm 裸眼。井内管柱结构见图 1－3－49。

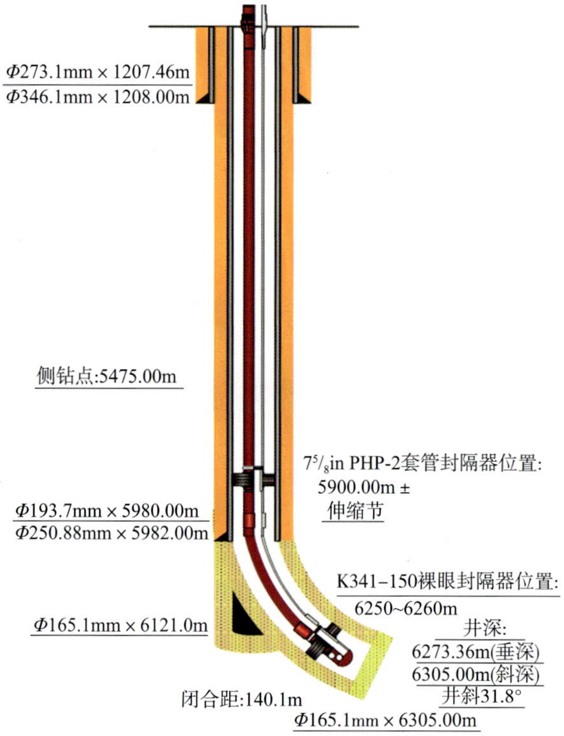

图 1－3－49 TH1237# 井管柱结构示意图

(二)发生经过

1. 投球异常情况

组下完井管柱到位后投球，坐封前油压 22MPa，套压 22MPa。正挤清水 12.1m^3，排量 0.08～0.15m^3/min，泵压 22MPa，套压 22MPa，未见泵压稳定上升，显示钢球未入座，无法完成坐封。

2. 解封封隔器异常情况

用密度 1.42g/cm^3 的泥浆正反压井、起管柱。上提 8m 管柱遇卡，多次活动管柱，正、反挤密度 1.42g/cm^3 的泥浆，仍未解卡。直至上提管柱由 800kN 上升至 960kN，悬挂 2min，下放管柱至原悬重；缓慢上提管柱由 800kN 上升至 980kN 时，悬重突降至 78kN，解卡成功。此后上提每根油管均遇卡，附加载荷 40kN，提至 23 根后卡阻解除。

3. 工具出井检查情况

(1) APC 阀 2 个传压孔有少许泥浆，4 个循环孔没打开，其中 2 个被稠油堵塞。

(2) PHP－2 封隔器：3 颗坐封销钉没有被剪断，液缸未启动；3 颗卡瓦销钉没有被剪断，卡瓦未张开，见图 1－3－50；胶筒上附有稠油，下金属网损坏拉开，见图 1－3－51；8 颗解封销钉均被剪断，拉开处有稠油，见图 1－3－52。

图 1－3－50 TH1237[#]井 PHP－2 封隔器卡瓦外观情况

图 1－3－51 TH1237[#]井 PHP－2 封隔器胶筒外观情况

图 1－3－52 TH1237[#]井 PHP－2 封隔器解封销钉外观情况

(3)伸缩管处于拉伸状态，安全接头已丢开，见图 1－3－53。

图 1－3－53 TH1237[#]井伸缩管及安全接头外观情况

(4)K341－150 裸眼封隔器已解封，中心管上移 130mm，胶筒外观完好(见图 1－3－54)，上部外径 166mm，中部外径 163mm，下部外径 165mm；内胶筒内有一条压槽；下部钢带位置有多处穿孔，见图 1－3－55。封隔器卸开后内胶筒和浮动接头装 O 形圈位置及中心杆泄压槽附近被刺坏，见图 1－3－56。

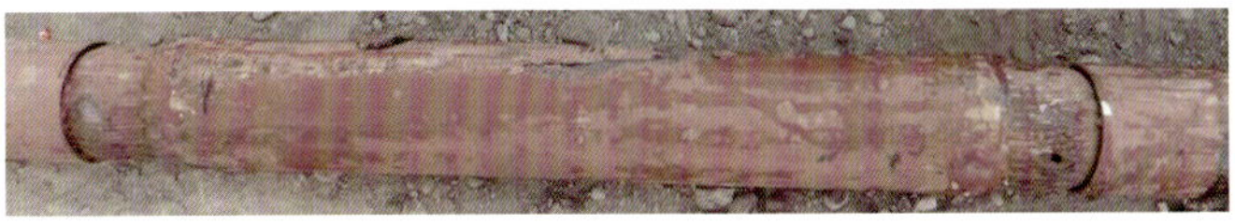

图 1－3－54 TH1237[#]井 K341－150 封隔器外观情况

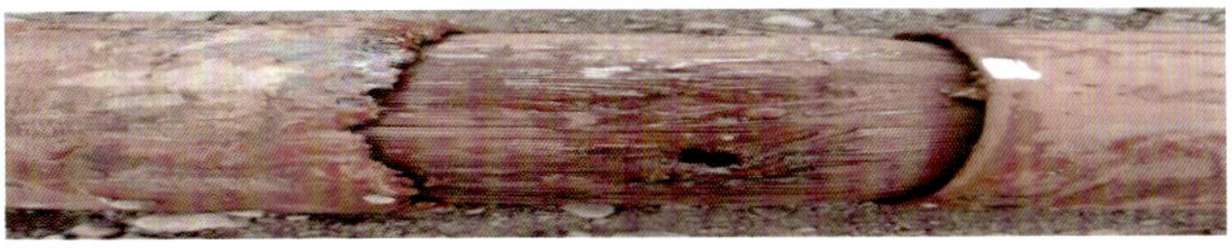

图 1－3－55 TH1237[#]井 K341－150 封隔器下部钢带穿孔情况

图 1-3-56　TH1237[#]井 K341-150 封隔器中心杆及浮动接头损坏情况

(5)起出坐封球座，2 颗钢球均在球座上，球座以上管柱内均被重晶石粉堵死，见图 1-3-57。球座以下打孔管管内也被堵死，球座清洗干净后放入钢球密封完好。

图 1-3-57　TH1237[#]井起出球座及钢球

(三)原因分析

(1)球座内部存在大量重晶石粉，导致球座和球无法形成密封，是打压坐封过程中始终无法起压的主要原因。

(2)TH1237[#]井稠油活跃，套管封隔器在下入过程中不断将套管内壁的稠油下推、聚集，形成密闭空间，在环空反挤泥浆时，产生“活塞效应”的轴向拉力过大导致封隔器解封销钉被剪断。

(四)处理措施与效果

起出完井管柱，将稠油平推至井底后再下完井管柱，且下管柱期间定时正挤压井液防止稠油再次进入井筒。封隔器到位后投球，封隔器坐封、验封正常。

(五)经验教训

(1)稠油异常活跃的井，在组下测试管柱之前，应采取必要措施避免稠油返至井筒，保持井筒的通畅性。

(2)组下测试管柱时控制下钻速度，防止管柱遇阻卡而损伤封隔器。

十二、YJ1#井封隔器过载解封

(一)基本情况

2016年，YJ1#井采用"PHP封隔器+固定式球座"完井管柱，目的层O_2yj，储层段7111.12～7151.30m。该井上部井段为Φ244.5mm套管，悬挂Φ177.8mm套管未回接到井口，储层段为Φ149.2mm裸眼。井内管柱结构见图1-3-58。

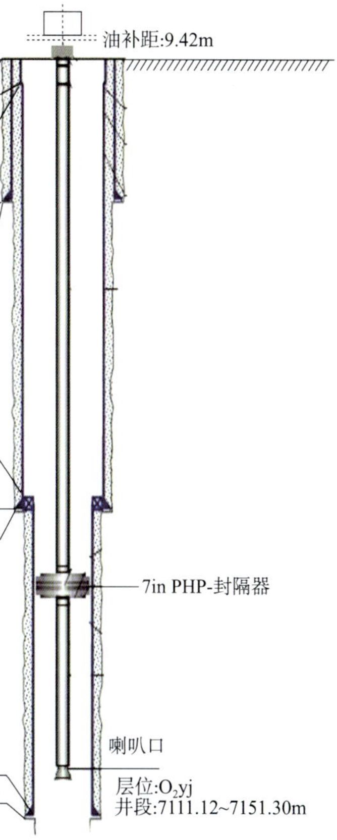

图1-3-58 YJ1#井管柱结构示意图

(二)发生经过

用密度1.14g/m³的油田水216m³反替井内泥浆，投球入座，逐级正打压至39MPa，稳压15min，封隔器坐封合格；环空打压32MPa，稳压15min，压力不降，验封合格；正打压由14MPa先上升至50MPa，再下降至15MPa，击落球座。

正挤密度1.14g/m³的油田水5.4m³，泵压56MPa，停泵观察50min，油压由56MPa下降至49MPa，套压31MPa不变；泄油压至10MPa，正挤密度1.14g/m³的油田水，油压由10MPa上升至62MPa，套压31MPa不变；泄油压至40MPa，环空反挤密度1.14g/cm³的油田水，套压由31MPa上升至34MPa，正挤密度1.14g/m³的油田水，油压由42MPa上升至70MPa，观察43min，油压、套压不变，继续正打压至75MPa再降至42MPa，套压由34MPa上升至42MPa，油套连通，封隔器失封。

(三)原因分析

1. 完井管柱分析

YJ1#井完井管柱未带水力锚，封隔器失封瞬间中心管受力分析如下：

1)鼓胀效应

$$\Delta L_{鼓胀}=\frac{\mu}{E}\frac{2(P_t d^2-P_a D^2)L+\left[\left(\rho_t g-\frac{0.006Q}{5}\right)d^2-\rho_a gD^2\right]L^2}{D^2-d^2} \tag{1-3-8}$$

式中，P_t、ρ_t 分别为油压，油管内液体密度，g/cm^3；P_a、ρ_a 分别为套压，环空液体密度，g/cm^3；D 为油管外径，m；d 为油管内径，m；Q 为液体排量，m^3/s；L 为封隔器以上管柱长度，m；$\Delta L_{鼓胀}$ 为管柱受鼓胀效应产生的伸长量；μ 为泊松比，镍铬钢、合金钢泊松比为0.3～0.25；E 为弹性模量，镍铬钢、合金钢弹性模量为20600MPa。

经计算，Φ88.9mm 油管受到的鼓胀力为 57.82kN，Φ73mm 油管受到的鼓胀力为43.71kN。

2）活塞力

YJ1#井封隔器中心管内径 Φ88.9mm，其上下连接 Φ73mm 油管，因此封隔器坐封以后中心管会受到一个活塞力，如图1－3－59所示。

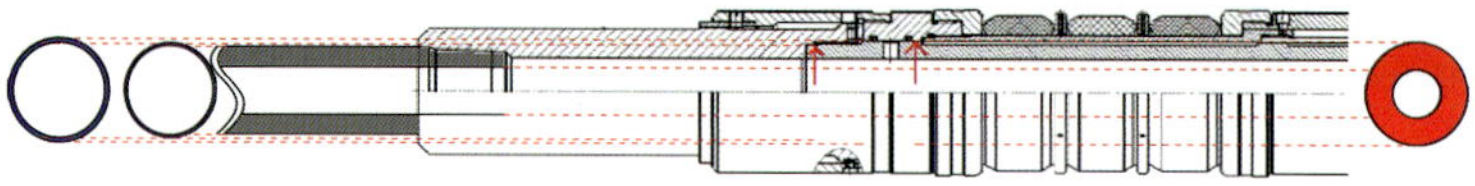

图1－3－59　PHP－2 封隔器中心管受活塞力示意图

YJ1#井封隔器受到活塞力计算结果如表1－3－10所示，其中：

封隔器处的油管内压力增加值：（泵压＋液柱压力）－（坐封前油压＋液柱压力）＝泵压－坐封前油压；

封隔器处的环空压力增加值：（套压＋液柱压力）－（坐封前套压＋液柱压力）＝套压－坐封前套压。

表1－3－10　PHP－2 封隔器失封瞬间中心管受活塞力计算结果

中心管受向上的力	活塞面积	Φ73mm 油管内径/mm	62
		封隔器中心管密封处最大外径/mm	93.52
		活塞面积/mm^2	3848.06
		封隔器处的油管内压力增加值/MPa	61
	中心管所受的上顶力/kN		234.71
中心管受向下的力	活塞面积1	Φ73mm 油管外径/mm	73
		封隔器中心管与上接头密封处外径/mm	85.85
		活塞面积/mm^2	1602.36
	活塞面积2	封隔器中心管与上接头密封处外径/mm	85.85
		封隔器中心管密封处最大外径/mm	93.52
		活塞面积/mm^2	1077.042
	封隔器处的环空压力增加值/MPa		10
	中心管所受的下压力/kN		26.75
上顶力（向上）	207.96kN		

YJ1#井完井管柱［88.9mm（3500m）＋73mm（1780m）］，88.9mm×73mm 变扣处会受到一个活塞力，计算结果如表1－3－11所示。

表 1-3-11 封隔器失封瞬间变扣处受到的活塞力计算结果

下压力	活塞面积	Φ73mm 油管内径/mm	62
		Φ88.9mm 油管内径/mm	76
		活塞面积/mm^2	1517
		此处的油管内压力增加值/MPa	61
		下压力/kN	92.51
上顶力	活塞面积	Φ73mm 油管外径/mm	73
		Φ88.9mm 油管外径/mm	88.9
		活塞面积/mm^2	2021
		此处的油管内压力增加值/MPa	10
		上顶力/kN	20.21
合力(向下)	72.30kN		

3)失封瞬间封隔器中心管受到的合力(向上)

$$F_{合} = 207.96 - 72.30 + 57.82 + 43.71 = 237.19\text{kN} \quad (1-3-9)$$

本井使用的封隔器解封吨位 211.68kN，该力大于解封吨位，所以封隔器提前解封。

2. 封隔器提前解封原因分析

YJ1#井井深 7151.30m，完井管柱下深 5280.0m，替浆时无法将井底 1871.3m 密度 1.88g/cm^3 的泥浆替出，经过 72h 静置，在高温条件下发生絮凝将地层堵住，造成后期挤油田水压力过高，使得活塞力超过封隔器解封吨位，造成封隔器提前解封。

(四)处理措施与效果

提出原井管柱后，组下通井管柱至井底循环洗井，优化完井管柱封隔器上部油管尺寸为 88.9mm，并将完井管柱深度加深至套管鞋以上 10m，后期封隔器坐封、验封正常。

(五)经验教训

(1)YJ1#井完井管柱封隔器内径 Φ88.9mm，其上下连接 Φ73mm 油管，导致油管变扣和封隔器中心管受到活塞力，使封隔器提前解封，建议封隔器上部油管全部换为 Φ88.9mm 的油管。

(2)YJ1#井完井管柱没有加水力锚，活塞力全部作用在封隔器的解封销钉上，导致封隔器提前解封，对于高密度泥浆工况，建议完井管柱中添加水力锚。

(3)替浆时尽量将井筒中的泥浆替出，且必须达到进出口液性一致方可停止替浆作业。

第四节 封隔器窜漏失封

储层改造期间，井筒条件变化对完井管柱有较大影响，封隔器失封是此影响结果的典型表现。如管柱震动或窜动、套压控制不当、高压改造、酸溶蚀、杂物堵塞节流器、井径过大等，均易导致封隔器失封。

一、桥古××井联作射孔后封隔器失封

(一)基本情况

2011年，桥古××井采用"水力锚+177.8mm的RH封隔器+全通径射孔枪"射孔-加砂压裂一体化管柱完井，目的层K_1s，射孔井段5685~5695m。该井上部井段为Φ244.5mm套管，悬挂Φ177.8mm套管未回接到井口。井内管柱结构见图1-4-1。

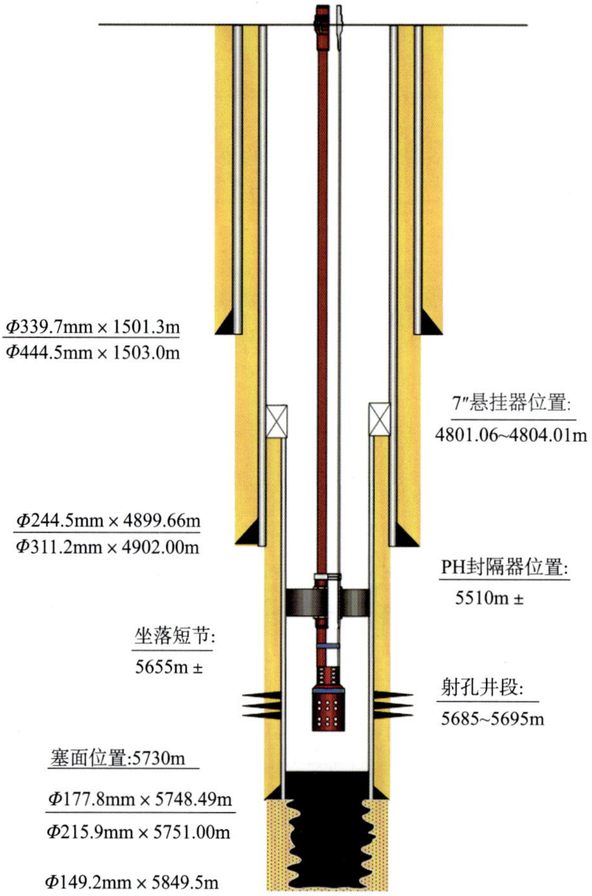

图1-4-1 桥古××井管柱结构示意图

(二)发生经过

(1)桥古××井组下完井管柱后封隔器坐封、验封合格。

(2)油管加压射孔正常起爆。射孔后泄油压时套压同步下降，正反验封均显示油套连通。

(3)上提管柱，悬重由607.6kN上升至666.4kN，封隔器无解封显示。

(4)起出封隔器后检查发现，封隔器上胶筒完好，中胶筒和下胶筒有裂口，胶筒未完全回缩；卡瓦锥体未下行到位，封隔器下部锁块有一块落井；解封销钉剪断，封隔器卡瓦部分磨损，详见图1－4－2。

图1－4－2　桥古××井出井封隔器外观情况

(三)原因分析

1. 全通径射孔工艺井对比

2011年全通径射孔与液压封隔器射采联作工艺共使用3口井(托甫××井、桥古××井、顺××井)，其中2口井射孔后封隔器失封(托甫××井、桥古××井)，1口井成功(顺××井)。3口井中，除顺××井使用了夹层枪和双向起爆器，其余两口井均为单向起爆。射孔工艺参数对比见表1－4－1。

表1－4－1　2011年3口井全通径射孔工艺参数对比

井号参数	顺××井	托甫××井	桥古××井
177.8mm封隔器型号	RH	PHP－MCHR	RH
枪长/m	12	8	10
射孔口袋/m	56.21	52.71	34.19
封隔器与射孔枪之间的距离/m	299.64	156.3	333.43
储层渗透率/mD	0.12～7.6	0.6～90	0.01
储层孔隙度/%	6.8～9.3	3～23	3～8
是否延时起爆	否	否	否
起爆器位置	上端和下端	下端	下端
是否有减震器	否	否	否
是否全通径射孔	是	是	是
封隔器是否失封	否	是	是
射孔枪响时油压/MPa	44	37	41
射孔枪响时套压/MPa	20	15	25

2. 全通径射孔工艺与常规射孔工艺对比

与桥古××井同期施工的BK1#、BK2#等井使用常规射孔工艺取得成功。托甫××井、桥古××井、BK1#、BK2#的射孔参数对比见表1－4－2。

表 1-4-2 托甫××井、桥古××井、BK1#井、BK2#井的射孔参数对比

参数	托甫××井	桥古××井	BK1#井	BK2#井
射孔工艺	全通径	全通径	常规	常规
177.8mm 封隔器型号	PHP-MCHR	RH	RH	RH
枪长/m	8	10	3	3
射孔口袋/m	52.71	34.19	337	247.61
封隔器与射孔枪之间的距离/m	156.3	333.43	196.15	394.87
储层渗透率/mD	0.6~90	0.01	0.2~3	48~117
储层孔隙度/%	3~23	3~8	9.6	17.5~17.9
是否延时起爆	否	否	是	是
射孔枪响时油压/MPa	37	41	0	0
封隔器是否失封	是	是	否	否
射孔枪响时套压/MPa	15	25	15	15

3. 对比分析

(1)封隔器坐封后，其下部井段形成密闭井筒，射孔枪起爆形成的冲击波在密闭空间内通过液体传播形成对封隔器的上顶载荷；全通径射孔工艺未在射孔枪与封隔器之间安装减震器，射孔产生的轴向冲击载荷直接通过油管传至封隔器。冲击波形成的上顶载荷与射孔震动形成的轴向冲击载荷叠加，对封隔器的密封可靠性存在较大影响。

(2)单起爆器安装在射孔枪下端，起爆器起爆后射孔枪下端打开，射孔弹沿导爆索由下向上起爆射孔，形成向上的震动载荷；双向起爆在射孔枪两端安装起爆器，起爆后射孔枪两端打开，射孔弹由两端沿导爆索向中间起爆射孔，有利于平衡起爆形成的轴向震动，减小射孔产生的轴向冲击载荷。表 1-4-1 中的 3 口井全通径射孔工艺对比结果也表明，双向起爆有利于保持封隔器密封的有效性。

(3)表 1-4-2 中两种射孔工艺参数对比表明，采用延时起爆，起爆前释放油压并保持一定套压，有利于消减射孔对封隔器的影响，保持封隔器密封的有效性。

(四)处理措施与效果

因第一次射采联作已完成射孔作业，所以第二次完井采用带 RH 封隔器的压裂管柱，正常完成后续坐封、验封及加砂压裂施工。

(五)经验教训

(1)对射采联作工艺，应综合采用双向起爆工艺、环空打备压、降低油压、加长射孔枪与封隔器间距、射孔枪与封隔器间安装轴向与径向减震器等措施，有效降低射孔作业对封隔器影响，保持封隔器的密封可靠性。

(2)低孔低渗储层实施加砂压裂改造的井，应避免使用射采联作工艺，宜将射孔与加砂压裂分两次管柱施工。

二、S1$^{\#}$井联作射孔后封隔器失封

(一)基本情况

2013 年，S1$^{\#}$井采用"井下安全阀 + RH 封隔器 + 射孔枪"管柱完井，目的层 C_1K_1，射孔井段 5136 ~ 5142m、5147 ~ 5150m。完井管串结构见表 1－4－3。

表 1－4－3　S1$^{\#}$井管柱数据

管柱	名称	内径/mm	外径/mm	上扣扣型	下扣扣型	数量	总长度/m	下深/m
	油管挂	76.00	174.00	3$^{1}/_{2}$in FOXB	3$^{1}/_{2}$in FOXB	1	0.35	9.84
	双公接头	76.00	88.90	3$^{1}/_{2}$in FOXP	3$^{1}/_{2}$in TP-JCP	1	0.30	10.14
	油管	76.00	88.90	3$^{1}/_{2}$in TP-JCB	3$^{1}/_{2}$in TP-JCP	9	83.31	93.45
	变扣接头	76.00	88.90	3$^{1}/_{2}$in TP-JCB	3$^{1}/_{2}$in FOXP	1	0.52	93.97
	流动短接	73.15	99.56	3$^{1}/_{2}$in FOXB	3$^{1}/_{2}$in FOXP	1	1.14	95.11
	井下安全阀	71.45	142.74	3$^{1}/_{2}$in FOXB	3$^{1}/_{2}$in FOXP	1	1.34	96.45
	流动短接	73.15	99.56	3$^{1}/_{2}$in FOXB	3$^{1}/_{2}$in FOXP	1	1.14	97.59
	变扣接头	76.00	88.90	3$^{1}/_{2}$in FOXB	3$^{1}/_{2}$in TP-JCP	1	0.51	98.10
	油管	76.00	88.90	3$^{1}/_{2}$in TP-JCB	3$^{1}/_{2}$in TP-JCP	112	1046.45	1144.75
	变扣接头	62.00	88.90	3$^{1}/_{2}$in TP-JCB	2$^{7}/_{8}$in TP-JCP	1	0.48	1145.23
	油管	62.00	73.00	2$^{7}/_{8}$in TP-JCB	2$^{7}/_{8}$in TP-JCP	408	3831.01	4976.24
	校深短节	62.00	73.00	2$^{7}/_{8}$in TP-JCB	2$^{7}/_{8}$in TP-JCP	1	1.03	4977.27
	油管	62.00	73.00	2$^{7}/_{8}$in TP-JCB	2$^{7}/_{8}$in TP-JCP	2	18.84	4996.11
	变扣接头	62.00	73.00	2$^{7}/_{8}$in TP-JCB	2$^{7}/_{8}$in FOXP	1	0.52	4996.63
	7in RH封隔器	59.94	146.55	2$^{7}/_{8}$in FOXB	2$^{7}/_{8}$in FOXP	1	0.99 0.96	4997.62 4998.58
	变扣接头	62.00	73.00	2$^{7}/_{8}$in FOXB	2$^{7}/_{8}$in TP-JCP	1	0.51	4999.09
	油管	62.00	73.00	2$^{7}/_{8}$in TP-JCB	2$^{7}/_{8}$in TP-JCP	2	18.83	5017.92
	变扣接头	62.00	73.00	2$^{7}/_{8}$in TP-JCB	3$^{1}/_{2}$in FOXP	1	0.53	5018.45
	RH球座	59 .00	99.00	2$^{7}/_{8}$in FOXB	2$^{7}/_{8}$in FOXP	1	0.16	5018.61
	变扣接头	62.00	73.00	2$^{7}/_{8}$in FOXB	2$^{7}/_{8}$in TP-JCP	1	0.47	5019.08
	油管	62.00	73.00	2$^{7}/_{8}$in TP-JCB	2$^{7}/_{8}$in TP-JCP	2	18.82	5037.90
	打孔油管	62.00	73.00	2$^{7}/_{8}$in TP-JCB	2$^{7}/_{8}$in TP-JCP	2	18.72	5056.62
	变扣接头	62.00	73.00	2$^{7}/_{8}$in TP-JCB	2$^{7}/_{8}$in EUEP	1	0.39	5057.01
	提升短节	59.00	73.00	2$^{7}/_{8}$in EUEB	2$^{7}/_{8}$in EUEP	1	1.02	5058.03
	径向减震器	40.00	152.40	2$^{7}/_{8}$in EUEB	2$^{7}/_{8}$in EUEP	2	1.72	5059.75
	横向减震器	35.00	93.00	2$^{7}/_{8}$in EUEB	2$^{7}/_{8}$in EUEP	2	2.24	5061.99
	变扣接头	62.00	73.00	2$^{7}/_{8}$in EUEB	2$^{7}/_{8}$in TP-JCP	1	0.35	5062.34
	油管	62.00	73.00	2$^{7}/_{8}$in TP-JCB	2$^{7}/_{8}$in TP-JCP	7	67.71	5130.05
	变扣接头	62.00	73.00	2$^{7}/_{8}$in TP-JCB	2$^{7}/_{8}$in EUEP	1	0.39	5130.44
	射孔筛管	45.00	93.00	2$^{7}/_{8}$in EUEB	2$^{7}/_{8}$in EUEP	1	0.19	5130.63
	压力起爆装置		93.00	2$^{7}/_{8}$in EUEB	2$^{7}/_{8}$in EUEP	1	0.16	5130.79
	延时起爆器		93.00	2$^{7}/_{8}$in EUEB	抢扣	1	0.42	5131.21
	安全枪		89.00	抢扣	抢扣	1	4.79	5136
	射孔枪		127.00	抢扣	抢扣	2	6.00	5142
	夹层枪		89.00	抢扣	抢扣	1	5.00	5147
	射孔枪		127.00	抢扣	抢扣	1	3.00	5150
	盲枪		127.00	抢扣	特殊扣	1	0.91	5150.91
	动态负压装置		93.00	特殊扣	特殊扣	1	3.58	5154.49
	泄压装置		93.00	特殊扣	特殊扣	1	3.50	5157.99
	抢尾		93.00	特殊扣		1	0.03	5158.02

备注：
油补距：0. 5m。
本管柱为校深深度。

(二)发生经过

(1)完井管柱下至设计位置后，封隔器坐封、验封正常。

(2)油管加压56MPa后泄压至0MPa，井口震动明显，射孔成功。关井观察，油压由0MPa上升至12MPa，套压由25MPa下降至7MPa。油管打压2MPa，发现套压同步上涨2MPa，判断封隔器失封。详细压力曲线见图1-4-3。

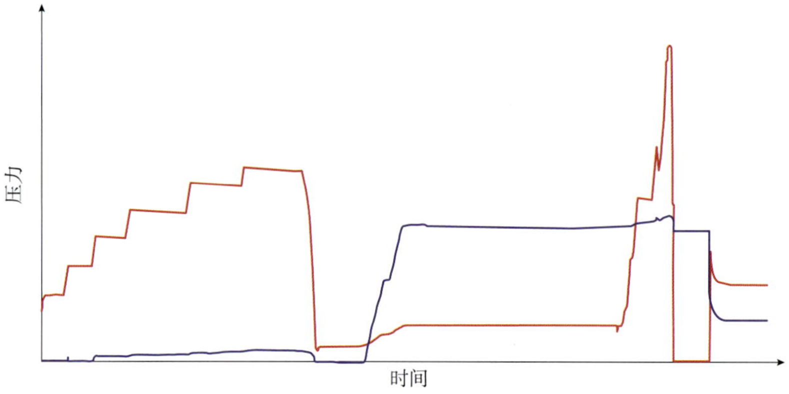

图1-4-3　封隔器坐封、验封及射孔压力监测曲线

(3)封隔器起出后检查，整体较完好，坐封活塞移动正常，解封状态正常，解封销钉已剪断，见图1-4-4。

图1-4-4　S1#井起出RH封隔器外观图

(4)径向减震器外观与内部结构完好，装置正常工作，见图1-4-5。

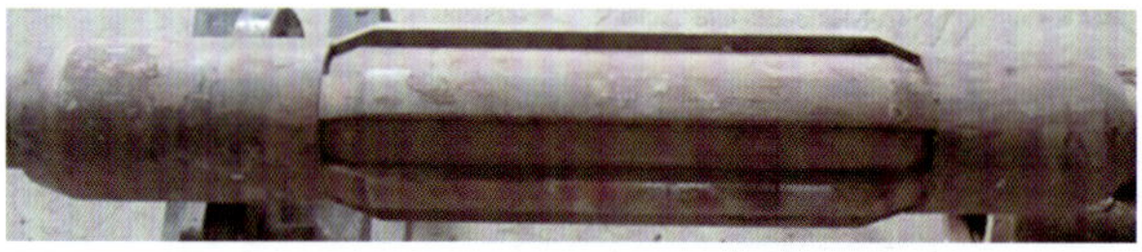

图1-4-5　S1#井起出径向减震器外观图

(5)纵向减震器销钉被剪断，破裂盘与阻尼孔均未打开，见图 1-4-6。纵向减震器在射孔瞬间，依靠射孔震动将该装置上的剪切销钉剪断，滑动芯轴上下移动，带动弹簧发生形变，可缓冲射孔枪起爆时对整个管柱的纵向冲击力，达到保护管柱的目的。纵向减震器单颗销钉的剪切值为 3632N，破裂盘的破裂压力为 100MPa。

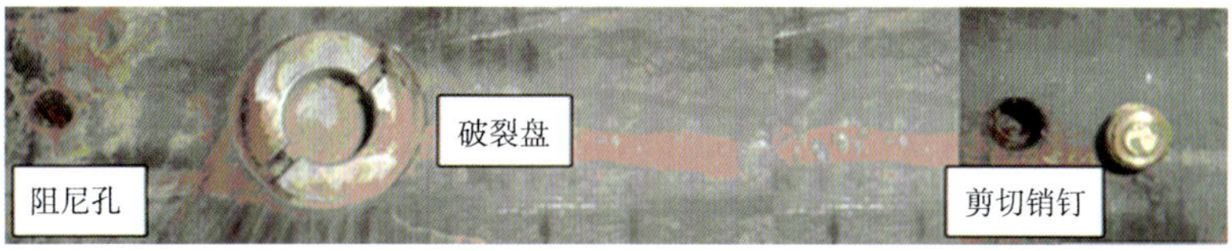

图 1-4-6　S1#井起出纵向减震器局部图

(6)压力释放装置内的滑动芯轴下移，剪切销钉被剪断，滑动芯轴上的通孔打开正常。该装置入井时，上端接射孔枪，下端接一段空枪。射孔后，枪内压力推动滑动芯轴下移，剪断剪切销钉，打开滑动芯轴上的通孔，使下端空枪与射孔井筒沟通，起到泄压作用，见图 1-4-7。在射孔枪内外压差达到 6MPa 时，压力释放装置开孔泄压。

图 1-4-7　S1#井起出压力释放装置图

(7)套管压力开孔装置未启动。该装置只有在压力释放装置工作后，井筒压力仍很高的情况下才会实现开孔，将井筒内的压力泄至与其连接的下部空枪内，其外观见图 1-4-8。S1#井套管压力开孔装置安装 35 颗销钉，单颗销钉剪切值为 3.72MPa，总启动压力为 130.2MPa，高于起爆器点火头的承压值(106MPa)。

图 1-4-8　S1#井起出压力开孔装置外观图

该装置在 S1#井中未启动，说明井筒内压力未达到该装置的销钉剪切压力。

(三)原因分析

(1)根据压力监测曲线可以看出，封隔器坐封、验封正常。射孔前各施工阶段封隔器承压未超过其额定承压值的 80%(见表 1-4-4)。射孔瞬间，油压由 0MPa 升至 19MPa，套压由 24MPa 降至 13MPa，封隔器失封。

表 1-4-4 各阶段封隔器承压表

施工阶段	油压/MPa	套压/MPa	封隔器承压/MPa
封隔器坐封完成	32	2	-22
验封	6	22	+24
打球座	36	24	-4
打压射孔	53	24	-21
射孔后泄油压	0	22	+30

注：用清水正替环空保护液后油压 8MPa，“+”表示封隔器承受自上而下的压力，“-”反之。

(2) S1#井采用超二代射孔弹工艺，射孔弹爆轰能量较高。封隔器距人工井底较近，封闭空间小，射孔枪起爆冲击波对封隔器形成的上顶载荷较大。该井使用 2 个泄压装置释放起爆时井筒内的高压，但该装置采用超压位移开孔的方式泄压，与冲击波速度相比反应较慢，无法及时释放起爆瞬间的高压。

(3) 该井使用的径向减震器须依靠弹簧产生形变达到保护管柱的目的，射孔枪起爆后部分轴向载荷依然能够通过径向减震器传导至封隔器。

(4) 射孔震动造成封隔器解封销钉剪断，水力锚与活塞芯轴发生相对位移，旁通打开，油套连通。

(四) 处理措施与效果

因第一次射采联作已完成射孔作业，所以第二次完井采用带 RH 套管液压封隔器的投产管柱，正常完成后续坐封、验封作业。

(五) 经验教训

(1) 设计射采联作管柱时，宜适当加长封隔器与射孔枪之间的距离或增加油管锚，有利于消减射孔时的轴向载荷，保持封隔器的密封可靠性。对使用能量较高的射孔弹进行射孔作业，在设计时更应采取必要措施消减射孔对封隔器的影响。

(2) 特殊井可采用锚定能力更强的永久式封隔器进行射采联作作业。

(3) 优化减震与泄压装置结构，进一步消减射孔对封隔器的影响。

三、顺 1#井地破测试期间封隔器失封

(一) 基本情况

2012 年，顺 1#井采用“伸缩节 + Premier 封隔器”酸压投产管柱完井，目的层 O_3l，射孔井段 6547 ~ 6555m、6564 ~ 6568m。该井上部井段为 Φ244.5mm 套管，悬挂 Φ1177.8mm 套管未回接到井口，储层段为 Φ127mm 尾管。井内管柱结构见图 1-4-9。

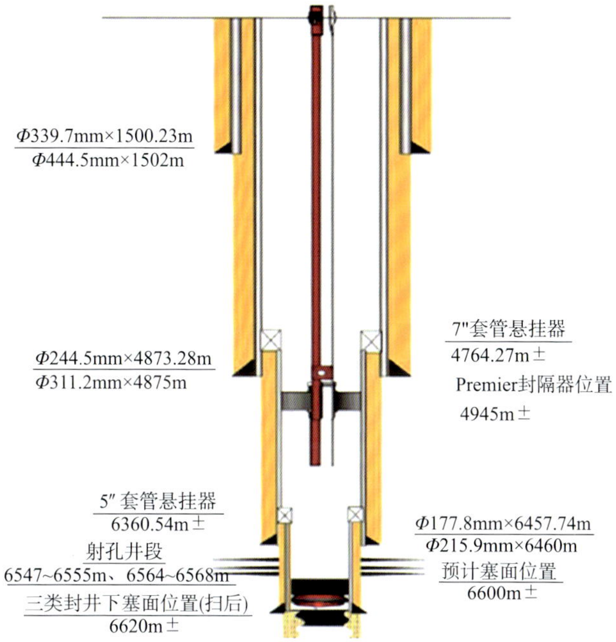

图 1－4－9　顺 1#井管柱结构示意图

(二) 发生经过

1. 地破测试

正挤密度 1.15g/cm³ 的油田水 71m³ 进行地破测试，施工泵压 20.5～94.4MPa，排量 0.4～0.8m³/min。测试初始套压 15.5MPa，测试期间套压最高上升至 33.3MPa，环空泄压的方式控制套压不低于 25MPa；停泵 45min 测压降，泵压由 79.6MPa 降至 68.7MPa，套压持续上升，呈现出油套连通现象。施工曲线见图 1－4－10。

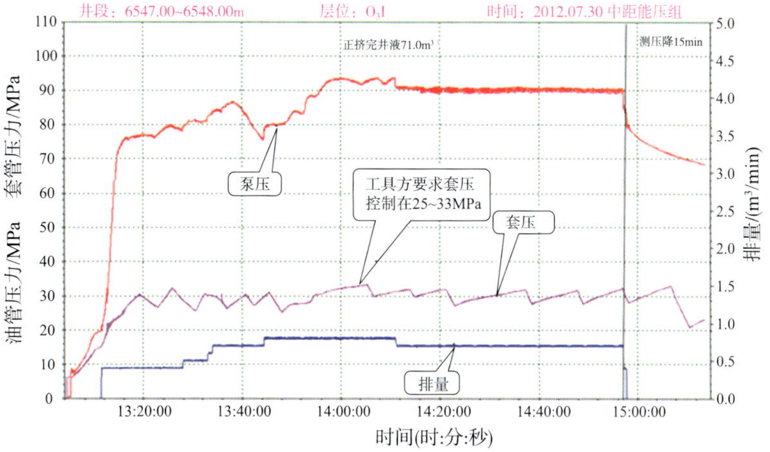

图 1－4－10　顺 1#井地破测试施工曲线

2. 起管柱

上提管柱解封封隔器，管柱原悬重548.8kN，在解封过程中悬重无明显上升，封隔器无解封显示。

3. 工具出井检查

(1)两根伸缩节处于拉伸状态，完好无漏点。

(2)封隔器胶筒完好，有明显坐封痕迹，碎屑阻挡环落井2/5，上部4块卡瓦有明显摩擦痕迹(尖部磨损严重)，下卡瓦完好无磨损，解封环处于正常解封状态，见图1-4-11。

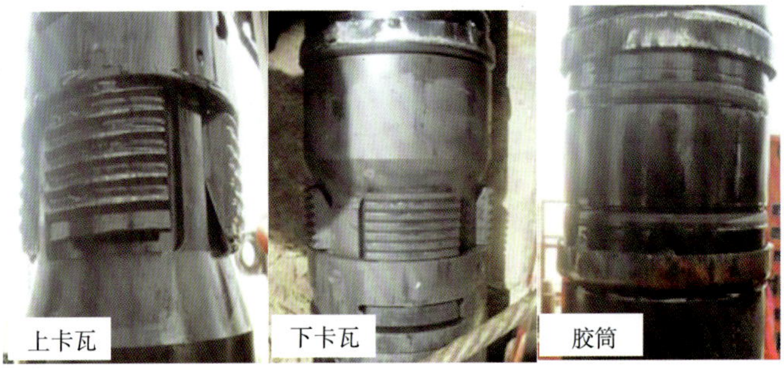

图1-4-11　顺1#井Premier封隔器出井情况

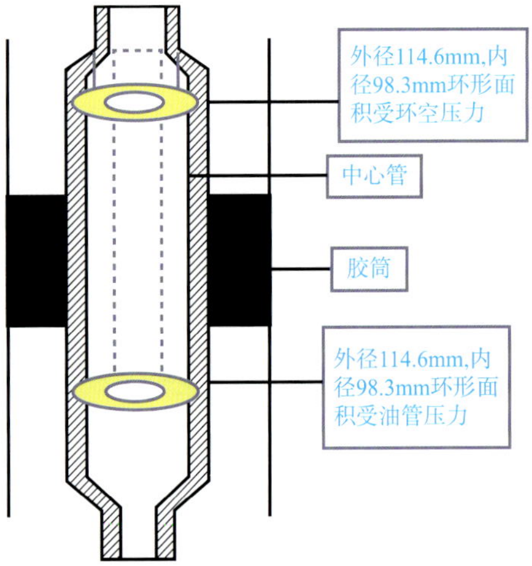

图1-4-12　Premier封隔器中心管受力示意图

(三)原因分析

顺1#井完井管柱组合为Φ88.9mm油管+2根伸缩节+Premier封隔器，封隔器胶筒位置中心管外径114.6mm，内径98.3mm，上部为Φ88.9mm油管，内径为76mm。在不考虑封隔器上部管柱对封隔器上拉力的情况下，封隔器中心管受力见图1-4-12。

封隔器提前解封的原因是管柱结构不合理，即封隔器中心管直径较大，而上接头直径偏小，中心管和上接头组合体由于活塞效应产生的上顶力导致封隔器解封。

(四)处理措施与效果

优化完井管柱配置，在Premier封隔器上部一根油管位置增加水力锚，新完井管柱到位，封隔器坐封、验封及后期酸压施工均正常。

(五)经验教训

(1)使用Premier封隔器酸压完井时，上部管柱宜采用Φ144.3mm油管，减小中心管及上接头组合体受到的上顶力(初步计算在套压30MPa、泵压100MPa且不计摩阻的情况下上顶力为231.3kN)。

(2)在封隔器上部管柱安装水力锚，水力锚尽可能靠近封隔器，有利于防止封隔器异常解封。

四、TH1#X井双封管柱底部封隔器滑移失封

(一)基本情况

2012年，TH1#X井采用“水力锚+SH1X套管液压封隔器+K341-150裸眼封隔器”双封隔器酸压管柱完井，目的层$O_{1-2}y$，储层段6020~6082m。Φ193.7mm油层套管封上部地层，储层段为Φ165.1mm裸眼。井内管柱结构见图1-4-13。

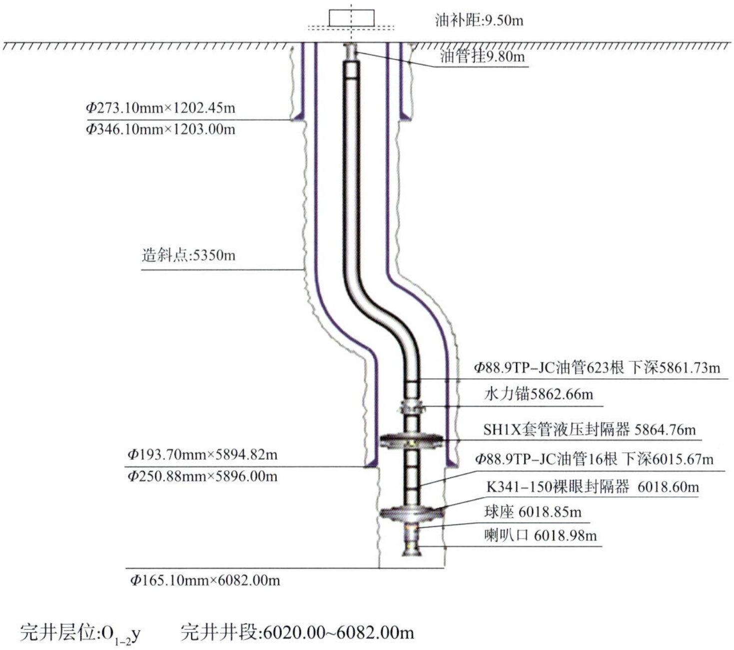

图1-4-13　TH1#X井管柱结构示意图

(二)发生经过

1. 酸压施工

酸压规模996.8m^3，施工最高泵压88MPa，最高套压27.2MPa，最大排量6.4m^3/min。停泵测压降，泵压由31.1MPa下降至25.3MPa，套压由23.7MPa下降至18.2MPa。根据停泵测压降情况初步判断油套连通。酸压施工曲线见图1-4-14。

2. 排液情况

不安装油嘴开井排液，油压0MPa，套压0MPa，无液无气。

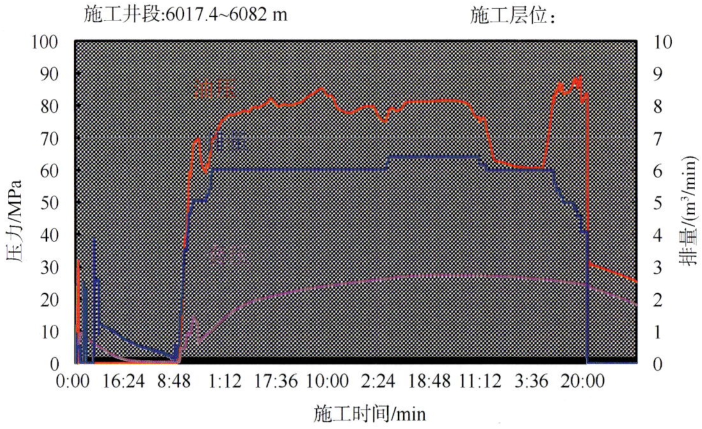

图 1－4－14　TH1#X 井酸压施工曲线

3. 起管柱检查

管柱从第 630 根油管 3.68m 处断裂，井下落鱼为喇叭口＋球座＋LXK341－150 裸眼封隔器＋Φ88.9mm 油管 9 根。计算鱼顶位置 5925.38m，断头弯曲成 160°，侧面被磨损，见图 1－4－15。

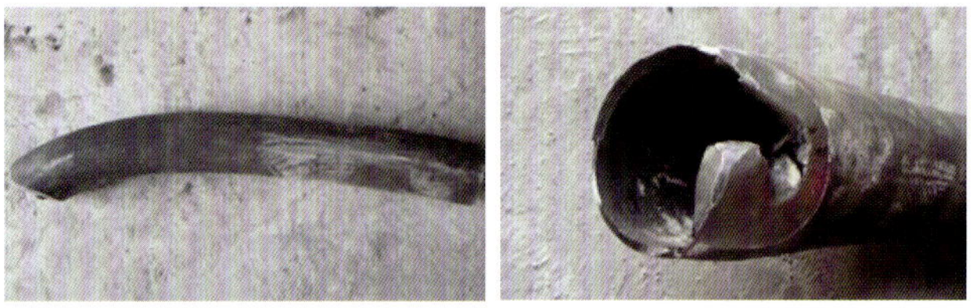

图 1－4－15　TH1#X 井断裂油管外观

(三) 原因分析

1. 封隔器失封情况分析

上提管柱 4m，悬重由 823.2kN 上升至 921.2kN 后下降至 823.2kN，继续上提悬重继续增加。

如果悬重由 921.2kN 下降至 823.2kN，套管封隔器解封，可根据公式(1－4－1)来计算管柱伸长量：

$$\Delta L = FL/EA \qquad (1-4-1)$$

式中，ΔL 为管柱伸长量，m；E 为弹性模量，2.06×10^5MPa；A 为横截面积，m^2；F 为拉伸力，kN；L 为原长度，m。

计算悬重由 823.2kN 上提至 921.2kN，管柱伸长 1.67m，与实际的伸长 4m 不符。因此推断上提时整个管柱均存在上移，SH1X 套管封隔器已经提前解封。结合前期酸压情况，套管封隔器提前解封的原因主要有以下两个：

(1)封隔器坐封后管柱本身存在向上拉力，与酸压时的鼓胀效应叠加，管柱存在较大的向上拉力；酸压时水力锚锚定套管，管柱的向上拉力对封隔器影响较小，但泵压突然落零使水力锚锚定作用减弱，管柱的上拉力及其冲击载荷直接作用于 SH1X 套管封隔器的中心管。

(2)酸压期间，K341－150 裸眼封隔器在较大压差作用下上移，推动油管上行。裸眼封隔器承受向上的最大压差为 48.91MPa，产生的上顶力为 760.1kN，超过裸眼封隔器的锚定能力，使裸眼封隔器上行，两个封隔器之间的油管将力传递至 SH1X 套管封隔器中心管。

因此，在管柱上拉力及 K341－150 裸眼封隔器上顶力的综合作用下，SH1X 套管封隔器的解封销钉被剪断，导致其解封。

2. 两个封隔器之间管柱存在漏点

起管柱最大过提 186.2kN，在 5925.38m 油管本体断裂，结合油管断口形态，判断油管断裂位置处存在缺陷，导致油管抗拉强度降低。油管断口形态见图1－4－16。

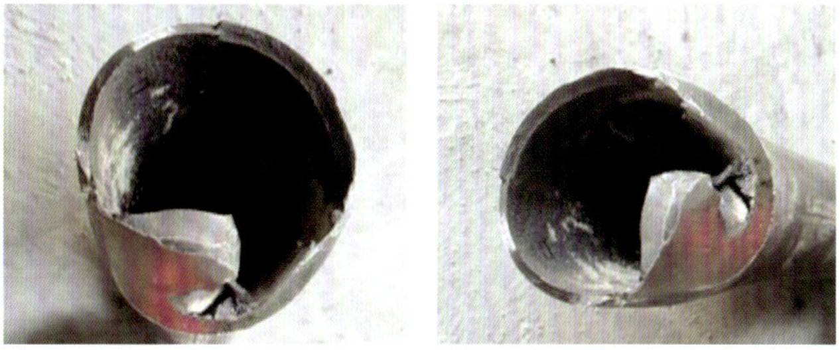

图 1－4－16 TH1#X 井油管断口形态

酸压施工初期起泵 1.09min 内，泵压由 0MPa 升至 31.8MPa，排量 0.356m^3/min，管柱无明显漏失。正挤 2m^3 时，油压由 31.8MPa 下降至 0MPa，套压 0.3～9.1MPa，井口倒吸。此现象表明，裸眼封隔器在底部高压下向上移动压弯油管，漏点位置油管破裂，施工液体迅速进入上部漏失层位，导致泵压落零。

3. 油管弯曲原因分析

TH1#X 井起出油管弯曲严重并发生断裂，弯曲位置为直井段，起出油管呈单一弯曲。综合分析 TH1#X 井管柱弯曲原因，主要有以下几个方面：

(1) TH1#X 井完井管柱使用双封隔器，环空备压无法有效作用在裸眼封隔器上，且裸眼封隔器以上为漏失层，地层压力低，酸压时裸眼封隔器承受向上的最大压差达到 48.91MPa，折合上顶力 922kN，推动裸眼封隔器上行压弯油管。

(2) 裸眼段存在放空漏失段，5927～5931m 井段井径超过 355.6mm，其余井段井径约为 167.64mm，Φ88.9mm 油管接箍外径为 107.95mm，油管与井壁间隙越大，油管抗弯曲能力越差，油管弯曲越严重。TH1#X 井油管断裂位置为 5925m±，与最大井径位置基本一致。测井曲线见图 1－4－17。

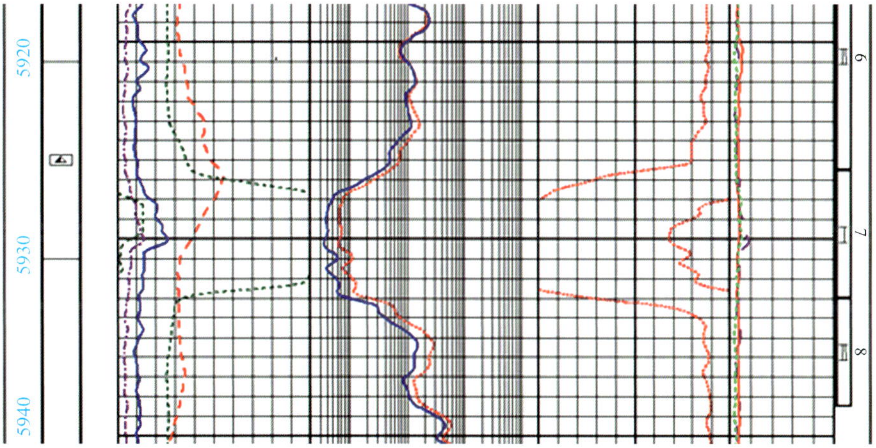

图 1－4－17 TH1#X 井测井曲线

（四）处理措施与效果

优化完井管柱，取消上部套管封隔器，仅带 K341 裸眼封隔器，封隔器坐封后正常完成酸压施工。

（五）经验教训

对于采用双封分层的酸压完井管柱，由于环空备压无法有效作用到底部封隔器上，酸压施工时的高泵对底部封隔器产生较大的上推载荷。若该载荷超过底部封隔器的锚定载荷，会导致封隔器上移失封或压弯油管，造成井下复杂情况。因此，对此类管柱应采取必要措施，强化底部封隔器的锚定能力。若两个封隔器之间存在漏失层段，应避免采用此类酸压完井管柱结构。

五、TK3#X 井快速降压导致封隔器失封

（一）基本情况

2013 年，TK3#X 井采用“水力锚 + SHR－HP 封隔器 + K344－150 封隔器”的双封隔器分段酸压管柱完井，目的层 O_2yj，储层段 5632.48 ～ 5830.00m。该井上部井段为 Φ193.7mm 油层套管，储层段为 Φ165.1mm 裸眼。井内管柱结构见图 1－4－18。

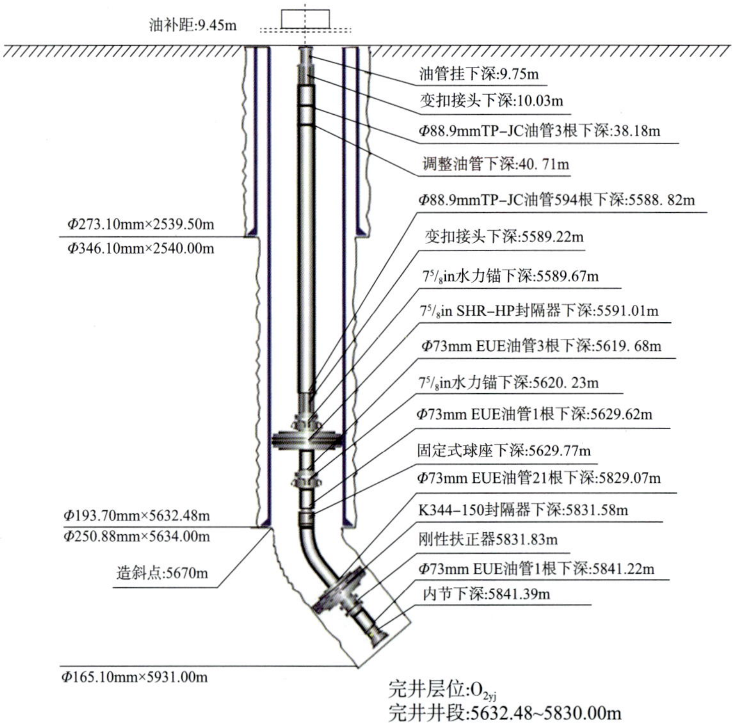

图 1－4－18　TK3#X 井管柱结构示意图

（二）故障发生经过

1. 酸压施工

施工最高泵压 90.8MPa，最高套压 18.3MPa，最大排量 6.1m^3/min，停泵测压降由 21.5MPa 下降至 20.7MPa，套压由 12.4MPa 下降至 7.0MPa。酸压施工过程正常，停泵测压降套压下降，油套连通。酸压施工曲线见图 1－4－19。

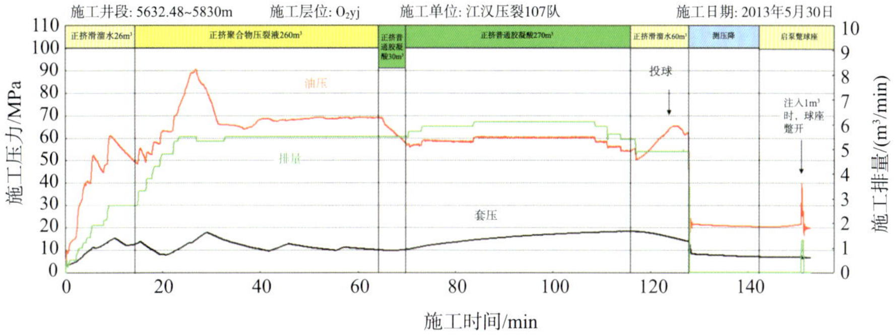

图 1－4－19 TK3#X 井酸压施工曲线

开井排液期间环空取样为天然气，进一步确定油套连通，见图 1－4－20。

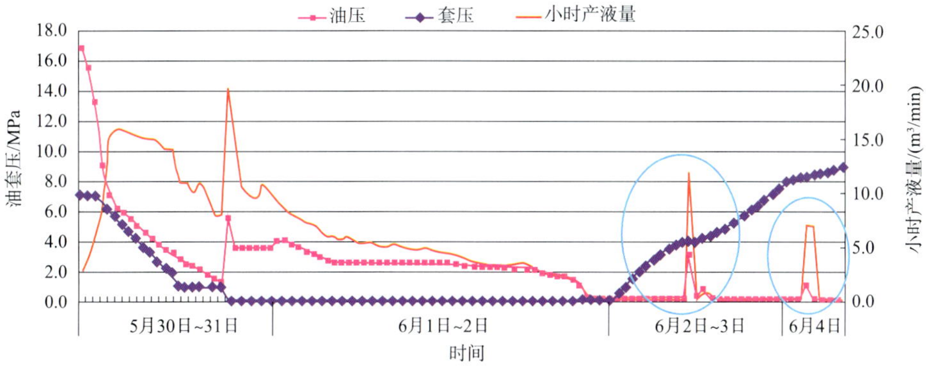

图 1－4－20 TK3#X 井开井排液

2. 起出工具检查

（1）SHR－HP 封隔器解封销钉剪断，约 1/5 胶筒脱落，胶筒表面存在与井壁摩擦痕迹，局部胶筒有鼓泡现象，见图 1－4－21。

图 1－4－21 TK3#X 井起出 SHR－HP 封隔器胶筒外观

（2）SHR－HP 封隔器自带水力锚锚牙无异常，外加水力锚锚牙端部磨平，见图 1－4－22。外加水力锚地面打压至 1.1MPa，其中两个水力锚锚牙弹出，无泄漏；将水力锚置于套管（200mm 套管，内径 175mm）中打压至 15.5MPa，稳压 10min 无泄漏。

图 1－4－22　TK3#X 井 SHR－HP 封隔器自带水力锚(左)和外加水力锚(右)锚牙图

(3)封隔器试压 6.4MPa，稳压 10min 无泄漏。

(三)原因分析

酸压施工曲线图(见图 1－4－23)显示，停泵测压降前酸压施工正常，停泵后油压由 61.6MPa 下降至 21.5MPa。因为水力锚外部压力高，锚牙突然回缩，管柱因温度及鼓胀效应引起的收缩力直接作用于封隔器。

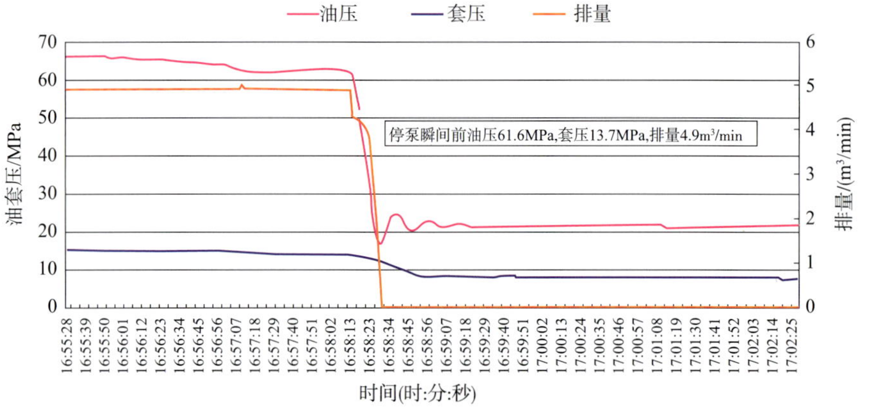

图 1－4－23　TK3#X 井酸压停泵瞬间油套压变化

停泵瞬间，封隔器处油套压差变化情况见图 1－4－24。从图中可以看出，停泵前水力

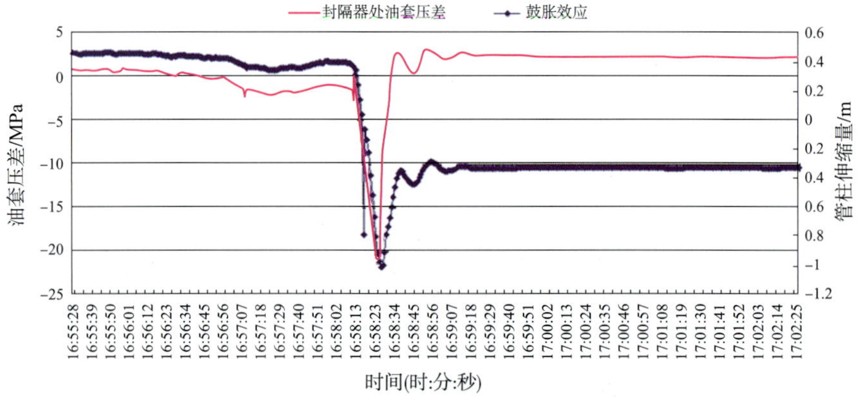

图 1－4－24　TK3#X 井酸压停泵瞬间鼓胀效应引起管柱伸缩量

锚处于锚定状态，停泵瞬间压力出现反转，锚定力失效。根据温度效应计算管柱拉伸力（见表1－4－5）可以看出，井底温度下降40～50℃时，管柱收缩力已超过封隔器解封销钉值156.8kN。

表1－4－5　TK3#X井温度效应管柱收缩力计算表

温度下降/℃	管柱缩短/m	等效拉力/kN
35	2.35	141.1
40	2.68	161.7
50	3.36	201.9

综上所述，因停泵瞬间油压下降，水力锚失去锚定作用，管柱收缩剪断封隔器解封销钉造成SHR－HP封隔器失封。

（四）处理措施与效果

原管柱起出后组下带套管封隔器的二次完井管柱，坐封、验封正常后开井排液生产。

（五）经验教训

（1）酸压后期停泵前对套压进行合理控制，确保停泵瞬间和停泵后水力锚处于锚定状态，可有效降低停泵后封隔器失封概率。

（2）研制新型锚定器，改变目前水力锚工作原理，使其在油套压差变化时仍保持锚定的可靠性。

六、巴探××井酸压施工中油套连通

（一）基本情况

2011年，巴探××井采用“水力锚＋LXY241－146大通径封隔器”管柱酸压试气，目的层$C_2x+C_1K_1$，测试储层段4453.84～4500.00m。该井上部井段为Φ177.8mm油层套管，储层段为Φ149.2mm裸眼。井内管柱结构见图1－4－25。

（二）发生经过

酸压前环空先打备压8.76MPa，此时油压0MPa。酸压施工时，套压随油压同步变化，显示油套已经连通。酸压施工曲线见图1－4－26。

（三）原因分析

（1）巴探××井前期进行气举助排作业，最大下深2300m，此时封隔器承受压差34.1MPa，套压2.5～3MPa；气举后关井观察，套压逐渐下降至0MPa，从酸压曲线上看，初期能打起备压，且压力能稳定，判断关井期间封隔器未失封，套压下降是由温效引起的。关井期间套压变化情况见图1－4－27。

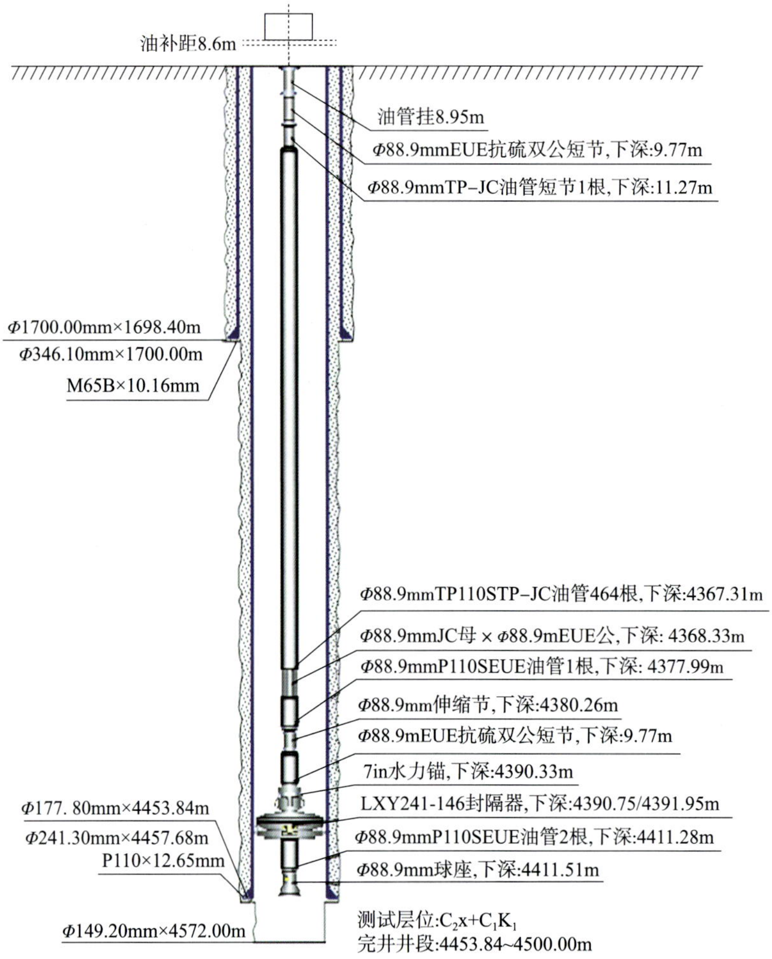

图 1-4-25 巴探××井管柱结构示意图

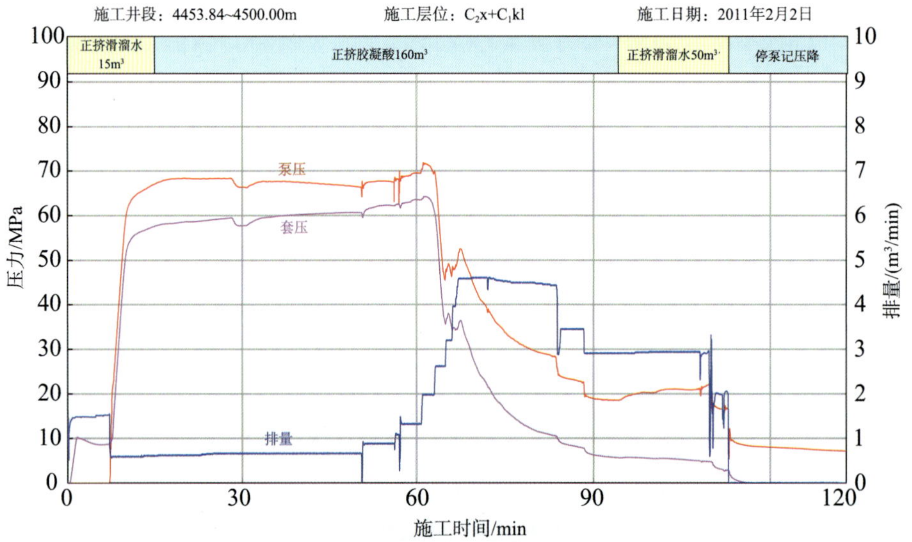

图 1-4-26 巴探××井酸压施工曲线

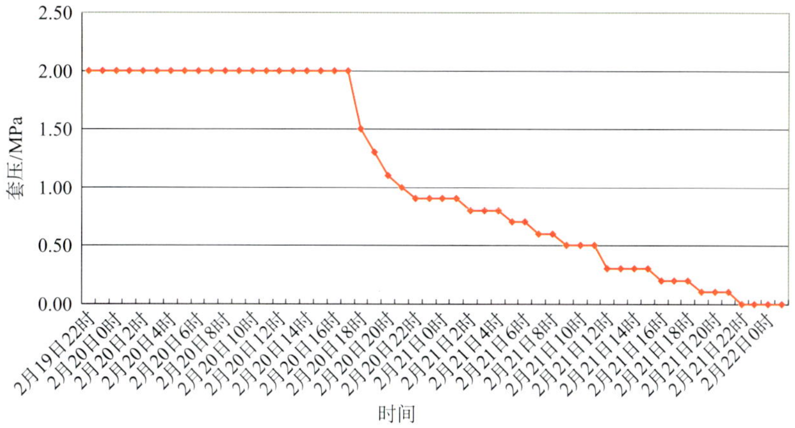

图 1-4-27 巴探××井关井观察期间套压变化情况

(2)酸压期间，环空打备压 8.76MPa，根据补液情况认为气举后关井期间地层未产液，则打备压期间封隔器承受压差为 40.36MPa。

(3)酸压前期，7.5min 内油管补液 10.5m^3，此时油管被冷却收缩，油管锚尚未锚定套管，导致管柱上提解封封隔器。

(四)处理措施与效果

起完井管柱重新下完井管柱，酸压前如果液面不在井口，小排量将油管慢慢补满后酸压，其间封隔器封隔效果良好。

(五)经验教训

液面不在井口的井，酸压前应用泵车小排量(小于 6m^3/h)将油管灌满，防止因温度下降过快引发管柱快速收缩，造成封隔器失封。

七、TK4#X 井封隔器因注冷液导致管柱收缩解封

(一)基本情况

2014 年，TK4#X 井采用“压井滑套 + MFH 封隔器”管柱完井，目的层 C_1K_1，射孔井段 5141.00～5147.00m，全井 Φ177.8mm 油层套管。井内管柱结构见图 1-4-28。

(二)发生经过

坐封、验封封隔器后关井观察，油压由 11MPa 先下降至 7MPa 再上升至 8MPa，套压由 5.5MPa 上升至 7MPa。环空泄套压期间，有大量气体排出，但油压保持在 14MPa 不变，表明油套不通。随后油管和环空打压时，油套连通，响应明显。

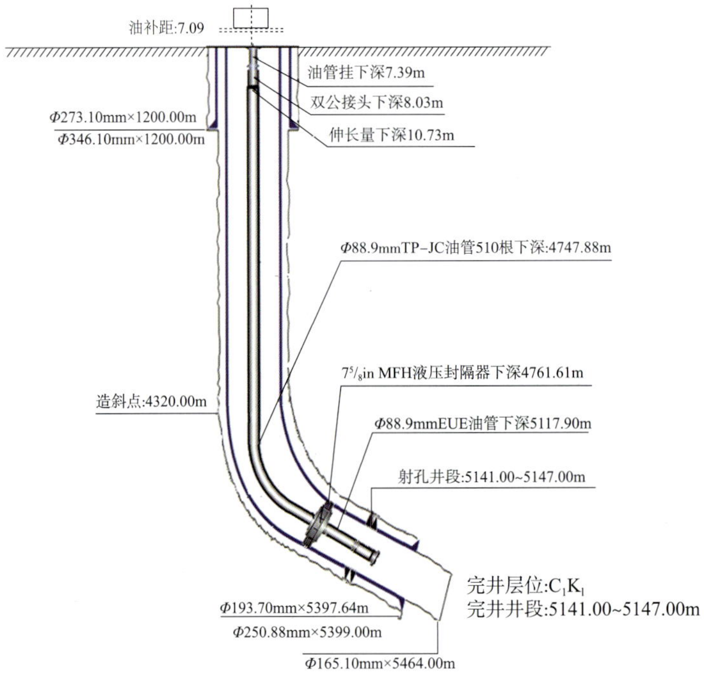

图 1－4－28　TK4#X 井管柱结构示意图

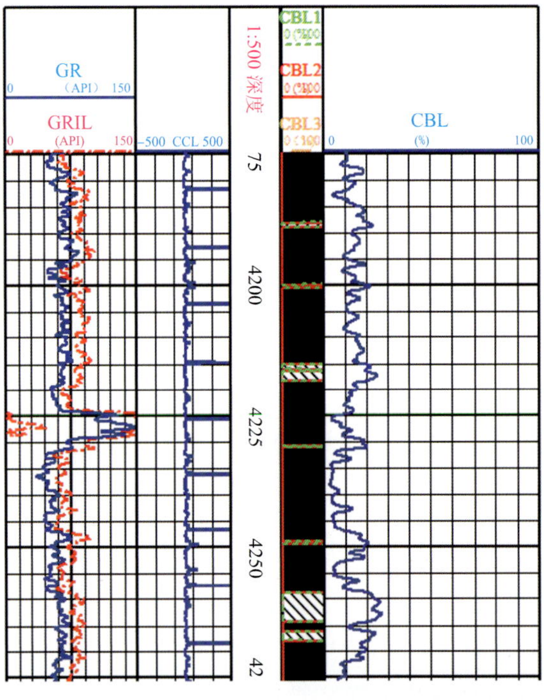

图 1－4－29　TK4#X 井 Φ193.7mm 技术套管固井质量图

(三)原因分析

1. Φ193.7mm 技术套管固井质量

TK4#X 井 Φ193.7mm 技术套管除井口 10～320m 井段固井质量较差(基本空水泥环)以外，其他整体固井质量评价为优秀(水泥环胶结好，见图 1－4－29)，可以排除气体直接从地层沿水泥环窜到环空的可能性。

2. 封隔器水力锚

TK4#X 井起出的 MFH 封隔器水力锚无明显磨痕，见图 1－4－30。

将 MFH 封隔器的水力锚锚爪拆卸以后，发现锚爪的橡胶密封圈已部分损坏，见图 1－4－31。上部锚爪(1 号、2 号、3 号)密封圈完整，下部锚爪(7 号、8 号、9 号)密封圈损坏程度相对较轻，中间锚爪(4 号、5 号、6 号)密封圈损坏较严重。

图 1-4-30 TK4#X 井起出的 MFH 封隔器水力锚外观图

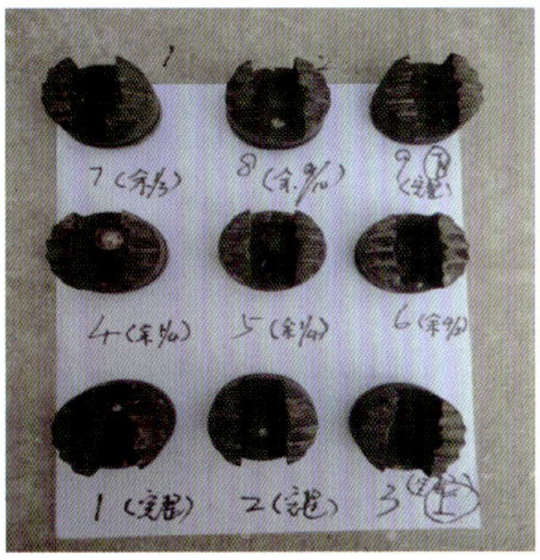

图 1-4-31 TK4#X 井起出的 MFH 封隔器水力锚锚爪密封圈检查情况

5 号锚爪的损坏程度见图 1-4-32。从图中可以看出，该锚爪的橡胶密封圈剩余原来的 1/4，并且密封圈槽内有泥沙沉淀，说明水力锚密封性失效是导致油套连通的原因。

图 1-4-32 5 号锚爪的损坏程度

3. 封隔器提前解封

TK4#X 井解封封隔器时没有解封吨位显示。将出井封隔器拆卸后发现，剪切环已经被剪断(见图 1-4-33)，说明封隔器已经提前解封。

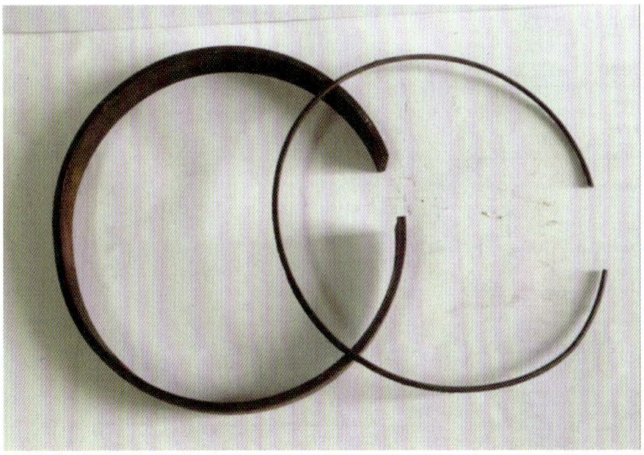

图 1-4-33 TK4#X 井起出的 MFH 封隔器剪切环外观图

在施工过程中，MFH 封隔器经过多次环空反打压验封，水力锚出现 15 次内外压差反转，并且在验封期间存在锚爪收缩的情况，此时锚爪不能起到有效锚定管柱的作用。

计算解封环受力如下：

(1)环空泄套压后一次性补入 $20m^3$ 的环空保护液，深度为 1200m，环空保护液温度比较低，导致井筒温度下降，管柱收缩，收缩力作用在解封环上。

管柱温度降低引起的收缩量按照式(1-4-2)计算：

$$\Delta L_{温}=L\times\sigma\times\Delta T \tag{1-4-2}$$

根据TK4[#]X井静压梯度报告，井口温度7.51℃，1200m处的井筒温度41.37℃，注入冷液后1200m管柱平均温度下降19.55℃，按线膨胀系数12×10^{-6}/℃计算，管柱由于温度效应缩短长度为0.28m：

$$\Delta L_{温}=1200\times12\times10^{-6}\times19.55=0.28\text{m}$$

因此，在水力锚不起作用的情况下，作用在封隔器上的力为：

$$F=\frac{\Delta L_{温}}{L}EA=\frac{0.28}{1200}\times2.06\times10^{5}\times\frac{3.14\times(88.9^{2}-76^{2})}{4}=79\text{kN}$$

（2）封隔器的启动坐封压力为9.2MPa，其载荷持续作用在封隔器的解封环上，油管内径76mm，其载荷为：

$$F=9.2\times\frac{3.14\times76^{2}}{4\times9.8}=41.7\text{kN}$$

（3）封隔器中心管及上接头由于活塞效应而受到的上顶力为：

$$F_{上}=P_{t}\times\frac{3.14\times(r_{1}^{2}-r_{2}^{2})}{4\times9.8} \tag{1-4-3}$$

其中，油压$P_t=14$MPa，封隔器最大外径$r_1=92.5$mm，封隔器内径$r_2=76$mm，因此$F_{上}$为30.6kN。

封隔器解封环受到的力为：79+41.7+30.6=151.3kN

封隔器的解封载荷为（156.8~176.4）kN，经过多次验封造成封隔器疲劳，最终导致封隔器提前解封。

综上所述，封隔器失封原因：

（1）TK4[#]X井油套连通的原因是水力锚密封性失效以及封隔器提前解封。

（2）水力锚密封性失效的原因是锚爪的橡胶密封圈损坏。

（3）水力锚失去锚定作用，管柱在注入液体的降温作用下收缩，剪断封隔器解封环，导致封隔器提前解封。

（四）处理措施与效果

优化完井管柱，更换不自带水力锚的套管液压封隔器，封隔器上部增加单独水力锚。二次完井管柱到位后坐封、验封及后续施工正常。

（五）经验教训

（1）应采取有效的措施检测封隔器的密封件，确保入井工具质量满足施工要求。

（2）施工液体注入井筒会引发温度降低、管柱收缩，严重时会导致封隔器解封。因此，管柱设计时应在封隔器上部适当位置使用有效的锚定装置或伸缩补偿装置，消除管柱载荷对封隔器的影响。

八、TP5#X 井酸压施工过程中管柱收缩导致封隔器失封

（一）基本情况

2012 年，TP5#X 井采用“气举阀 + 水力锚 + LXY211 - 146 封隔器 + LXK341 - 128 封隔器”管柱酸压完井，目的层 O_2yj，储层段 6939.97 ~ 7046.00m。该井上部井段为 Φ244.5mm 套管，悬挂 Φ177.8mm 套管未回接到井口，储层段为 Φ149.2mm 裸眼。井内管柱结构见图 1 - 4 - 34。

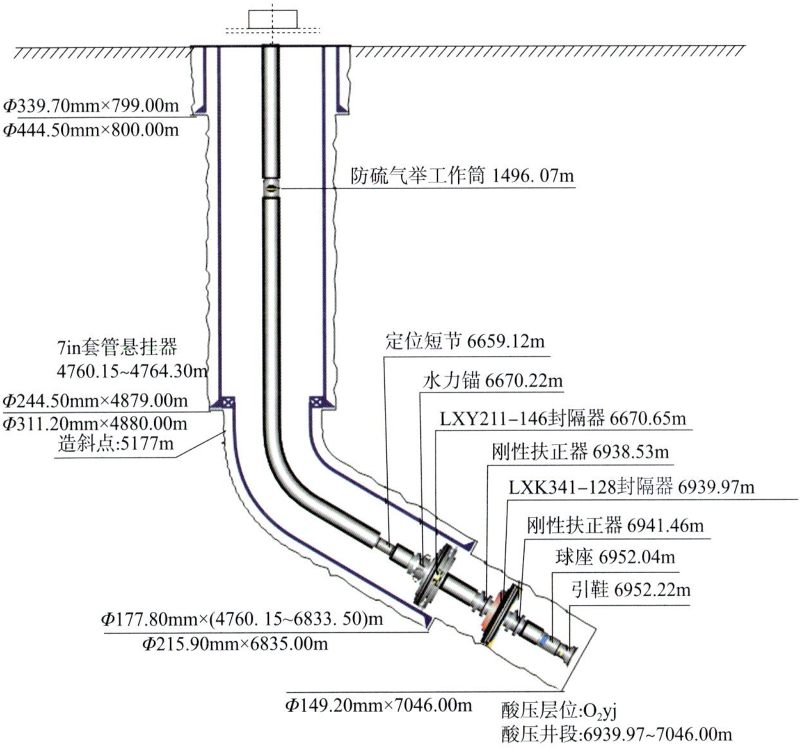

图 1 - 4 - 34 TP5#X 井管柱结构示意图

（二）发生经过

1. 地破测试

注入密度 1.1g/cm³ 油田水 34.3m³ 进行地破压力测试，最高泵压 46.9MPa，最高套压 18MPa，排量 0.49 ~ 1.05m³/min。分两次进行破压测试，中途测压降一次。测压降 10min，泵压由 30MPa 下降至 20.6MPa，套压由 15.8MPa 下降至 15.6MPa。地破压力曲线见图 1 - 4 - 35。

2. 酸压施工异常

酸压后停泵测压降 20min，泵压 0.4 ~ 0.5MPa，套压 0.5MPa。声呐探测环空液面位置 3579.30m，油管液面位置 2896.70m，压力计探油管液面位置 2594.44 ~ 2617.94m。压力

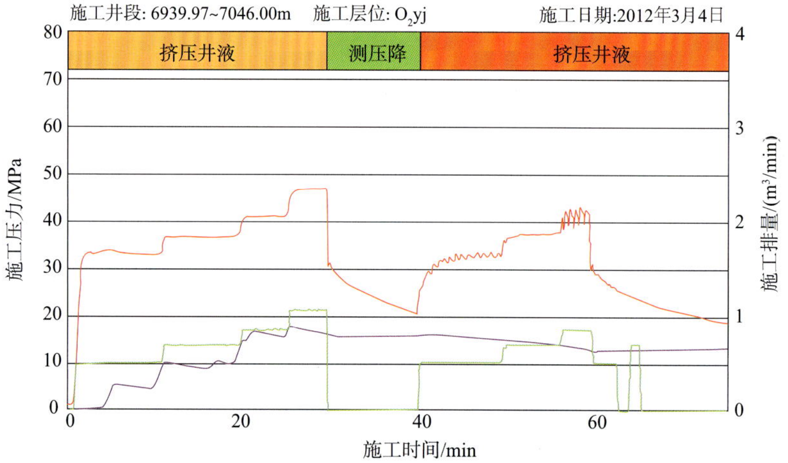

图 1-4-35 TP5#X 井地破压力测试曲线

梯度 0.96~0.97MPa/100m，液面下降 23.5m，折算地层漏速 0.13m³/d。

从酸压施工后排液情况分析地层能量较弱，酸压后液体漏失到地层中，液面较低。环空液面在 3579.30m，表明两套封隔器均已失封。

(三)原因分析

(1)地破中途测压降(10min)，泵压由 30MPa 下降至 20.6MPa，套压由 15.8MPa 下降至 15.6MPa。此时水力锚处压差 1.23MPa(管柱内压力大于环空压力)，水力锚起到固定管柱作用。

(2)地破测试完成后，泄油套压至 0MPa，此时水力锚处压差为 -3.17MPa(环空压力大于管柱内压力)，锚爪回缩，水力锚未锚定。

(3)酸压过程中管柱平均温度下降 40℃，按管柱线膨胀系数 12×10^{-6}/℃、井深 6671.11m 计算，管柱由于温度效应缩短长度为 3.14m。

(4)酸压过程中鼓胀效应引起的管柱变形量见式(1-4-4)：

$$\Delta L_{鼓} = -\frac{\mu}{E}\frac{\Delta\rho_i - R^2\Delta\rho_0 - \dfrac{(1+2\mu)\sigma}{2\mu}}{R^2-1}L^2 - \frac{2\mu}{E}\frac{\Delta P_{is} - R^2\Delta P_{os}}{R^2-1}L \qquad (1-4-4)$$

酸压过程中最高泵压 110MPa，管柱摩阻 50MPa，环空打备压 30MPa，单位长度的平均压降 0.01MPa/m，则管柱由于鼓胀效应缩短长度为 3.88m。

(5)由于其他效应对管柱长度影响较小，可忽略不计。酸压过程中管柱受温度效应和鼓胀效应影响，计算收缩长度为 7.02m。酸压时管柱下端被封隔器锚定而不能收缩，收缩长度等效为管柱将产生 378.4kN 的额外拉力。

(6)地破施工结束后水力锚锚爪回缩，不起锚定作用。TP5#X 井机械封隔器坐封时的压缩距为 2.3m，压载 127.4kN(悬重由 823.2kN 降至 695.8kN)。温度效应和鼓胀效应引发的管柱收缩大于压缩距 4.72m，管柱上提解封封隔器。

(7)酸压施工开始时环空注入30m³压井液不起压，表明封隔器已经失封，酸压时套压较低，地层能量极弱，压开地层后相当于向地层灌液。

综上所述，TP5#X井LXY211－146封隔器失封发生在地破压力测试之后酸压施工之前。地破压力测试时水力锚起锚定作用，但是停泵后环空压力高于油管内压力，水力锚回收，温度效应与鼓胀效应引起的管柱收缩导致机械封隔器失封。LXK341－128裸眼封隔器失封发生在酸压施工压开地层时，此时水力锚处环空压力高于油管内压力，水力锚回收，管柱收缩，导致封隔器失封。

(四)处理措施与效果

起完井管柱，重新下完井管柱。酸压施工前按照油管压力高于环空压力，且封隔器压差低于额定工作压差的原则，计算并确定套压控制表。酸压施工时严格依据套压控制表控制套压，顺利完成酸压施工。

(五)经验教训

(1)酸压期间应保持水力锚处油管内压力大于环空压力，防止水力锚锚定失效，导致管柱收缩解封封隔器。

(2)酸压施工时应合理设定环空备压值。备压过高导致水力锚回收，管柱上下窜动；备压过低则会导致封隔器承受压差过大而失封。

(3)对于液面不在井口的井，在酸压施工之前必须将油管及环空补满，防止因工作液温度效应而引起管柱收缩。

九、YQ1#井环空控压不当导致封隔器酸压期间失封

(一)基本情况

2009年，YQ1#井采用“掺稀滑套＋水力锚＋PDP裸眼封隔器”管柱酸压完井，目的层$O_{1-2}y$，储层段5891.52～5955.00m。该井上部井段为Φ177.8mm油层套管，储层段为Φ149.2mm裸眼。井内管柱及入井管串结构见图1－4－36和表1－4－6。

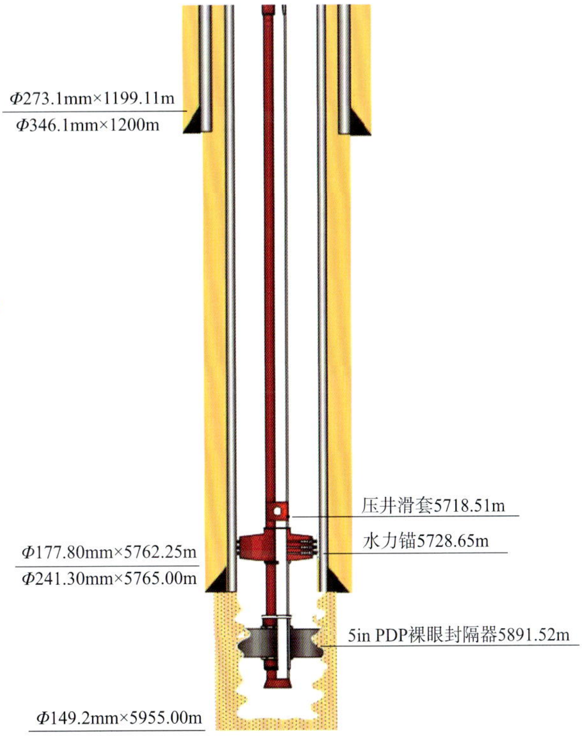

图1－4－36 YQ1#井管柱结构示意图

表 1－4－6　YQ1# 井管柱数据

管柱	名称	内径/mm	外径/mm	总长度/m	下深/m	校深深度/m
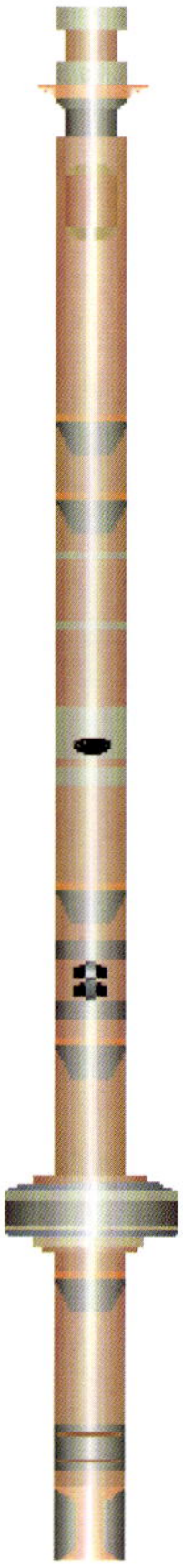	油补距			6.1	6.1	
	油管柱	76.00	75.00	0.35	6.45	
	$3^{1}/_{2}$in EUE双公	76.00	88.90	0.8	7.25	
	调整短节两根	76.00	88.90	4	11.25	
	$3^{1}/_{2}$in BG110S×EUE 油管598根	76.00	88.90	5686.26	5697.51	
	$3^{1}/_{2}$in EUE母×$3^{1}/_{2}$in BGT公	76.00	88.90	1.47	5698.98	
	$3^{1}/_{2}$in BGT母×$2^{7}/_{8}$in EUE公	62.00	88.90	1.5	5700.48	
	定位短节	62.00	96.00	1.56	5702.04	5699.15
	$2^{7}/_{8}$in BG110S×EUE 油管2根	62.00	73.00	19.13	5721.17	5718.28
	$2^{7}/_{8}$in 压井滑套	36.00	95.00	0.23	5721.4	5718.51
	$2^{7}/_{8}$in BG110S×EUE 油管1根	62.00	73.00	9.57	5730.97	5718.08
	$2^{7}/_{8}$in EUE母×$3^{1}/_{2}$in EUE公	70.00	95.00	0.12	5731.09	5718.20
	7in 水力锚	60.00	146.00	0.45	5731.54	5728.65
	$2^{7}/_{8}$in EUE公×$3^{1}/_{2}$in EUE母	60.00	14.00	0.12	5731.66	5728.77
	$2^{7}/_{8}$in BG1 10S×EUE油管17根	60.00	73.00	161.75	5893.41	5890.52
	5in PDP压差式封隔器	60.00	127.00	2.06	5894.41/5895.47	5891.52/5892.5
	$2^{7}/_{8}$in 平式母×$2^{7}/_{8}$in EUE公	60.00	89.00	0.11	5895.58	5892.69
	$2^{7}/_{8}$in BG110S×EUE 油管1根	62.00	73.00	9.5	5905.08	5902.19
	节流器	25.00	95.00	0.15	5905.23	5902.34
	喇叭口	93.00	114.00	0.15	5905.38	5902.49

备注：
节流器内径：25/30/60mm；常闭滑套内径：36/56mm。
7in 水力锚工作温度150℃，工作压力50MPa。
5in PDP封隔器工作温度149℃，工作压力45MPa。

（二）发生经过

1. 酸压期间封隔器工作异常

正挤冻胶期间排量 5.6～6.0m^3/h，泵压 56.7～94.4MPa，套压 8.5～12.7MPa，套压持续缓慢上升；正挤胶凝酸期间排量 5.2m^3/h，泵压 53.8～58.7MPa，套压 12.7～16.8MPa，套压持续缓慢上升；停泵 20min 测压降，泵压由 22.7MPa 下降至 22.1MPa，套压由 17MPa 下降至 16.4MPa。酸压施工曲线见图 1－4－37。

2. 排液期间返出碎胶皮情况

自喷排液 360.4m^3 后停喷，罐口无 H_2S，出液含黑色固相颗粒。连续油管气举返出液体带出大量块状碎胶皮，判断为 PDP 裸眼封隔器胶筒破损部分，见图 1－4－38。

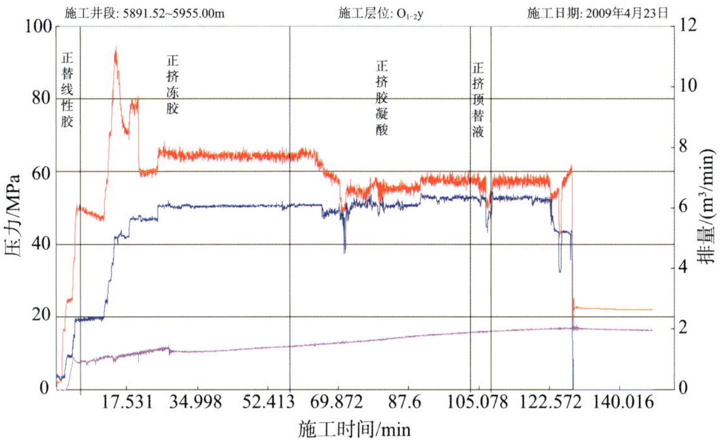

图 1-4-37　YQ1# 井酸压施工曲线

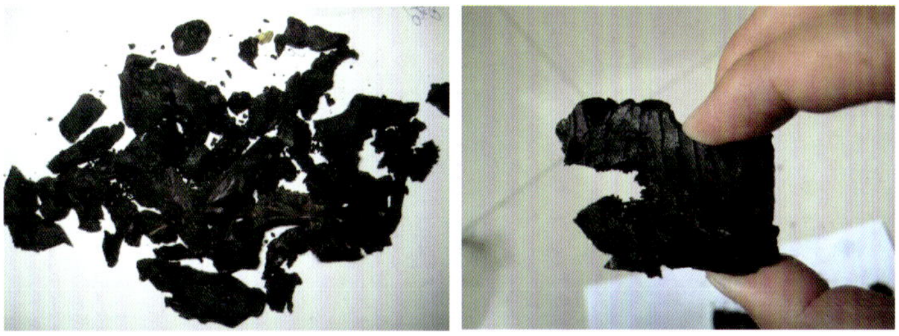

图 1-4-38　YQ1# 井气举井内返出胶皮

(三)原因分析

(1)封隔器坐封井段井径 149.86 ~ 152.4mm，井径规则，满足封隔器坐封条件，故排除因井筒问题导致封隔器失封的可能性。测井曲线见图 1-4-39。

(2)封隔器坐封位置井温 133.15℃，封隔器耐温满足要求。

(3)酸压期间套压持续缓慢上升，由 8.5MPa 上升至 16.8MPa(酸压过程中未补套压)，计算正挤冻胶时封隔器承受向上压差最大为 36.91MPa(见表 1-4-7)；挤胶凝酸期间油套压差为 1.65MPa(见表 1-4-8)。

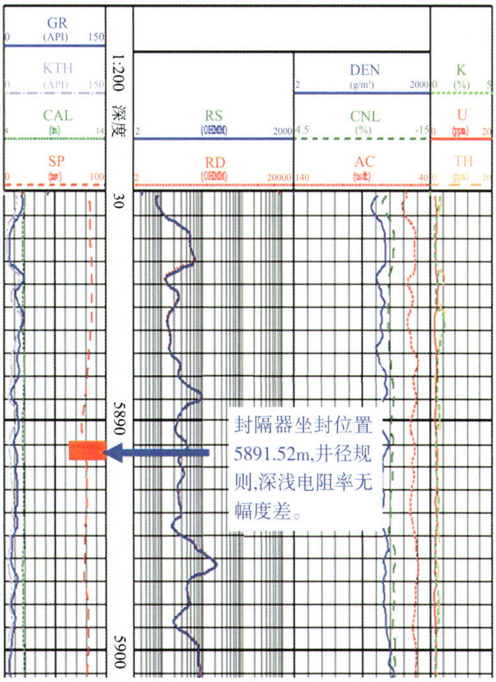

图 1-4-39　YQ1# 井封隔器坐封井段测井曲线

表 1-4-7　YQ1#井正挤冻胶期间计算油套压差数据表

系列	井口压力/MPa	井筒液体比重	液注压力/MPa	摩阻/MPa	封隔器处压力/MPa	油套压差/MPa
油管	94.4	1.01	58.42	41.71	111.35	36.91
环空	8.5	1.14	65.94	0	74.44	

表 1-4-8　YQ1#井正挤胶凝酸期间计算油套压差数据表

系列	井口压力/MPa	井筒液体比重	液注压力/MPa	摩阻/MPa	封隔器处压力/MPa	油套压差/MPa
油管	57.4	1.10	63.63	39.94	81.09	1.65
环空	16.8	1.14	65.94	0	82.74	

正挤冻胶期间封隔器受到向上的活塞力最大为52.91t。水力锚与封隔器之间的距离为113.93m，封隔器自身无锚定，仅有封隔器胶筒与井壁的摩擦力。当胶筒摩擦力加113.93m油管弯曲的合力小于封隔器受到的活塞力时，封隔器上移；当压开储层泵压下降时(最高瞬间下降达20MPa)，封隔器又向下移动，胶筒与裸眼岩石多次相对滑动，被坚硬岩石划伤与磨坏，部分脱落成块状碎胶片，造成封隔器密封能力逐渐变差。

(四)处理措施与效果

排液期间密切关注油压变化，防止胶皮堵塞油嘴，保证排液通道的畅通性。

(五)经验教训

酸压完井管柱设计时尽量缩短水力锚与裸眼封隔器之间的距离，避免在封隔器上下压差较大时管柱弯曲、封隔器胶筒移动而导致胶筒损坏。

十、TK69#井酸压期间管柱窜动导致封隔器失封

(一)基本情况

2013年，TK69#井采用“掺稀滑套+水力锚+K344-150裸眼封隔器”管柱酸压完井，目的层$O_{1-2}y$，储层段5588.00~5630.00m。Φ193.7mm套管回接至井口，下部裸眼段井径Φ165.1mm，封隔器坐封位置5579.12m，井温129.4℃。井内管柱结构及入井管串见图1-4-40和表1-4-9。

(二)发生经过

酸压施工开始10min后油套压趋势相同，显示光油管特征，见图1-4-41。

A段：正替滑溜水，排量由0.41m^3/min上升至1.42m^3/min，油压由0MPa先上升至2.9MPa再上升至40.62MPa，套压0~0.75MPa，排量提高至1.42m^3/min时，泵压25.2MPa，环空无返液。本阶段显示封隔器有坐封动作，油套不连通，见图1-4-42。

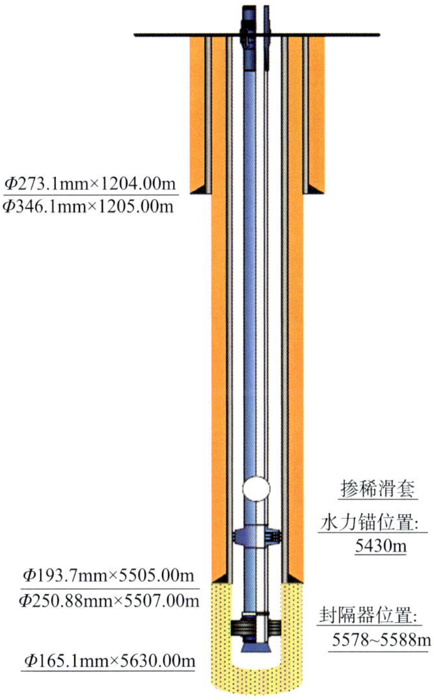

图 1－4－40　TK69#井管柱结构示意图

表 1－4－9　TK69#井管柱数据

管柱	名称	内径/mm	外径/mm	总长度/m	下深/m
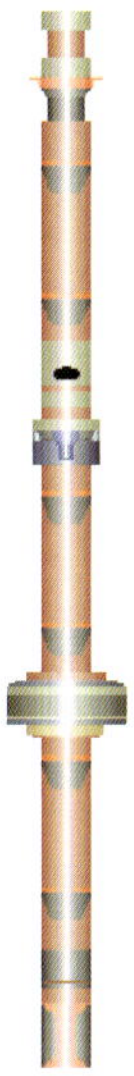	油补距			6.48	6.48
	油管挂	76.00	176.00	0.4	6.88
	变扣接头	76.00	88.9	0.33	7.21
	油管	76.00	88.9	5418.63	5425.84
	变扣接头	76.00	88.9	0.5	5426.34
	掺稀滑套	65.00	114.00	0.44	5426.78
	水力锚	76.00	162.00	0.56	5427.34
	变扣接头	76.00	88.9	0.53	5427.87
	油管	76.00	88.9	149.82	5577.69
	变扣接头	76.00	88.9	0.5	5578.19
	K344封隔器	76.00	150.00	2.99	5580.19
	变扣接头	76.00	88.9	0.53	5580.74
	油管	76.00	88.9	9.46	5590.24
	变扣接头	76.00	88.9	0.5	5590.74
	节流器	30.00	150.00	0.21	5590.95
	喇叭口	76.00	88.9	0.18	5591.13

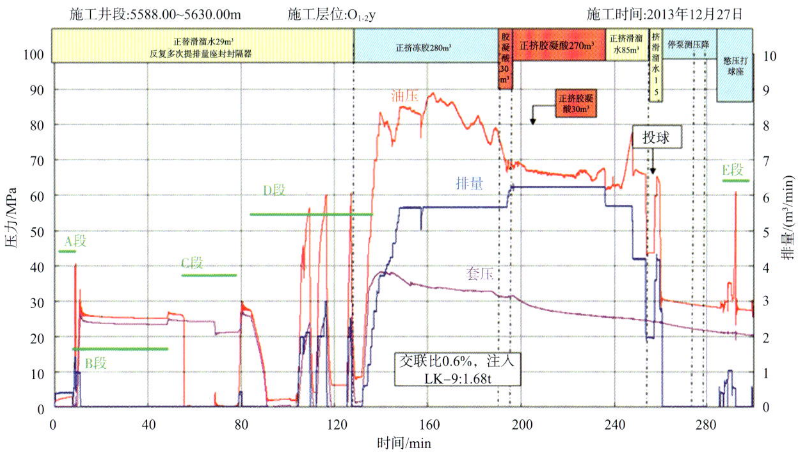

图 1－4－41　TK69#井酸压曲线

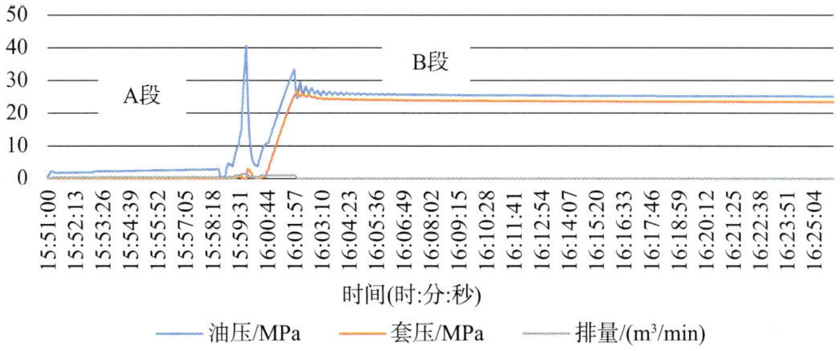

图 1－4－42　TK69#井酸压曲线 A 段、B 段放大版

B段：关闭环空闸门补平衡压，排量由 $1.42m^3/min$ 下降至 $0.48m^3/min$，油压由40.62MPa下降至4.1MPa，本阶段油压下降正常，与初始排量油压对应。关闭环空，提排量施工(由 $0.48m^3/min$ 上升至 $0.99m^3/min$)时，油压和套压同时上升；油压由4.1MPa上升至33.4MPa时，套压由0MPa上升至25.4MPa，本阶段油套压力平行上涨；排量为 $0.99m^3/min$ 时，油套压差8MPa，理论计算摩阻为8.9MPa，表明油套连通。停泵后，油套压同步响应。

C段：泄油压(由26.7MPa下降至0MPa)，套压从25MPa平稳下降至23.6MPa，之后套压突降(由23.6MPa下降至20.8MPa)，同时油压突升(由0MPa上升至4.2MPa)，见图1－4－43。本阶段泄油压过程中，套压平稳，油套压差最大23MPa，环空密度 $1.17g/cm^3$，管内密度 $1.01g/cm^3$，封隔器承受反向压差31MPa左右，呈现单向密封特点。

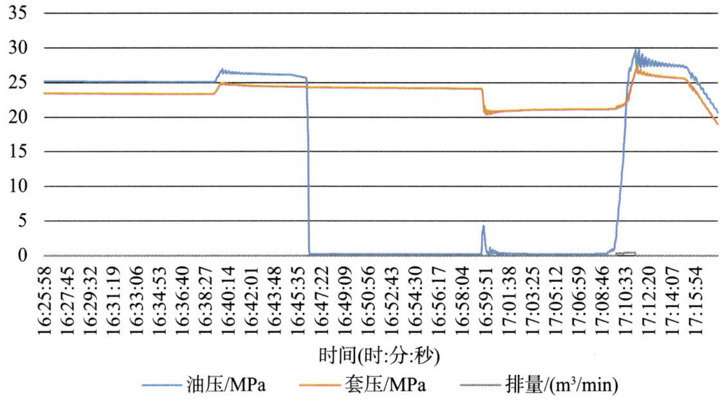

图1－4－43　TK69#井酸压曲线C段放大版

D段：继续将油压泄至0MPa，提排量重新坐封封隔器，油压由0MPa上升至29.76MPa，套压由23.3MPa上升至27.46MPa，显示油套仍然连通，见图1－4－44。

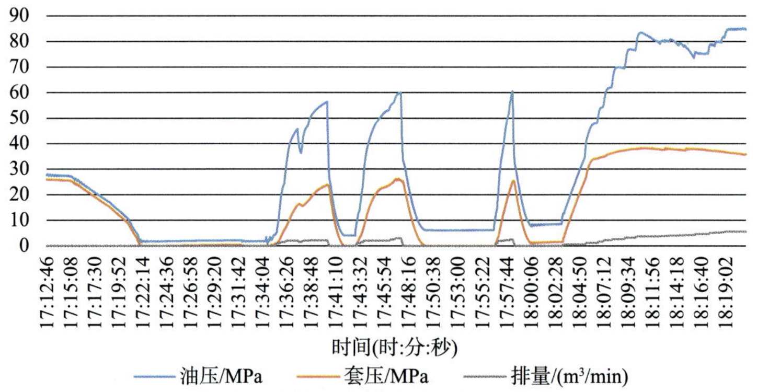

图1－4－44　TK69#井酸压曲线D段放大版

E段：起泵憋节流器，油压由28.3MPa先上升至35.1MPa，再上升至61.6MPa，最后下降至23.2MPa，套压20.8～21.6MPa。本阶段打掉节流器动作明显，其间套压波动较小。

（三）原因分析

（1）TK69#井起泵憋掉节流器的动作正常，表明封隔器内胶筒完好，节流器之上管柱、水力锚、封隔器内胶筒不存在漏点。

（2）封隔器初始坐封的A阶段封隔器有坐封动作，后降排量封隔器胶筒回缩，造成封隔器外胶筒在上下移动过程中被地层岩石划伤，其密封可靠性降低。

（3）封隔器出现单向密封现象是由于胶筒未完全回缩，在环空液柱压差下，外胶筒承压形成反向密封；正打压则改变挤压变形状态，形成通道。

（4）酸压过程中因多次提、降排量，管柱上下窜动，造成封隔器外胶筒在上下移动过程中被地层岩石划伤，封隔器密封能力下降。

（四）处理措施与效果

优化完井管柱，水力锚上增加两根伸缩节，水力锚下增加一根伸缩节，再次下入完井管柱后酸压施工正常。

（五）经验教训

（1）酸压过程中应严格控制泵压及排量，变化排量过程稳定，避免因突降排量造成封隔器失封。

（2）可采用伸缩节消减管柱载荷，避免封隔器滑动。

十一、TP346#井管柱窜动导致封隔器失封

（一）基本情况

2017年，TP346#井采用“伸缩节+水力锚+K344－128裸眼封隔器+滚珠扶正器”管柱酸压完井，目的层 $O_2yj+O_{1-2}y$，储层段6990.00～7077.00m。该井上部井段为Φ244.5mm套管，悬挂Φ177.8mm套管未回接到井口，储层段为Φ149.2mm裸眼。封隔器坐封深度6985.75m，井温157.91℃。井内管柱结构及入井管串见图1－4－45和表1－4－10。

（二）发生经过

（1）酸压初期正替滑溜水期间出口持续返液，封隔器未启动坐封。停泵关套管闸门，正挤滑溜水，油套压同步上涨，见图1－4－46。

（2）酸压施工完成后，投Φ38mm钢球打节流器，排量逐渐增加至5.3m^3/min送球入座，送球20m^{3}后停泵测压降，油压由26.2MPa下降至24.3MPa，候球入座。分别以0.3m^3/min、0.5m^3/min、1.0m^3/min、1.5m^3/min排量送球及击球座，挤入液体30m^3，未见节流器有击落显示（见图1－4－47）。

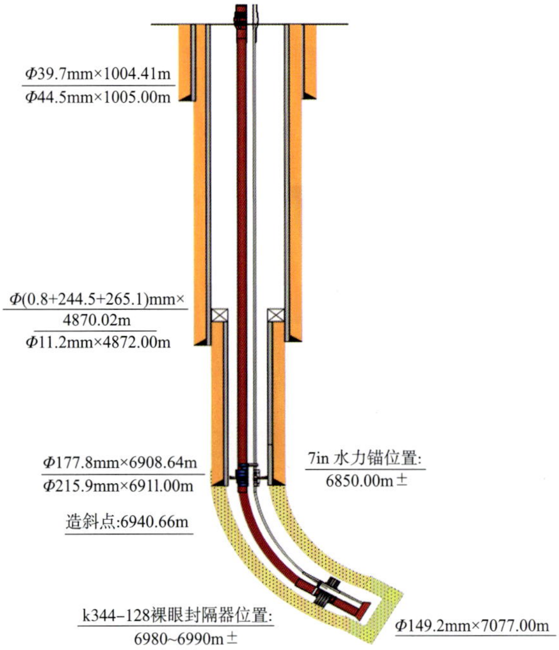

图 1-4-45　TP346# 井管柱结构示意图

表 1-4-10　TP346# 井管柱数据

管柱	名称	内径/mm	外径/mm	总长度/m	下深/m
	油管挂			0.42	9.92
	双公接头			0.69	10.61
	油管	76.00	88.9	4481.65	4492.26
	油管	76.00	88.9	1505.41	5997.67
	变丝	62.00	109.00	0.78	5998.45
	油管	62.00	73.00	836.67	6835.12
	变丝	62.00	73.00	0.90	6836.02
	伸缩节	60.00	114.00	3.72	6839.74
	油管	62	73.00	9.55	6849.29
	水力锚	60.00	161.00	0.38	6849.67
	油管	62.00	73.00	133.32	6982.99
	滚珠扶正器	62.00	136.00	0.40	6983.39
	K344封隔器	60.00	128.00	1.38	6985.75
	滚珠扶正器	62.00	136.00	0.42	6986.17
	油管	62.00	73.00	9.53	6995.70
	节流器	30.00	94.00	0.16	6995.86
	油管	62.00	73.00	9.52	7005.38
	引鞋	78.00	128.00	0.17	7005.55

备注：
节流器内径30/59mm。
水力锚工作温度177℃，工作压力70MPa。
封隔器工作温度160℃，工作压力50MPa。

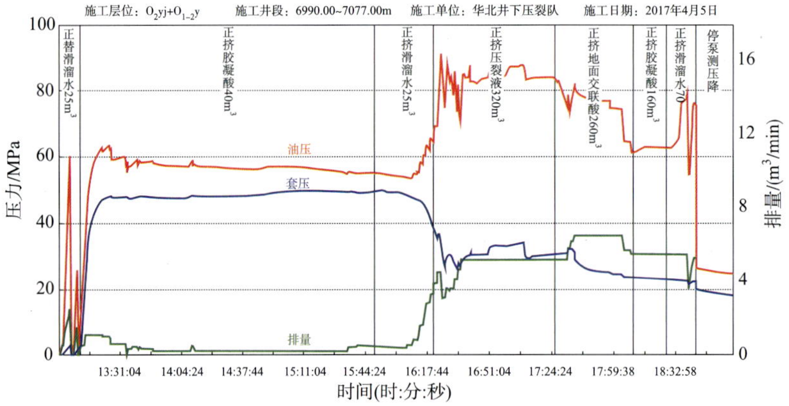

图 1-4-46　TP346# 井酸压施工情况

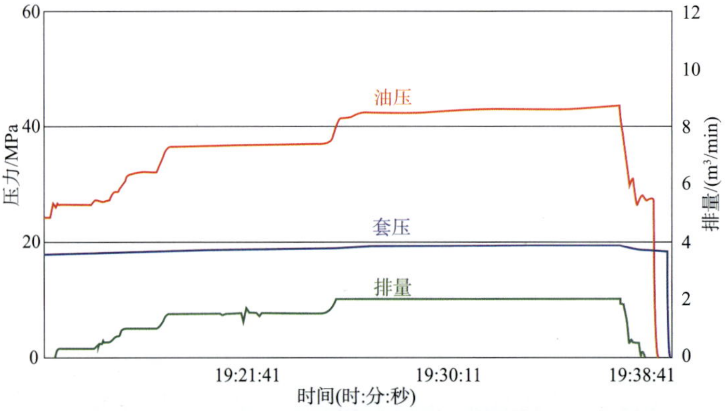

图 1-4-47　TP346# 井打节流器情况

(三)原因分析

1. 封隔器坐封情况分析

正替滑溜水 24s 后出口见明显连续返液。后提排量继续正替滑溜水，井口持续返液，未见断流现象。施工压力曲线见图 1-4-48。

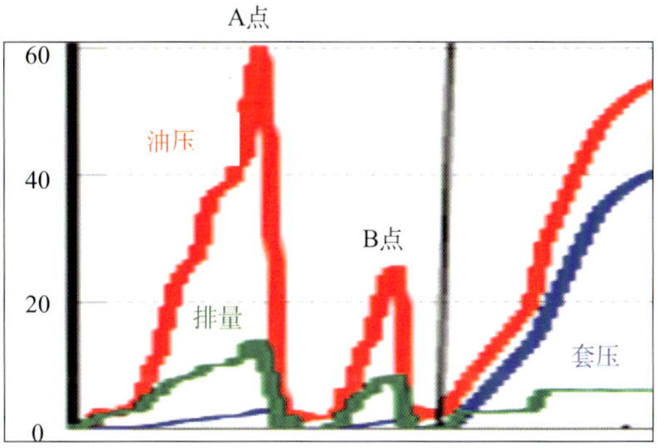

图 1-4-48 TP346# 井正替滑溜水阶段放大图

该井共计两次阶梯提排量坐封封隔器，相关计算如下：

A 点封隔器承压最大，排量 2.5m³/min，油压 60.26MPa，套压 2.94MPa，此时管柱消耗摩阻 20.51MPa，液柱压差 3.8MPa，节流压差 1.7MPa，封隔器承压 30.88MPa；由于产层比较致密，泵压上升较快，现场反复停泵控压，造成管柱窜动；酸压期间井筒温度下降，管柱收缩，牵引 K344-128 裸眼封隔器向上移动。上述原因的综合作用对封隔器密封性产生影响。

B 点封隔器承压，排量 1.5m³/min，油压 25.64MPa，套压 1.34MPa，此时管柱消耗摩阻 12.56MPa，液柱压差 8.89MPa，节流压差 0.61MPa，封隔器承压 2.18MPa，封隔器有坐封显示，但仍未能形成有效密封，环空返液。

2. 正挤滑溜水和压裂液阶段情况分析

A 阶段开始提排量正挤压裂液过程中，排量 0.38～4.53m³/min，节流压差 0.04～5.59MPa，套压不随泵压上升，封隔器最大承压 17.17MPa，封隔器有坐封显示，见图 1-4-49。

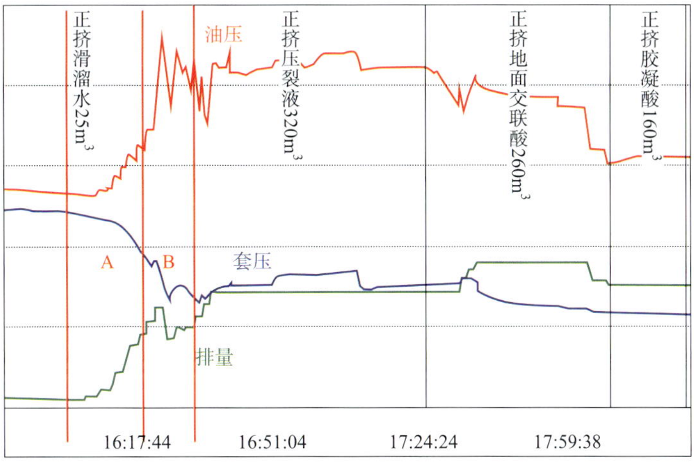

图 1-4-49 TP346# 井正挤压裂液和地面交联酸阶段放大图

B 阶段油压上升至最高 91.36MPa 时，套压 33.72MPa，排量 4.18m³/min，套压持续下降，摩阻 40MPa，油套压差 3.5～5MPa，此时裸眼封隔器承压 13MPa。

油压突降至 70.6MPa 时，排量 4.66m^3/min，摩阻系数 0.007MPa/m，计算油套压差 0.2MPa，此时水力锚已不能有效锚定管柱。酸压期间管柱震动较大，井筒温度下降使管柱收缩，牵引 K344－128 裸眼封隔器移动，导致后续酸压过程中持续出现油套连通现象。

3. 节流器未打掉情况分析

酸压结束后投球打内节流器时，油套压同步，内节流器未正常击落。分析认为，节流器以上管柱存在漏点。

(四)处理措施与效果

优化完井管柱，水力锚上增加两根伸缩节，水力锚下增加一根伸缩节，再次下入完井管柱，且酸压期间严格控制环空压力，施工正常。

(五)经验教训

(1)对该类酸压施工，各相关方应预先研讨制定一套具体准确的操作规程，施工方规范操作，提高现场作业水平。

(2)在压开地层之前提前适当泄套压，避免水力锚、裸眼封隔器内外压差出现反转情况。

(3)推荐使用双节流器和自锁式水力锚。

十二、TS3－#井酸液溶蚀裸眼坐封段导致封隔器失封(第一次完井酸压)

(一)基本情况

2016 年，TS3－#井采用“掺稀滑套＋水力锚＋安全丢手＋K341－158 裸眼封隔器”管柱酸压完井，目的层 O_2yj，储层段 6570.00～6648.00m。该井上部井段为 Φ193.7mm 油层套管，储层段为 Φ165.1mm 裸眼。第一次完井酸压施工期间封隔器失封。井内管柱结构见图 1－4－50 和表 1－4－11。

(二)发生经过

1. 封隔器坐封、验封

组下酸压完井管柱到位，逐级正打压至 24MPa，各稳压 3min，封隔器坐封，打压至 25MPa 并降至 22MPa，击落球座；停泵观察 15min，泵压由 22MPa 下降至 20MPa，环空压力 0MPa，正注柴油 45L，油压 5MPa，验封合格，泄油压。

2. 酸压施工

正注滑溜水 40m^3，因地层致密施工压力过高，先正注 100m^3 酸软化地层。当注入 47m^3 酸时，套压突然升高，油套连通。施工曲线见图 1－4－51。

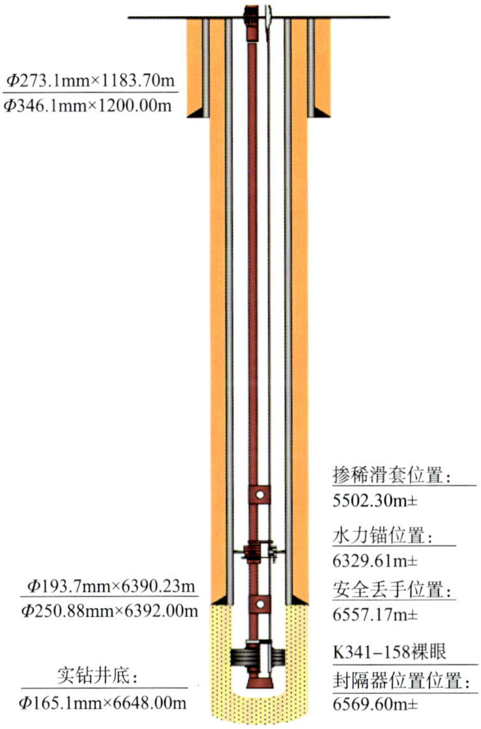

图 1-4-50 TS3-#井管柱结构示意图

表 1-4-11 TS3-#井管柱数据

管柱	名称	内径/mm	外径/mm	总长度/m	下深/m
	油管挂			0.4	9.77
	双公接头			0.68	10.45
	油管	76.00	88.90	4482.18	4452.63
	油管	76.00	88.90	1009.02	5501.65
	变丝	62.00	88.90	0.86	5502.51
	掺稀滑套	48.00	108.00	0.38	5502.89
	油管	62.00	73.00	797.91	6300.8
	水力锚	62.00	160.00	0.46	6301.26
	油管	62.00	73.00	19.07	6320.33
	油管	62.00	73.00	199.19	6519.52
	安全丢手	62.00	118.00	0.38	6519.90
	油管	62.00	73.00	9.58	6529.48
	刚性扶正器	62.00	158.00	0.25	6529.73
	K344封隔器	62.00	158.00	1.11	6531.78
	K344封隔器	62.00	158.00	1.11	6533.83
	刚性扶正器	62.00	158.00	0.25	6534.08
	油管	62.00	73.00	47.54	6581.66
	节流器	31.00	94.00	0.16	6581.82
	喇叭口	73.00	94.00	0.13	6581.96

备注：
掺稀滑套内径48/52mm；节流器内径31/59mm。
水力锚工作温度160℃，工作压力50MPa。
封隔器工作温度160℃，工作压力50MPa。
机械丢手接头：丢手吨位32.4t，工作温度160℃。

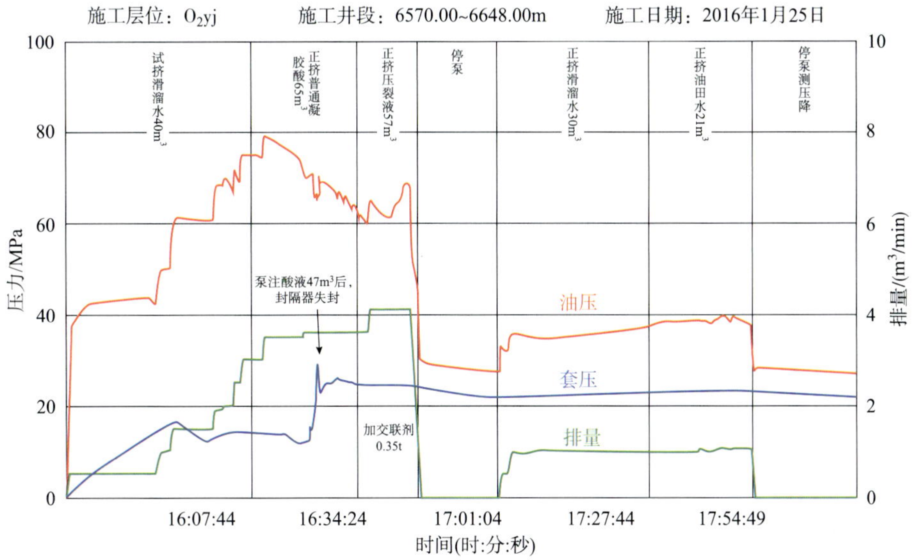

图 1-4-51 TS3-#井酸压施工曲线(第一次)

3. 起完井管柱

(1)上提管柱，悬重由80t上升至102t封隔器未解封(机械丢手销钉设置27t)，管柱上行4.46m。多次上提下压活动管柱，完成封隔器解封。

(2)上提管柱至井深 6457.26m 遇卡，采用反循环泥浆、反复活动管柱及泡酸等方式解卡，管柱在 6434.69m 处断脱，落鱼 22.57m。其后 2 次下打捞管柱捞出落鱼。

图 1-4-52 TS3-#井第一次完井起出压井滑套

4. 检查出井工具

(1)滑套起出经检查外观完好，无明显划痕，销钉完好滑套未打开，见图 1-4-52。

(2)水力锚起出经检查外观完好，无明显划痕，锚牙复位，锚牙端面不同程度磨损，见图 1-4-53。

(3)管柱从丢手接头位置丢开，带出丢手接头上部组件。丢手接头上部单面有磨痕，横向磨痕长度 150mm，磨痕深度 2mm，外径 108mm，10 颗销钉已剪断，见图 1-4-54。

图 1-4-53 TS3-#井第一次完井起出水力锚情况

图 1-4-54 TS3-#井第一次完井起出丢手接头情况

(4)水力锚以下 24 根 Φ73mm 外加厚油管有不同程度弯曲变形，其中 9 根弯曲变形较大，见图 1-4-55。

(5)K341-158 裸眼封隔器上部连接油管弯曲变形，封隔器内外胶筒和钢带全部落井 1.2m，解封销钉全部剪断；上部接头有明显划痕，其中有两条划痕长度分别为 0.15m、0.31m，下部接头有轻微划痕，打捞筒内夹有胶皮，见图 1-4-56。

图 1-4-55 TS3-#井第一次完井水力锚下部油管弯曲情况

图 1-4-56 TS3-#井第一次完井起出封隔器情况

(三)原因分析

1. 水力锚、封隔器处压力计算

油套连通时泵压 70.38MPa，套压 12.42MPa，排量 3.61m^3/min，水力锚处所受摩阻 30.71MPa，封隔器处所受摩阻 32.44MPa，计算水力锚内外压差 18.56MPa，封隔器内外压差 16.5MPa。

2. 铣齿水力锚锚定力计算

实验取得铣齿水力锚所受压差与锚定力的对应关系，如图 1－4－57 所示。当水力锚内压为 18.56MPa 时，其锚定力为 475.30kN(48.5t)。

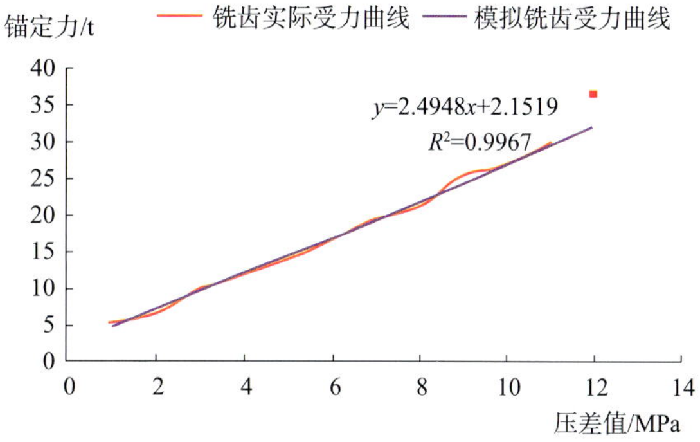

图 1－4－57 水力锚所受压差与锚定力的关系曲线

3. 利用温度效应计算水力锚处管柱所受上提拉力

管柱温度降低引起的收缩，水力锚以上管柱的温效计算结果见表 1－4－12。当水力锚处管柱平均温度下降 50℃时，温效产生的管柱收缩力为 206.39kN。水力锚锚定力为 475.30kN，锚定作用仍可靠。

表 1－4－12 水力锚以上管柱温效计算结果

管柱平均下降温度/℃	温效造成的管柱收缩量/m	温效产生的收缩力/kN
5	0.38	20.68
10	0.76	41.26
15	1.14	61.94
20	1.52	82.52
25	1.90	103.19
30	2.28	123.87
35	2.66	144.45
40	3.04	165.13
45	3.42	185.71
50	3.80	206.39

4. 利用温度效应计算封隔器处管柱所受上提拉力

经计算，水力锚与封隔器之间管柱因温效产生的最大收缩量为 0.14m，收缩力最大为 144.06kN，见表 1－4－13。

表 1－4－13 水力锚与封隔器之间管柱温效计算

管柱平均下降温度/℃	温效造成的管柱收缩量/m	温效产生的收缩力/kN
5	0.01	14.41

续表

管柱平均下降温度/℃	温效造成的管柱收缩量/m	温效产生的收缩力/kN
10	0.03	28.81
15	0.04	43.22
20	0.06	57.62
25	0.07	72.03
30	0.09	86.44
35	0.10	100.84
40	0.11	115.25
45	0.13	129.65
50	0.14	144.06

5. 封隔器失封时受到的活塞力

酸压注入滑溜水时正常，当酸液进入地层47m^3、油压67MPa时，套压由14MPa突然升高至28.8MPa，油套连通。计算可知，封隔器处向上的活塞力至少为590kN。

综上所述，注入酸液时，封隔器以下地层还未完全压开，酸液进入封隔器坐封井段逐渐将地层溶蚀、连通，封隔器逐渐失去外部支撑力，高压注入酸液条件下发生较大的向上位移，挤压水力锚以下油管弯曲变形，封隔器失封。

(四)处理措施与效果

适当上调封隔器坐封位置，避免因酸液溶蚀封隔器坐封点而导致封隔器滑移，进行第二次完井作业。

(五)经验教训

封隔器坐封位置应与储层段保持适当距离，避免酸压施工时酸液溶蚀坐封点井壁，导致封隔器滑移失封。

十三、TS3-#井杂物堵塞节流器导致封隔器失封(第二次完井酸压)

(一)基本情况

在总结第一次完井失效经验的基础上，TS3-#井采用“掺稀滑套+水力锚+安全丢手+刚性扶正器+K344-158裸眼封隔器”酸压管柱完井，实施第二次酸压投产作业。井内管柱结构见图1-4-58和表1-4-14。

(二)发生经过

1. 组下酸压完井管柱

组下酸压完井管柱至5500m后出现遇阻2~3t，继续下放吨位不增加，上提无显示，单根下放后遇阻消除。

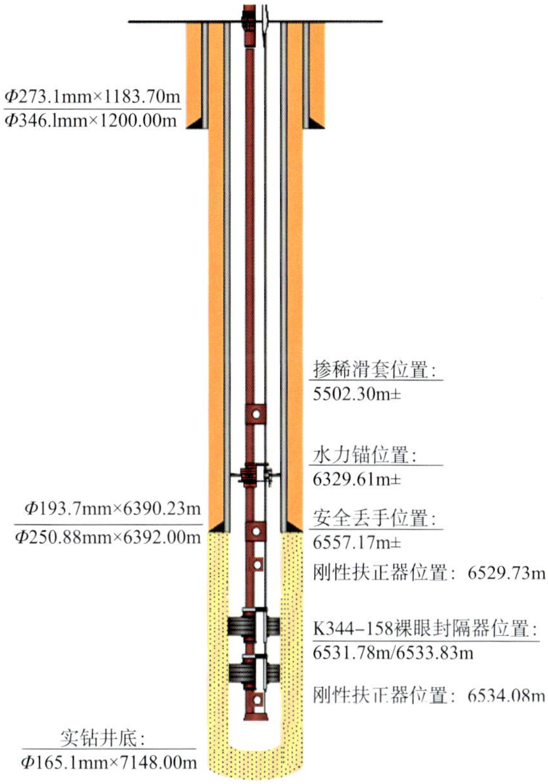

图 1-4-58 TS3-#井二次完井管柱结构示意图

表 1-4-14 TP346#井管柱数据

管柱	名称	内径/mm	外径/mm	总长度/m	下深/m
	油管挂			0.4	9.77
	双公接头			0.68	10.45
	油管	76.00	88.90	4482.18	4452.63
	油管	76.00	88.90	1009.02	5501.65
	变丝	62.00	88.90	0.86	5502.51
	掺稀滑套	48.00	108.00	0.38	5502.89
	油管	62.00	73.00	797.91	6300.8
	水力锚	62.00	160.00	0.46	6301.26
	油管	62.00	73.00	19.07	6320.33
	油管	62.00	73.00	199.19	6519.52
	安全丢手	62.00	118.00	0.38	6519.90
	油管	62.00	73.00	9.58	6529.48
	刚性扶正器	62.00	158.00	0.25	6529.73
	K344封隔器	62.00	158.00	1.11	6531.78
	K344封隔器	62.00	158.00	1.11	6533.83
	刚性扶正器	62.00	158.00	0.25	6534.08
	油管	62.00	73.00	47.54	6581.66
	节流器	31.00	94.00	0.16	6581.82
	喇叭口	73.00	94.00	0.13	6581.96

备注:
掺稀滑套内径48/52mm；节流器内径31/59mm。
水力锚工作温度160℃，工作压力50MPa。
封隔器工作温度160℃，工作压力50MPa。
机械丢手接头：丢手吨位32.4t，工作温度160℃。

2. 酸压施工

正替滑溜水 28m³，排量 0~3m³/min，泵压 0~79.4MPa，套压 0~7.6MPa，共 5 次试坐封封隔器未成功，关套管闸门施工，酸压施工曲线见图 1-4-59。

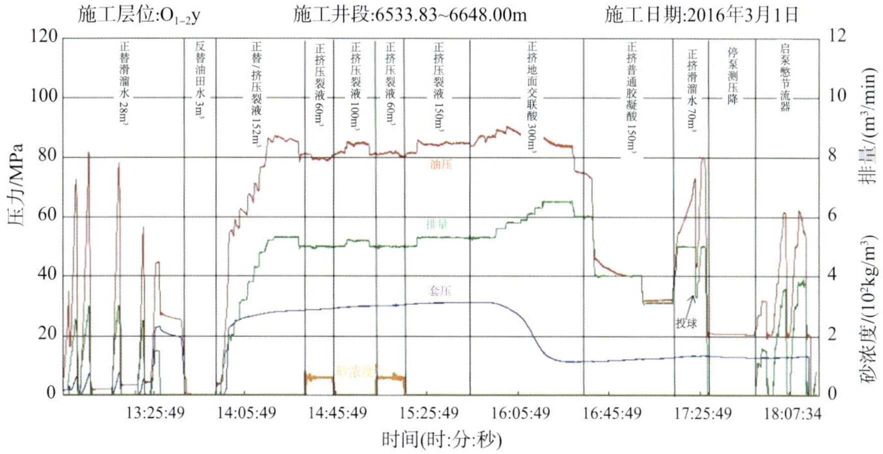

图 1-4-59 TS3-#井第二次酸压施工曲线

(三)原因分析

1. 井筒内残留杂物

组下完井管柱时，套管内间断出现遇阻2～3t的现象，反映出井筒内有残留杂物，影响管柱的正常下入。

2. 酸压开始时提前将节流器击落

第一次试坐封封隔器时，打开套管闸门，油压4.2MPa，套压0MPa。正替滑溜水，排量0.5m^3/min，泵入约2min，油压从4.2MPa逐渐升高至35MPa环空不返液，后油压从35MPa突降至17MPa(节流器击落压力为17.5MPa)，环空开始返液。环空返液后逐步提高排量至2.5m^3/min泵注，环空无断流现象，油套连通。重复试坐封3次，环空均返液，坐封无效。酸压施工结束后投球击落节流器时无显示。

综上所述，井筒内存在前次作业残余的胶皮碎块及其他固相沉淀物。在反替浆时井下残余杂物被循环进油管内，酸压时堆积在节流器球座上，节流器被提前击落。节流器被击落后无法形成有效压差支撑K344－158胶筒充分膨胀，导致封隔器失封。

(四)处理措施与效果

再次组下完井管柱之前，组下通井管柱充分循环洗井，且在下管柱期间定时反向冲洗球座，防止固相杂物在球座堆积，封隔器坐封、验封正常。

(五)经验教训

(1)完井管柱入井前应充分做好井筒准备工作，清理干净井下杂物。

(2)完井管柱底部安装筛管＋丝堵，有利于避免杂物进入管柱内。

第五节　封隔器解封异常

封隔器无法正常解封主要形式有封隔器过载提前解封、堵塞通道行程不到位导致解封异常、封隔器被掩埋导致无法解封。

一、T1#X井封隔器活塞行程不到位导致封隔器解封异常

(一)基本情况

2017年，T1#X井采用“井下安全阀＋SHR－HP封隔器”管柱测试，目的层$O_{1-2}y$，储层段5828.00～6100.85m。该井上部井段为Φ177.8mm油层套管，储层段为Φ149.2mm裸眼。井内管柱结构见图1－5－1。

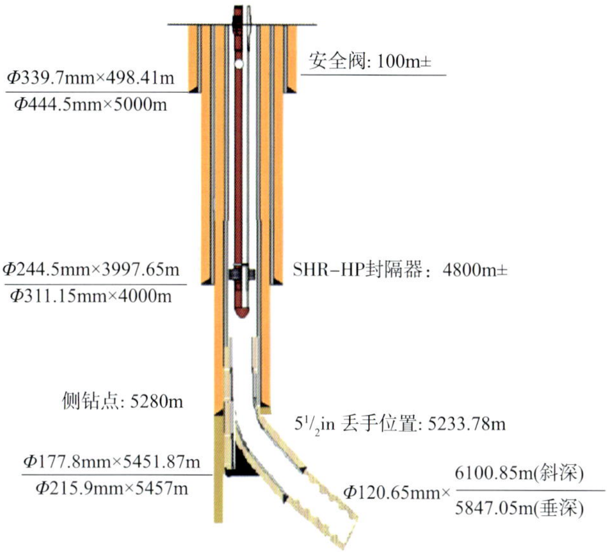

图 1-5-1 T1#X 井管柱结构示意图

(二)发生经过

完井管柱下入到位后，开井下安全阀，用密度 1.02g/cm³ 的环空保护液 75m³ 反替井内密度 1.18g/cm³ 的泥浆，出口未返液，正挤密度 1.02g/cm³ 的清水 57m³。投球入座，逐级正打压至 34.0MPa，稳压 10min，封隔器坐封合格；泄油压至 5.0MPa，环空打压至 20.0MPa，稳压 15min 无压降，验封合格；正打压至 40MPa，压力突降至 3.36MPa，判断球座被击落。

用密度 1.22g/cm³ 的油田水 61m³ 油管内平推压井，油管液面 638～640m，上提管柱悬重由 660t 先升至 840t 后下降至 660t，继续上提 1.5m 无挂卡反应，显示封隔器解封成功。起管柱至 4700m 处，环空平推压井，泵压由 0 先上升至 10MPa，再上升至 17MPa，最后上升至 22MPa，观察 30min，压力不降，现场判断封隔器胶筒未完全回缩。

井下工具检查情况如下。

1. 现场检查情况

封隔器胶筒磨损严重，但无脱落现象，整体外观良好，坐封销钉已剪断，封隔器的卡瓦未复位、解封销钉未剪断，见图 1-5-2；封隔器卡瓦及水力锚锚爪磨损严重，见图 1-5-3。

图 1-5-2 T1#X 井起出封隔器外观情况

图 1-5-3　T1#X 井起出封隔器卡瓦及水力锚外观情况

2. 车间检查情况

(1)胶筒磨损后形状不规则，外径相差较大，见图 1-5-4。

图 1-5-4　T1#X 井封隔器胶筒外观情况

(2)坐封活塞行程显示偏短，见图 1-5-5。

图 1-5-5　T1#X 井封隔器活塞坐封行程与同型工具活塞坐封行程对比

(3)解封销钉完整，有被剪切痕迹，见图 1-5-6。

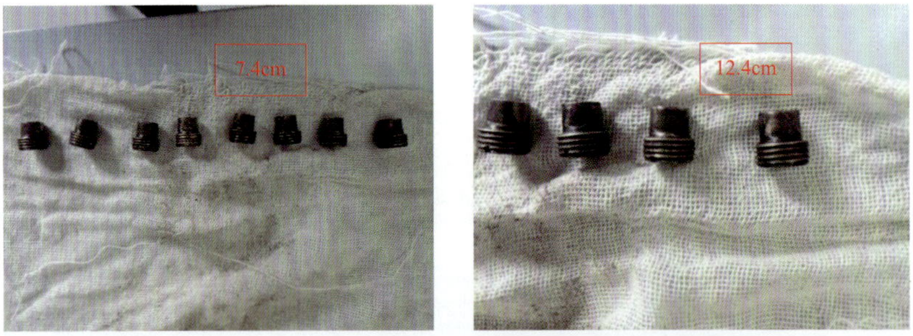

图 1-5-6　T1#X 井 SHR-HP 封隔器取下的 8 颗解封销钉

(4)中心管锁块位置未见泥浆等杂质，见图 1－5－7。

图 1－5－7 T1#X 井 SHR－HP 封隔器中心管锁块及其锁紧位置外观情况

(三)原因分析

1. 作用在解封销钉上剪切力不够，解封销钉未剪断

正挤密度 1.22g/cm³ 压井液后，油管内为密度 1.22g/cm³ 压井液，而环空为密度 1.02g/cm³ 环空保护液。

解封时，封隔器位置为 4800m，油管内测得液面为 640m，环空液面位于井口。

封隔器位置处：

$$P_{压差}=P_{油管}-P_{套管}=49.79-48.03=1.76\text{MPa} \quad (1-5-1)$$

$$S_{套管内截面积}=0.01880613\text{m}^2 \quad (1-5-2)$$

$$S_{封隔器中心管内截面积}=0.00301754\text{m}^2 \quad (1-5-3)$$

封隔器受到的上顶力

$$F_{上顶力}=P_{压差}\times S_{环空截面积}=P_{压差}\times(S_{套管内截面积}-S_{封隔器中心管内截面积})=27.79\text{kN} \quad (1-5-4)$$

上提解封时，由于油管内压力大于套管内压力，封隔器自带的水力锚锚爪处于伸出状态，锚于套管上(提出的封隔器水力锚锚爪磨损严重验证了这点)。

该封隔器安装解封销钉 8 颗，单颗剪切值 19.6kN，剪切解封销钉的吨位为 156.8kN。解封时过提吨位为 180kN，封隔器受到的上顶力为 17.79kN，解封需剪切解封销钉拉动芯轴上行。

作用在剪切销钉上的力 $F_{剪切}=F_{过提}-F_{上顶力}-F_{水力锚锚定力}=152.21-F_{水力锚锚定力}<156.8\text{kN}$，小于解封销钉剪切值，因而解封销钉无法被剪断。

2. 坐封活塞行程偏短，卡瓦未能有效支撑在套管上

封隔器的坐封活塞行程丈量仅为 7.5cm，其他井使用的同型封隔器的坐封活塞行程达到 12.5cm，封隔器的坐封活塞行程明显偏短。坐封活塞行程偏短必然会导致压缩胶筒及卡瓦的力不够，使得胶筒膨胀不够充分，卡瓦对套管锚定力不够。

在上提解封过程中，由于卡瓦未对套管产生足够的咬合力，未能有效锚定套管壁，在

作用于解封销钉上的力尚未达到其剪切值时，卡瓦就随封隔器整体向上滑动，从而解封销钉无法剪断。

3. 卡瓦未回位、胶筒未回缩

由于上提解封过程中解封销钉未断，卡瓦与芯轴不能产生相对位移，因此卡瓦不能回位，同时封隔器胶筒无法回缩，胶筒一直封堵在套管上，导致环空平推压井压力不降。起管柱至 3950m 处，此处套管壁厚由 11.51mm 降至 10.36mm，且封隔器胶筒已上提摩擦套管长达 850m，存在一定磨损，因而胶筒与套管壁间的间隙变大，环空液面恢复正常。

(四)处理措施与效果

在起钻过程中，每柱上提下放一次破坏胶筒，提放摩阻 10kN。其间尝试环空反推压井 4 次未能成功，每次打压至 20MPa，稳压 30min，压力不降。起钻至井深 3950m 处环空通畅，此时环空液面位置 71m，后正常起钻至井口。

(五)经验教训

(1)封隔器锁块未锁住导致活塞行程到位后回退，后续工具组装时将锁块状态纳入重点零件检查环节。

(2)环空液密度相对较低、带有水力锚的完井管柱，增加压井滑套，在为后期压井提供循环通道的同时平衡解封前管柱内外压差，更利于解封封隔器。

二、顺北 8#井泥浆沉淀掩埋封隔器导致解封失败

(一)基本情况

2020 年，顺北 8#井对 $O_3q + O_2yj + O_{1-2}y$ 层、7707.50 ~ 7910.00m 井段进行地层测试，采用“双通道常闭阀 + RD 安全循环阀 + E 型阀 + CHAMP 封隔器 + 电子压力计托筒”测试管柱，该井 Φ193.6mm 的套管回接至井口。中途测试结束后封隔器无法解封。顺北 8#井井深结构及完井管柱图见图 1 - 5 - 8。

(二)发生经过

四开测得后效 14 次，全烃最高 99.999%，最大油气上窜速度 145.13m/h，最高火焰高度 0.3m，全烃最长持续时间 663min；$O_{1-2}y$ 5 次，全烃最高 99.99%，最大油气上窜速度 21.94m/h(点火成功 1 次)，最高火焰高度 0.5m，全烃最长持续时间 165min，用密度 1.96g/cm^3 的泥浆油管、环空平推压井成功。

最大过提 36t，下压 24t，封隔器无法解封；正打压至 60MPa，反打压至 27MPa，快速泄压至 0MPa 后上下活动管柱，反复 15 次封隔器无法解封；正打压至 25MPa，带压上下活动管柱 40 次，最大上提 48t，最大下压 18t，封隔器无法解封。

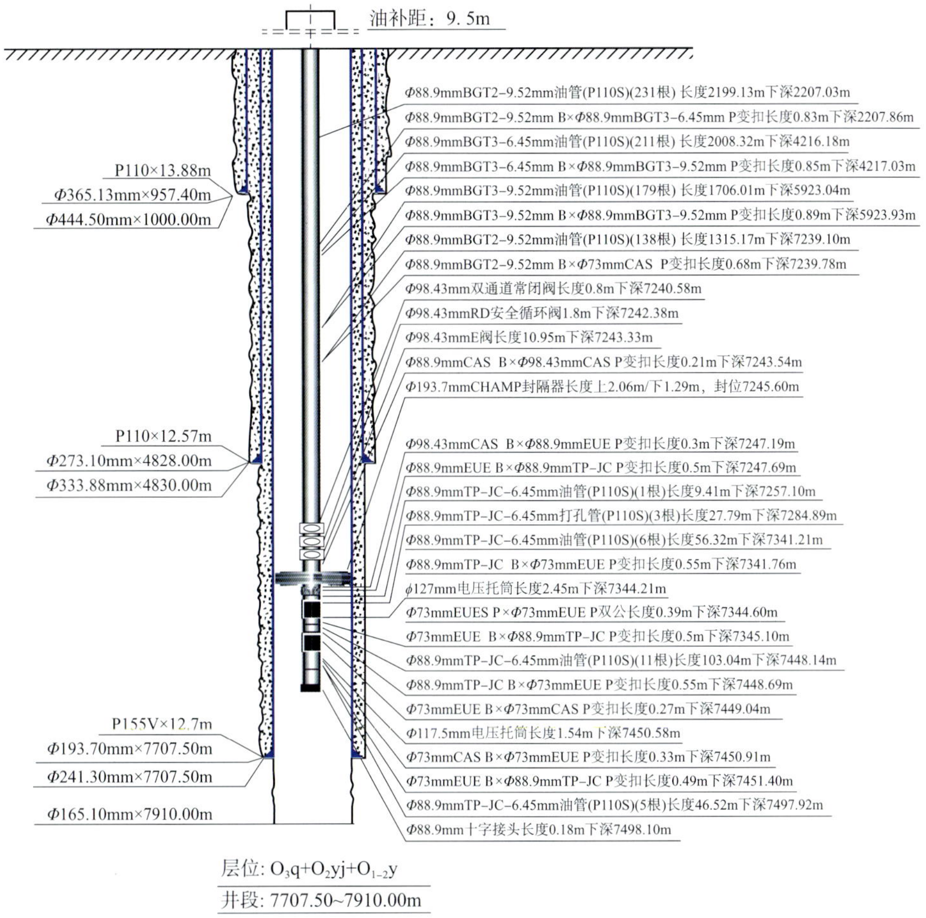

图 1-5-8　顺北 8[#] 井井深结构及完井管柱结构示意图

倒扣成功，未能建立循环，提甩 200m 油管才建立正反循环，充分循环至进出口液性一致，出口泥浆密度变化为 1.8g/cm^3→1.73g/cm^3→2.23g/cm^3→1.85g/cm^3，循环无漏失。

工具检查情况：带出 193.6mm 的双通道常闭阀 + RDS 阀操作外筒，累计 7241.19m，井筒稳定，预计鱼顶位置 7241.19m，鱼顶扣型 ACME，外径 99mm（见图 1-5-9、图 1-5-10）。井下落鱼管串数据见表 1-5-1。

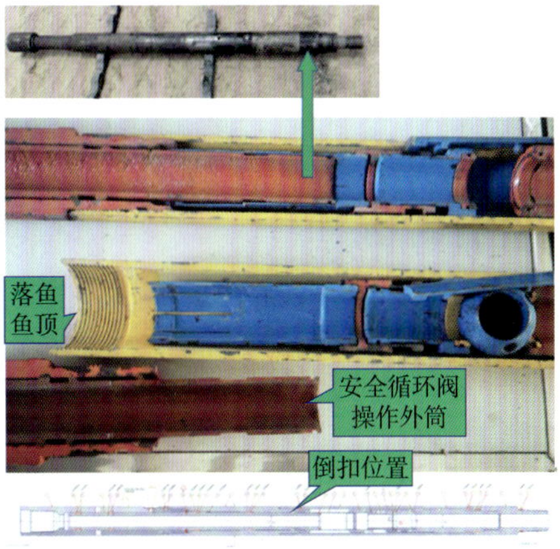

图 1-5-9　顺北 8[#] 井倒扣起出的工具以及落鱼鱼顶外貌

图 1-5-10　顺北 8# 井起出油管外壁有泥浆沉淀物黏附

表 1-5-1　井下落鱼(自上而下/总长 256.61m)管串数据

序号	落鱼工具名称	外径/mm	内径/mm	长度/mm	原井下深/mm
1	RD 安全循环阀外筒(鱼顶)	99	38	0.87	7241.19
2	E 型阀	99	28	0.95	7243.01
3	CAS B×CAS P 变扣	127	45	0.21	7243.22
4	CHAMP 封隔器上	162	57	2.06	7245.28
5	CHAMP 封隔器下	162	57	1.29	7246.57
6	CAS B×EUE P 变扣	121	62	0.3	7246.87
7	EUE B×TP-JC P 变扣	88.9	76	0.5	7247.37
8	TP-JC-6.45mm 油管(P110S)(1 根)	88.9	76	9.41	7256.78
9	TP-JC-6.45mm 打孔管(P110S)(3 根)	88.9	76	27.79	7284.57
10	TP-JC-6.45mm 油管(P110S)(6 根)	88.9	76	56.42	7340.99
11	TP-JC B×EUE P 变扣	88.9	62	0.55	7341.54
12	电压托筒	127	45	2.45	7343.99
13	EUE P×EUE P 双公	73.02	62	0.39	7344.38
14	EUE B×TP-JC P 变扣	88.9	62	0.5	7344.88
15	TP-JC-6.45mm 油管(P110S)(11 根)	88.9	76	103.04	7447.92
16	TP-JC B×EUE P 变扣	88.9	62	0.55	7448.47
17	EUE B×CAS P 变扣	99	45	0.27	7448.74
18	电压托筒	110	38	1.54	7450.28
19	CAS B×2⅞"EUE P 变扣	99	45	0.33	7450.61
20	EUE B×TP-JC P 变扣	88.9	62	0.49	7451.1
21	TP-JC-6.45mm 油管(P110S)(5 根)	88.9	76	46.52	7497.62
22	十字接头	109.00		0.18	7497.80
	落鱼总长度				256.61

(三)原因分析

1. 解封异常原因

顺北 8#井解封封隔器异常的主要原因是，地层测试结束后压井用泥浆性能差、埋卡封隔器。主要证据有以下三点：

证据一：多次上提下放活动管柱无效(最大过提 34t，最大下压 24t)，用泵车尝试正挤未顶通，泵压 25MPa 压力不降，反打压至 15MPa，停泵压力缓慢下降，出口未返液；带压活动、最大过提 48t 无效后，正挤至 60MPa，停泵观察压降≤0.5MPa。

证据二：采用倒扣、外捞震击解卡，倒扣成功，起油管 200m 后尝试建立循环，正循环最高泵压 26MPa 无压降，循环不通，间断开泵反循环，泵压由 26MPa 降至 11.8MPa，之后采用密度 1.85g/cm^3 的泥浆正循环至进出口液性一致。

证据三：起出油管后，发现从 RDS 阀中部 ACME 扣倒开，之后组下通洗井管柱下探至 7235m，遇阻 2t，冲划眼通过，探得鱼顶深度 7240.88m，封隔器位置 7245.28m，管柱被埋 10.28m。

2. 泥浆性能

(1)泥浆体系短期崩溃是造成此次解封异常的主要原因。下测试管柱前原井密度 1.96g/cm^3 的泥浆高温热沉降实验(静止 168h)测得沉降系数为 0.536，满足地层测试下管柱要求；考虑到该井高压低渗特征，依照关井井口压力 55.4MPa，折算地层压力系数为 1.72MPa/100m，地层测试结束后选用 1.85g/cm^3 的泥浆压井(降密度，为后期侧钻准备)，但循环压井结束至开始解封封隔器泥浆静止时间仅为 44.25h，泥浆体系崩溃沉淀造成封隔器无法正常解封。

(2)替浆排量受限，替浆不彻底是泥浆沉淀埋卡封隔器的次要原因。该井采用“RDS 阀 + E 型阀 + 封隔器 + 压力计”测试工艺，E 型阀至封隔器上胶筒长 3.22m，存在替液盲区；另外，密度 1.85g/cm^3 泥浆与密度 1.35g/cm^3 的 $CaCl_2$ 盐水配伍性差，易钙侵絮凝，用隔离液 + 密度 1.85g/cm^3 的泥浆循环压井，井筒可能残留部分盐水，加大了泥浆沉淀的风险。顺北 8#井井内管柱示意图见图 1－5－11。

高密度泥浆在井底静置时间过长是导致封隔器解封异常的间接原因。

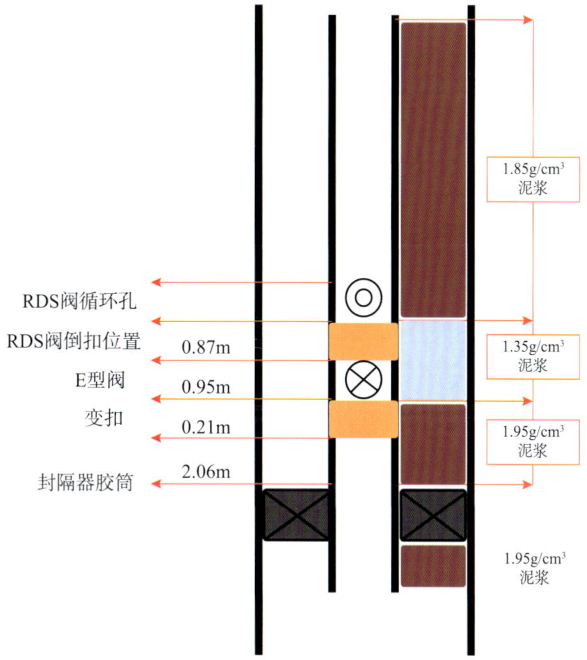

图 1－5－11 顺北 8#井井内管柱示意图

(四)处理措施与效果

(1)通洗井：组下底带钻头的通洗井管柱下探至 7235m 遇阻 2t 冲划眼至 7240.88m，复探三次，探得鱼顶深度 7240.88m，上提至 7237.50m，用密度 1.85g/cm^3 的泥浆 144m^3 正循环洗井，泵压 23～25.3MPa，其间无漏失，最高全烃值 72.29%，持续时间 49min。

(2)打封闭浆：正替密度 1.85g/cm^3 的封闭浆 51m^3，封闭井段 6557～7237m，起钻检查防磨套无磨损。

(3)卡瓦打捞筒打捞：组下打捞管柱至 7239.12～7242.12m，用密度 1.85g/cm^3 泥浆冲洗鱼顶。捞获鱼顶后震击器工作解封封隔器，上提过程有挂卡显示，投球打开旁通阀，正循环洗井后继续起钻，起出检查未捞获落鱼，篮瓦内螺纹有明显磨痕，磨痕至根部，引鞋有泥浆沉淀物(见图 1－5－12)。钻具组合：篮瓦捞筒＋震击器＋旁通阀＋88.9mm 加重钻杆×8 根＋88.9mm 钻杆＋114.3mm 钻杆。

图 1－5－12　顺北 8# 井起出打捞筒引鞋有泥浆沉淀物黏附，铣齿控制环有刺痕

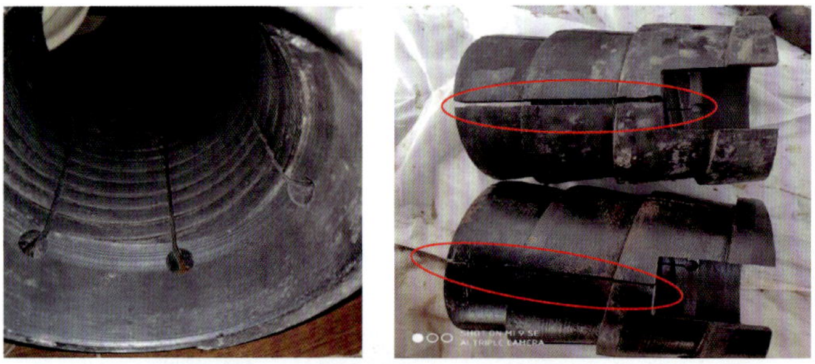

图 1－5－13　顺北 8# 井起出打捞筒卡瓦内螺纹有磨痕，卡瓦胀大

(4)第二次卡瓦打捞筒打捞：组下打捞管柱至 6005m，用密度 1.85g/cm^3 的泥浆 125.3m^3 循环洗井，多次上提下放均未捞获落鱼，起钻检查打捞工具，卡瓦内螺纹有明显磨痕，磨痕至根部，卡瓦胀大(见图 1－5－13)。钻具组合：篮瓦捞筒＋震击器＋旁通阀＋88.9mm 加重钻杆×8 根＋88.9mm 钻杆＋114.3mm 钻杆。

(五)经验教训

(1)现场工序衔接不够紧密。该井换装钻井井口，安装双闸板防喷器后试压不合格，重新组织工具试压，耽误时间14h，造成泥浆沉淀，无法建立循环，影响后期解封。

(2)地层测试采用"RDS阀+RD阀+E型阀+封隔器+压力计"工艺，测试压井液选用无固相/低固相完井液，避免埋卡封隔器。

(3)地层测试结束后，在井控安全可控的前提下，封隔器解封后，再用高密度泥浆压井，井筒稳定后起钻。

第六节 封隔器质量问题导致失效

封隔器坐封失效主要由封隔器胶筒质量问题、密封结构失效、坐封机构设计不合理等方面引起。

一、TP1#X井封隔器水力锚密封圈破损失效

(一)基本情况

2011年，对O_2yj层6285.28~6380.00m井段酸压完井，采用"水力锚+PHP-MCHR封隔器"酸压完井管柱，该井Φ177.8mm套管未回接，悬挂器位置4954.55~4958.78m。管柱下到位后由于封隔器存在漏点导致坐封失败。TP1#X井井身结构见图1-6-1。

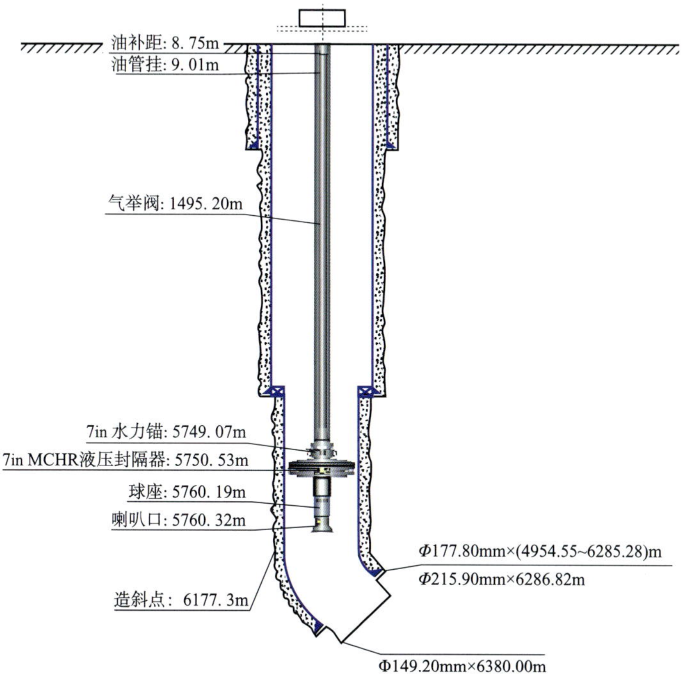

图1-6-1 TP1#X井井身结构示意图

(二)发生经过

TP1#X 井组下酸压完井管柱到达设计位置后封隔器坐封、验封合格。

打球座异常：正打压 10MPa、15MPa、20MPa、25MPa，各稳压 5min，打压至 30MPa，压力由 30MPa 降至 12MPa，击落球座。击落后观察油压 12MPa，套压由 3MPa 上升至 12MPa。击落球座后，油、套同时响应，显示油套连通。开环空观察，套压由 12MPa 降至 0MPa，环空返液 60L，油压由 12MPa 降至 0MPa。

工具出井检查情况：封隔器上胶筒、中胶筒落入井中，下胶筒下端有明显裂痕，活塞筒存在碎胶皮；封隔器自带水力锚和外接水力锚锚爪均损坏，见图 1-6-2 和图 1-6-3。

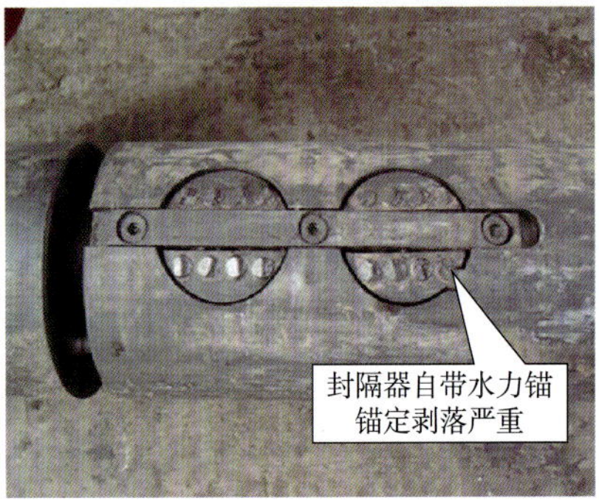

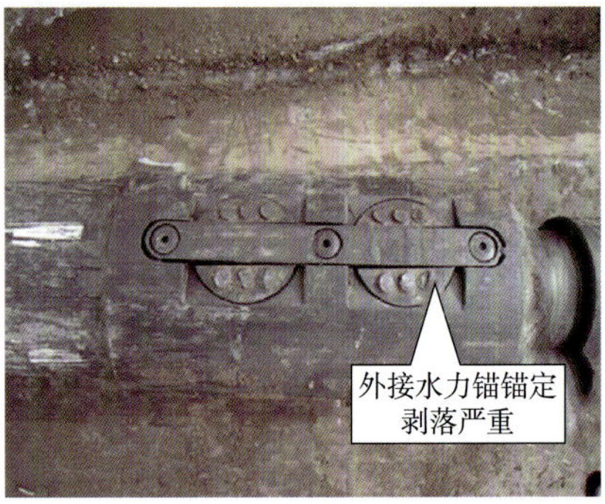

图 1-6-2　封隔器自带水力锚和外接水力锚检查

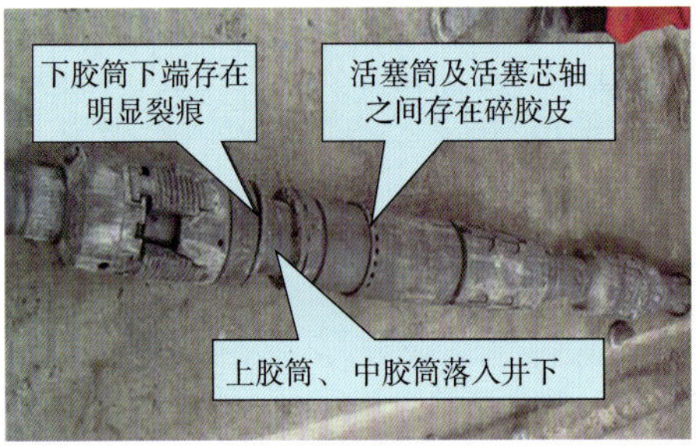

图 1-6-3　封隔器外观检查

(三)原因分析

PHP-MCHR 打压检测情况：清水打压，未起压，发现封隔器活塞筒上端部位的活塞芯轴与水力锚连接处漏水，且刺漏严重。经过拆卸检查，发现封隔器上接头与水力锚本体处 O 形圈破损，水力锚本体与二级芯轴(活塞芯轴)处 O 形圈破损，见图 1-6-4～图 1-6-6。

图 1-6-4　封隔器打压检测刺漏点

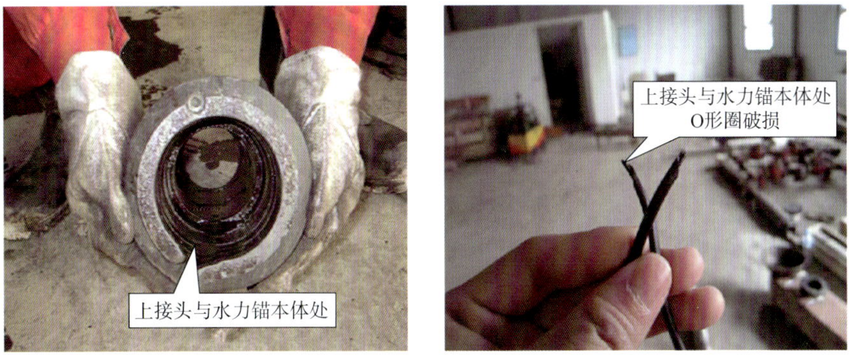

图 1－6－5　封隔器上接头与水力锚本体处 O 形圈破损

图 1－6－6　封隔器自带水力锚本体与二级芯轴处 O 形圈破损

分析认为，造成油套连通的原因是封隔器存在漏点，封隔器上接头与水力锚本体处 O 形圈破损，在封隔器坐封过程中未发生渗漏，不是封隔器失封的主要原因。水力锚本体与活塞芯轴处 O 形圈破损，是造成此次失封的主要原因。

(1) 封隔器打压坐封期间，封隔器自带水力锚本体与活塞芯轴处 O 形圈不承受压力，击落球座后此处 O 形圈是封隔油套的主要密封，其质量问题导致承压后 O 形圈破损。

(2) 水力锚本体与活塞芯轴处 O 形圈破损是导致油套连通的主要原因。

(四) 处理措施与效果

提原井管柱，更换为不自带水力锚的 Y241 封隔器，并在封隔器上部增加一个单独的水力锚，重新组下完井管柱，封隔器封隔效果良好。

(五) 经验教训

PHP－MCHR 封隔器自带水力锚的 O 形圈在入井前无法试压，无法判断是否完好，建议改变封隔器结构，从而在入井前可对其进行试压。

二、TP2#CX2 井封隔器传压杆刺漏失效

(一)基本情况

2011 年，对 O_2yj 层 6418.18～6486.00m 井段酸压完井，采用“水力锚 + PHP－MCHR 封隔器”酸压完井管柱，该井 Φ177.8mm 套管未回接，悬挂器位置 5011.52～5017.02m。入井管串见表 1－6－1。

表 1－6－1 TP2#CX2 井入井管串数据

入井管串(自上而下、工程)					
序号	工具名称	外径/mm	内径/mm	长度/m	下深/m
1	油补距	108	90	9.78	9.78
2	油管挂	280	76	0.42	10.20
3	Φ88.9mmEUE 公 × Φ88.9mmTP－JC 公	88.9	76	0.85	11.05
4	Φ88.9mm 油管 159 根	88.9	76	1482.85	1493.90
5	Φ88.9mmTP－JC 母 × Φ88.9mmEUE 公变丝	88.9	76	1.00	1494.90
6	防硫气举工作筒	146	76	0.58	1495.48
7	Φ88.9mmTP－JC 公 × Φ88.9mmEUE 母变丝	88.9	76	1.00	1496.48
8	Φ88.9mm 油管 404 根	88.9	76	3764.49	5260.97
9	Φ88.9mmEUE 公 × Φ88.9mmTP－JC 母	88.9	76	1.05	5262.02
10	Φ73mmEUE 公 × Φ88.9mmEUE 母	88.9	76	0.32	5262.34
11	Φ177.8mm 水力锚	145	60	0.54	5262.88
12	Φ177.8mmPHP－MCHR	146	61	1.34	5264.22
13	Φ73mmEUE 油管 1 根	73	62	9.39	5273.61
14	球座	95	22	0.15	5273.76
15	喇叭口	94	80	0.13	5273.89

(二)发生经过

TP2#CX2 井 2011 年 2 月组下酸压完井管柱到位，封隔器坐封、验封时发现油套连通，并且后期油套压积极响应明显。详细情况见表 1－6－2。

表 1－6－2 TP2#CX2 井坐封泵注压力情况表

步骤	油压/MPa	套压/MPa	稳压观察	油压/MPa	套压/MPa
正打压至 7MPa	0→7	0	10min	7	0
正打压至 14MPa	7→14	0	10min	14→5	0→4
	5→14	4→6	5min	14→6.2	6
正打压至 21MPa	6.2→21	6→8	11min	21→10	8→10
泄套压由 10MPa 降至 0MPa，同时观察油压变化，油压同步由 10MPa 降至 0MPa					

续表

步骤	油压/MPa	套压/MPa	稳压观察	油压/MPa	套压/MPa
第一次正循环	0→10	0	9min	10→0	0
	0→21	0	1min	21→0	0
正打压至14MPa	0→14	0→6	1min	14→6	6
泄油压由6MPa降至0MPa，同时观察套压变化，套压同步由6MPa降至0MPa					
第二次正循环	0→6.4	0	1min	6.4→0	0
正打压至14MPa	0→14→0	0→5→0	泄油压由14MPa降至0MPa，套压由5MPa降至0MPa		
	0→7	—	1min	7→5	5
	5→14	—	1min	14→10	5→10
	10→14	10	1min	14→11	10→11
泄油压由11MPa降至0MPa，同时观察套压变化，套压同步由11MPa降至0MPa					
反循环	0	0→2	1min	0	0
正打压7MPa	0→7	—	1min	7→4	0→4
泄油压由4MPa降至0MPa，同时观察套压变化，套压同步由4MPa降至0MPa					

提出PHP-MCHR封隔器检查：封隔器本体及各连接部位均无损伤，胶筒无刺口，坐封球座外表完好，同时观察发现封隔器坐封活塞已从外中心管中推出，且起管柱时(悬重由842.8kN降至735kN)显示封隔器正常解封，表明封隔器前期坐封正常(见图1-6-7)。

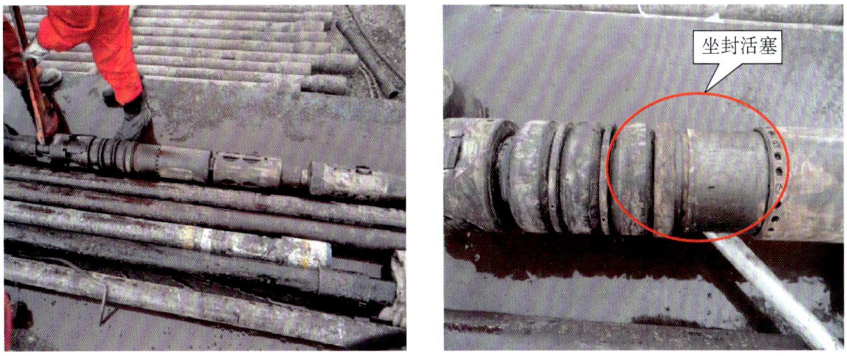

图1-6-7 TP2$^{\#}$CX2井起出封隔器

(三)原因分析

对提出的PHP-MCHR封隔器进行密封性试压，发现封隔器传压杆处有渗漏。拆卸工具，取出传压杆发现传压杆上有刺口，见图1-6-8。分析认为，传压杆上有弱点，入井工具质量不合格，是造成此次封隔器失封的主要原因。当正打泵压由7MPa上升至14MPa时，传压杆上的弱点无法承受14MPa的高压，造成刺漏，但因O形槽上有胶圈，有一定的密封性，所以造成的漏点较小，因此压力下降较慢。

图 1-6-8　TP2#CX2 井封隔器传压杆损坏

(四) 处理措施与效果

提原井管柱，更换新的封隔器，再次组下完井管柱时保证管柱不发生旋转，封隔器封隔效果良好。

(五) 经验教训

(1) 工具方应掌握工具情况，同一批次、同一型号的封隔器和封隔器传压杆的工具数量应做好检查，杜绝不合格工具入井。施工过程中出现异常情况时，应充分了解井内情况后方可继续施工。

(2) PHP-MCHR 封隔器无防转机构，如果完井管柱在下入过程中遇阻，活动管柱时，一旦管柱发生旋转就可能转断传压杆，造成封隔器损坏。因此，管柱下入过程中严禁旋转或者对其进行结构优化，增加防旋转机构。

三、S××井酸压后排液过程封隔器渗漏导致油套连通

(一) 基本情况

2013 年，对 O_2yj 层 5480.00～5560.00m 井段酸压完井，采用"水力锚 + PHP 封隔器"完井管柱，酸压注入 400m^3。酸压后开井套压上升至 24.5MPa，突降零，油套连通。S×× 井井身结构见图 1-6-9。

(二) 发生经过

酸压施工作业最高施工泵压 43.8MPa，套压 10.3MPa，最大排量 5m^3/min，共注入 400m^3，

停泵测压降泵压由 8.8MPa 降至 7.6MPa，套压由 2.0MPa 上升至 5.1MPa。酸压施工曲线如图 1－6－10 所示。从酸压施工过程和停泵测压降套压上升情况来看，封隔器坐封良好。

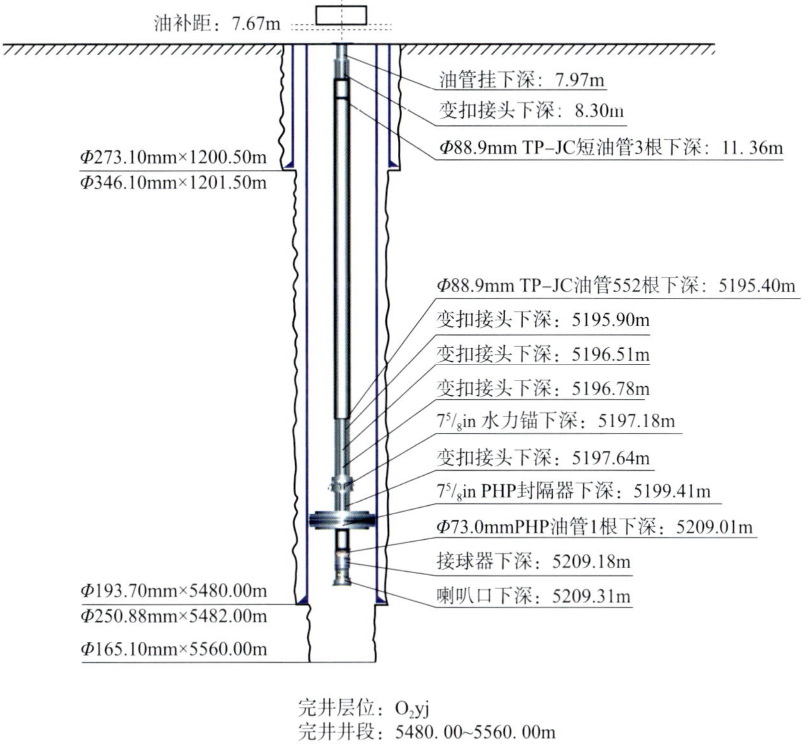

图 1－6－9 S××井井身结构

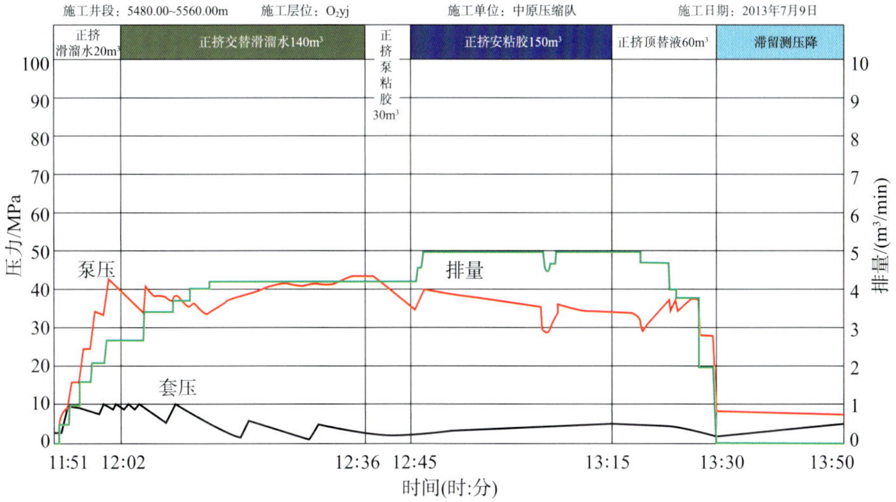

图 1－6－10 S××井酸压施工曲线

酸压后开井，油压 6MPa，套压上升至 19MPa，当套压上升至 24.5MPa 时，套压瞬间降为 0MPa，环空出现倒吸现象，判断油套连通。开井后油套压变化情况见图 1－6－11 和图 1－6－12。

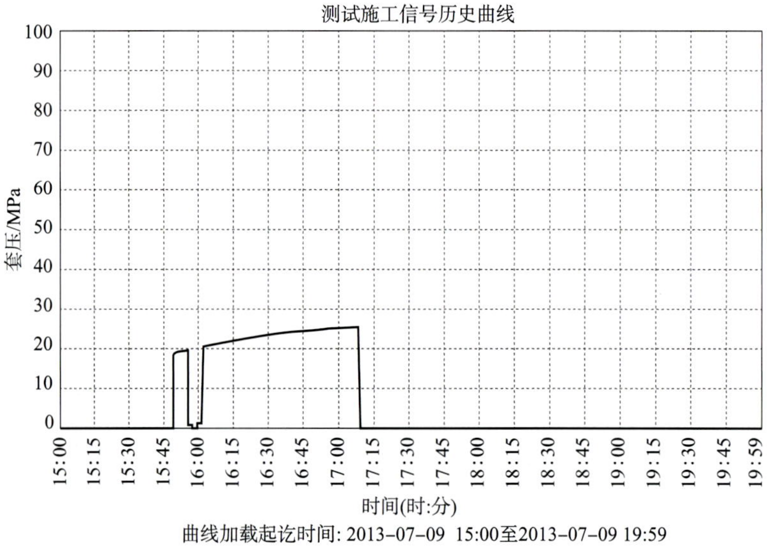

图 1-6-11 S××井开井后套压变化曲线

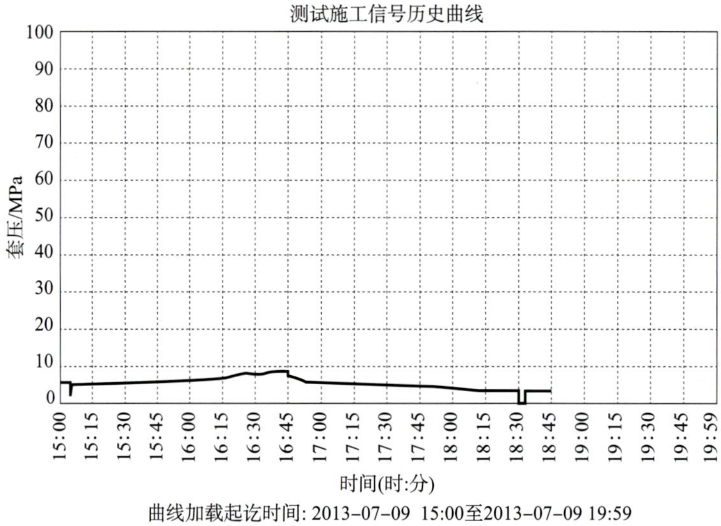

图 1-6-12 S××井开井后油压变化曲线

(三)原因分析

根据封隔器失封瞬间油压 7.5MPa，套压 23.5MPa，环空内为密度 1.15g/cm^3 的油田水，油管内为密度 1.01g/cm^3 的水，计算此时封隔器承压为 23.3MPa，达到封隔器额定承压能力 46.6%。

(1)该井封隔器车间试压、现场检查、下钻、替液、坐封、验封(15MPa)、击落球座一切正常。从酸压过程及酸压曲线图判断封隔器在酸压过程中工作正常、密封性良好，排除套管和油管渗漏的可能。

(2)封隔器失封瞬间承压值为 23.3MPa，未达到封隔器额定承压能力的 80%；地温梯度为2.40℃/100m，封隔器下深5199.41m，温度124.8℃，未达到封隔器额定耐温能力，故排除井筒原因造成封隔器失封的可能。

(3)质量问题造成封隔器失封的可能性最大。

(四)处理措施与效果

生产过程控制套压低于环空承压最低值的80%，为52MPa，生产期间B环空始终未起压，保证了井筒完整性和生产的安全性。

(五)经验教训

严格把关封隔器质量。

四、顺北3#井封隔器胶筒异常膨胀

(一)基本情况

2020年，对$O_3q+O_2yj+O_{1-2}y$层7438.42~8296.39m井段常规完井进行油管测试，采用“井下安全阀+压井滑套+伸缩管+SHP封隔器+扶正器”完井管柱，该井Φ193.7mm套管直下。管柱下到位后正测吸水期间，油套连通响应。顺北3#井井身结构见图1-6-13。

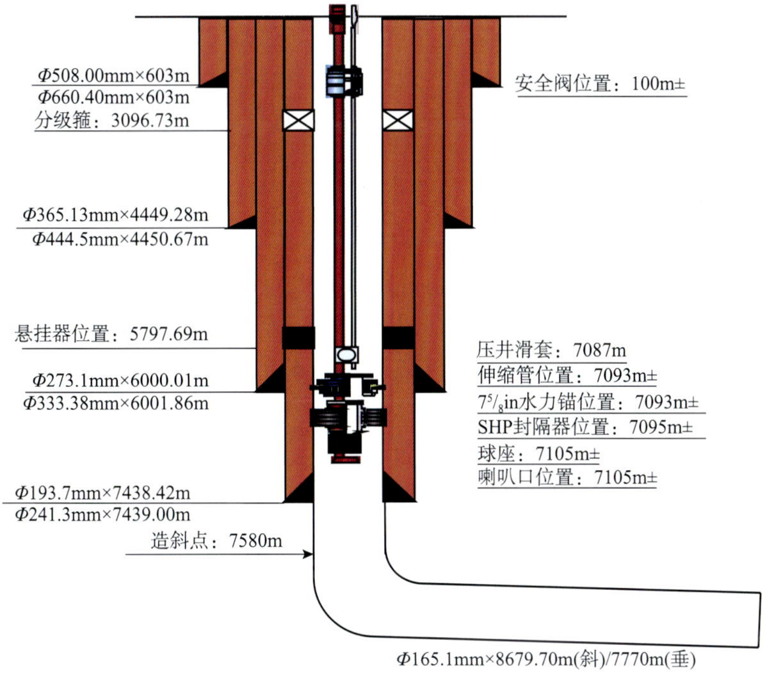

图1-6-13 顺北3#井井身结构示意图

(二)发生经过

完井管柱下到位反替液不通，通过正反多次打压(反打压最高压力14MPa、正打压最高压力 12MPa)，快速泄压激动后，油压打压由 12MPa 降至 10.4MPa 后建立了正循环通道，小排量(0.1 ~0.2m^3/min)替液。

油管打压 46MPa，稳压 5min，无压降，封隔器坐封，环空打压 35MPa 验封，稳压 5min，无压降，环空继续打压至 45.4MPa，稳压 15min，压力降至 42.2MPa。观察 15min，压降有减缓趋势。油管内打压至 65MPa，观察 5min 无压降，球座未击落，泄压至 11.7MPa，油管内再次打压至 66.2MPa，压力降至 43MPa，球座击落。

两轮气举最大掏深 2500m，其间封隔器正常工作，封隔器最大承压 28MPa；两次正测吸水封隔器正向承压，油套连通响应，反向验封 42MPa 压力不降，封隔器胶筒呈现单向密封情况，正替 160m^3 盐水后，反打压无法稳压，油套连通，封隔器胶筒彻底失封。

(三)原因分析

1. 封隔器胶筒问题

封隔器的中胶筒硬度由以前常用的 80 ~85DURO 更改为 70 ~75DURO，前期只对承压性能进行验证确认，未考虑高温膨胀及液体冲蚀的影响。封隔器胶筒参数见表 1 -6 -3。

表 1 -6 -3　胶筒参数

<table>
<tr><th>名称</th><th>卡瓦类型</th><th>规格/外径</th><th>出厂日期</th><th>使用井号</th><th>使用日期</th><th>胶筒</th><th>中胶筒硬度</th><th>胶料</th></tr>
<tr><td>WJ - HLR</td><td></td><td>Φ177.8mm</td><td>2020.6.12</td><td>哈达 1H</td><td>2020.10.3</td><td>中胶筒</td><td>80 +5DURO</td><td></td></tr>
<tr><td>WJ - HLR</td><td></td><td>7⅝"33.7 -39#</td><td>2020.7.27</td><td>KZ4 -1H</td><td>2020.8.13</td><td>中胶筒</td><td>80 +5DURO</td><td></td></tr>
<tr><td>7⅝"SHP</td><td>合金卡瓦</td><td>7⅝"33.7 -39#</td><td>2020.7.17</td><td>顺北 57X</td><td>2020.10.24</td><td>中胶筒</td><td>80 +5DURO</td><td></td></tr>
<tr><td>7⅝"SHP</td><td>合金齿</td><td>7⅝"33.7 -39#</td><td>2020.7.27</td><td>顺北 57X</td><td>2020.9.21</td><td>中胶筒</td><td>70 +5DURO</td><td></td></tr>
<tr><td rowspan="2">WJ - HLR</td><td rowspan="2"></td><td rowspan="2">7⅝"33.7 -39#</td><td rowspan="2">2020.9.1</td><td rowspan="2">顺北 41X</td><td rowspan="2">2020.10.27</td><td>中胶筒</td><td>70 +5DURO</td><td></td></tr>
<tr><td>端胶筒</td><td></td><td>R2037941002</td></tr>
<tr><td>7⅝"SHP</td><td rowspan="2">合金卡瓦</td><td rowspan="2">7⅝"33.7 -39#</td><td rowspan="2">2020.10.27</td><td rowspan="2">顺北 53 -2H</td><td rowspan="2">2020.11.10</td><td>中胶筒</td><td>80 +5DURO</td><td>R2042659001</td></tr>
<tr><td>端胶筒</td><td></td><td></td><td>R2037942003</td></tr>
<tr><td rowspan="2">WJ - HLR</td><td rowspan="2"></td><td rowspan="2">7⅝"33.7 -39#</td><td rowspan="2">2020.9.1</td><td rowspan="2">顺北 53 -2H</td><td rowspan="2">2020.10.25</td><td>中胶筒</td><td>70 +5DURO</td><td>R2027321003</td></tr>
<tr><td>端胶筒</td><td></td><td>R2037941</td></tr>
<tr><td rowspan="2">WJ - HLR</td><td rowspan="2"></td><td rowspan="2">7⅝ ×33.7 -39#</td><td rowspan="10" colspan="3">未使用</td><td>中胶筒</td><td>70 +5DURO</td><td>R2027321003</td></tr>
<tr><td>端胶筒</td><td></td><td>R2037941002</td></tr>
<tr><td rowspan="2">WJ - HLR</td><td rowspan="2"></td><td rowspan="2">7⅝ ×33.7 -39#</td><td>中胶筒</td><td>70 +5DURO</td><td>R2027321003</td></tr>
<tr><td>端胶筒</td><td></td><td>R2037941002</td></tr>
<tr><td rowspan="4">7⅝"SHP</td><td rowspan="2">合金卡瓦</td><td rowspan="2">7⅝ ×33.7 -39#</td><td>中胶筒</td><td>70 +5DURO</td><td>R2041159002</td></tr>
<tr><td>端胶筒</td><td></td><td>R2037942003</td></tr>
<tr><td rowspan="2">铣齿</td><td rowspan="2">7⅝ ×33.7 -39#</td><td>中胶筒</td><td>70 +5DURO</td><td>R2041159002</td></tr>
<tr><td>端胶筒</td><td></td><td>R2030388003</td></tr>
</table>

(1)在油基泥浆介质内，测试硬度 70DURO MESH 胶套在 150℃高温膨胀性能，实验

前后的参数见表 1－6－4，实验前后对比图见图 1－6－14。

表 1－6－4 胶筒实验前后参数

测量部件	实验前	实验后
中胶筒中间直径/mm	156.00	157.95
端胶筒直径/mm	160.53	160.85
PTFE1/mm	160.26	160.35
PTFE2/mm	161.00	161.10
中胶筒硬度(DURO)	70	55.83
铁环直径/mm	—	165

实验前

实验后

图 1－6－14 封隔单元实验前后对比

实验结果：实验测试表明硬度 70 DURO MESH 的胶筒在 150℃温度下外径自膨胀 8mm，无明显溶胀，胶筒硬度下降较大。

(2)在油基泥浆介质内，测试硬度 80 DURO MESH 胶套在 180℃高温膨胀性能，实验前后的参数见表 1－6－5。

表 1－6－5 胶筒在常温和 180℃油温下实验前后参数

项目	硬度(HSC)	端胶套		中间胶套		高/mm	体积/mL
		内径/mm	外径/mm	内径/mm	外径/mm		
常温	82	104.8	160.4	103.6	157.9	140.2	1300
180℃油	69	105.5	160.8	104.6	158.4	140.6	1332.6

实验结果：硬度为 80 DURO MESH 的胶筒在 180℃高温下体积膨胀较小，热膨胀为 2%，轴向增加 0.5mm。

测试结果说明，80 DURO MESH 胶套在 180℃高温下的体积膨胀明显比 70 DURO MESH 胶套在 150℃高温下的体积膨胀小。

(3)胶筒压缩形变实验，胶筒实验参数如表 1－6－6 所示。

表 1－6－6 胶筒压缩前后外径参数

测量部件	实验前	施压时	泄压回弹后
端胶筒外径/mm	160.53	168.1	161.7
中胶筒外径/mm	156.70	175.5	157.1
PTFE 外径/mm	160.53	166.6	162.3

实验结果：胶筒压缩形变实验说明，胶筒在1.12t开始变形，施加力2t时胶筒变形较大。

2. 封隔器胶筒呈现单向密封原因分析

可能原因一：胶筒在替液不通时正反打压造成胶筒支撑网损坏。

后期锚定密封丢手操作过程中，上提管柱悬重先由177t上升至192t，然后再上升至198t，管柱伸长2.6m，判断伸缩管在封隔器坐封之前已提前拉开，取出工具检查验证伸缩管处于拉开状态，说明在替液时胶筒膨胀将环空通道堵死，封隔器胶筒处形成活塞；当替液不通时，套管环空憋压14MPa导致伸缩管打开，造成封隔器整体下移，正反打压激动解堵过程中，胶筒挤压变形后在套管的4m伸缩距离内来回滑动，封隔器胶筒端胶筒及中间胶筒受到不同程度的损伤，端胶筒由于是金属网结构，挤压变形后难以恢复。前期开井期间封隔器承压都正常，三次气举最大深度2500m，套压3MPa左右，封隔器反向承压28MPa无异常。测吸水期间反向验封42MPa合格，说明下端胶筒支撑网完好，上端胶筒支撑网损坏严重，降低了正向承压能力，正向承压时油套连通，封隔器失封，取出封隔器胶筒上支撑网损伤严重。

(1)套管环空憋压14MPa时，通过计算活塞力导致伸缩管打开：

$$P_{环空}=14\text{MPa} \tag{1-6-1}$$

$$S_{活塞面积}=168.3\times168.3\div4\times3.14-88.9\times88.9\div4\times3.14=16031.02\text{mm}^2 \tag{1-6-2}$$

套管环空憋压14MPa时活塞力：

$$F_{活塞}=P_{环空}\times S_{活塞面积}=22.4\text{t} \tag{1-6-3}$$

伸缩管安装的剪切销钉值：

$$F_{剪切}=15\text{t} \tag{1-6-4}$$

图1-6-15 胶筒上端金属支撑网损坏严重

综合以上 $F_{活塞}>F_{剪切}$，伸缩管在替液不通时，套管环空憋压14MPa导致提前打开。

(2)本井取出的上端胶筒支撑网损坏严重(见图1-6-15)，降低了正向承压能力，正向承压时油套连通。

(3)前期进行Spark封隔器胶筒承压实验过程中出现过单侧金属网支撑失效导致胶筒承压失效的案例(见图1-6-16)。

可能原因二：坐封不充分导致胶筒不密封。

SHP封隔器完全坐封后液缸的理论行程为85.59mm，解封后卡瓦行程为125mm，封隔器提出后检查实际行程210mm(见图1-6-17、图1-6-18)，与设计要求相符，且封隔器活塞缸入井前充填高温密封脂，可有效防止泥浆沉淀对封隔器坐封的影响，因此排除封隔器坐封不充分是导致胶筒不密封的原因。

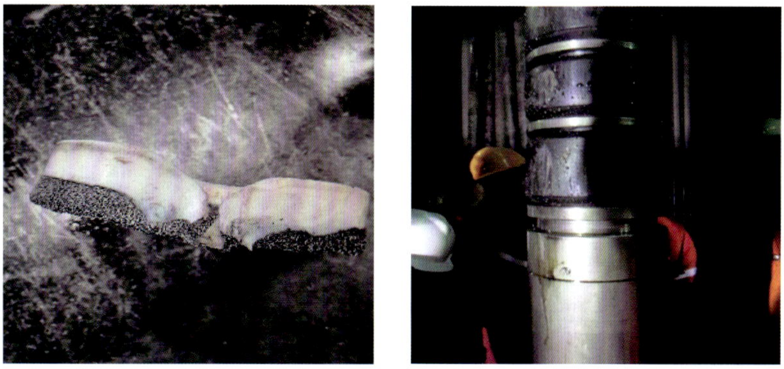

图 1-6-16　Spark 封隔器胶筒承压实验过程中支撑网贯穿密封失效

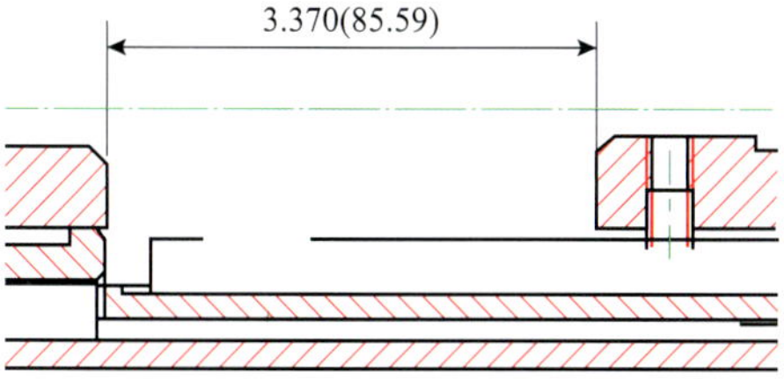

图 1-6-17　SHP 封隔器在 12.7mm 壁厚 $7\frac{5}{8}$"套管里坐封液缸的理论行程

图 1-6-18　SHP 封隔器在 12.7mm 壁厚 $7\frac{5}{8}$"套管里坐封液缸的实际活动行程

3. 封隔器胶筒破损落井原因分析

起出检查工具，封隔器胶筒 90% 落井，胶筒上端金属网损坏严重，前期将油套正替成密度 1.32g/cm^3 的盐水后再次反打压验证封隔器反向承压能力，反打压 20MPa、40MPa 均无法稳压，说明封隔器端胶筒及中胶筒破损严重，反向已经无法稳压。用密度 1.35g/cm^3 盐水正替井内密度 1.32g/cm^3 的盐水三次，排量最高分别为 0.3m^3/min、0.15m^3/min、0.13m^3/min，泵压分别为 18MPa、12MPa、4.6MPa，套压 0MPa，正替有节流作用，此过程中可能将封隔器中胶筒刺坏。通过专用工具解封封隔器成功后，上提下放活动管柱，无遇阻、遇卡显示，说明胶筒破损落井导致胶筒摩擦力减小。

4. 伸缩管全部拉开原因分析

上提管柱过程中均没有拉开显示，判断伸缩管前期在封隔器坐封之前已提前拉开，取出工具检查验证伸缩管处于拉开状态，说明在替液过程中，封隔器胶筒处形成活塞。通过计算，当替液不通时套管环空憋压超过 9.5MPa，封隔器中胶筒出现异常鼓胀后与套管形成截流，反循环时胶筒受到挤压变形，形成密封，造成伸缩管受到活塞力提前拉开。

(四)处理措施与效果

提出原井管柱，更换胶筒硬度较高的套管封隔器，替液和封隔器坐封、验封正常。

(五)经验教训与建议

(1)将胶筒硬度由 70DURO 更改为 85DURO，提高胶筒的抗膨胀及变形能力。

(2)胶筒结构优化：将聚四氟乙烯支撑背圈由2件合为1件，增加背圈厚度，增强背圈支撑性能，同时防止背圈提前撑开提高抗膨胀性能。

(3)将导环外径由162mm减小到160mm，将胶筒外径由160mm减小到157mm，并通过承压性能实验进行验证以保证承压性能。

(4)优化设计胶筒组装后的轴线间隙，给胶筒热膨胀预留合理空间。

五、托甫2#井封隔器密封圈失效导致坐封失败

(一)故障井基本情况

2011年，对 O_2yj 层6928.00～7058.00m井段测试酸压完井，采用"水力锚+LXY241封隔器"完井管柱，该井 Φ177.8mm套管未回接，悬挂器位置4477.52～4480.46m。完井管柱下到位后，封隔器坐封、验封三次均失败。托甫2#井井身结构如图1－6－19所示。

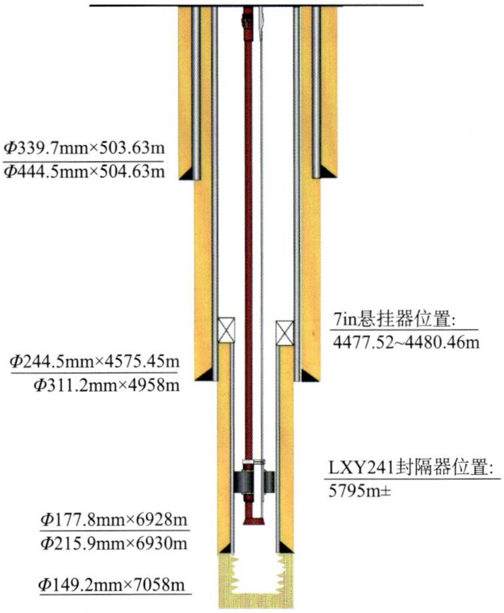

图1－6－19 托甫2#井井身结构

(二)故障发生经过

托甫2#井2011年5月22日组下酸压完井管柱到位，反复三次正打压坐封，均验封失败。上提油管解封，净悬重从686kN上升813.4kN又降至686kN。提出封隔器检查胶筒完好，活塞行程2.3cm，水力锚基本完好，卡瓦牙有两块牙变钝，有明显磨痕，卡瓦牙与卡瓦轨道处有杂物，上胶筒、中胶筒、下胶筒外径分别为145mm、147mm、146mm(入井胶筒外径均为145mm)，解封销钉完好。

对封隔器试压，打压时下胶筒下端和中胶筒、下胶筒隔环处刺出泥浆。芯轴表面镀层有脱落，封隔器腔内有泥浆沉淀颗粒，上液缸不灵活，无法上行到位，详见图1－6－20。

(三)故障原因分析

(1)封隔器验封失败原因：封隔器上液缸阻卡，造成封隔器胶筒不能有效压缩，达不到有效封隔效果。

(2)封隔器上液缸阻卡原因：活塞芯轴与活塞配合间隙很小(0.1～0.12mm，PHP－MCHR封隔器活塞芯轴与活塞配合间隙为0.2mm)，封隔器上液缸活塞芯轴镀层脱落及封隔器内腔及液缸有泥浆沉淀颗粒造成阻卡。

(3)封隔器起出后地面试压不成功，打压时下胶筒下端和中胶筒、下胶筒隔环处刺出泥浆原因：封隔器内部密封圈失效，可能位置有3处(上活塞内外2道密封、活塞芯轴与

中心管上端密封)，详见图 1－6－21。但从坐封逐级打压过程能稳压情况来看，判断在坐封时封隔器内部密封良好。

图 1－6－20 起出后地面试压情况

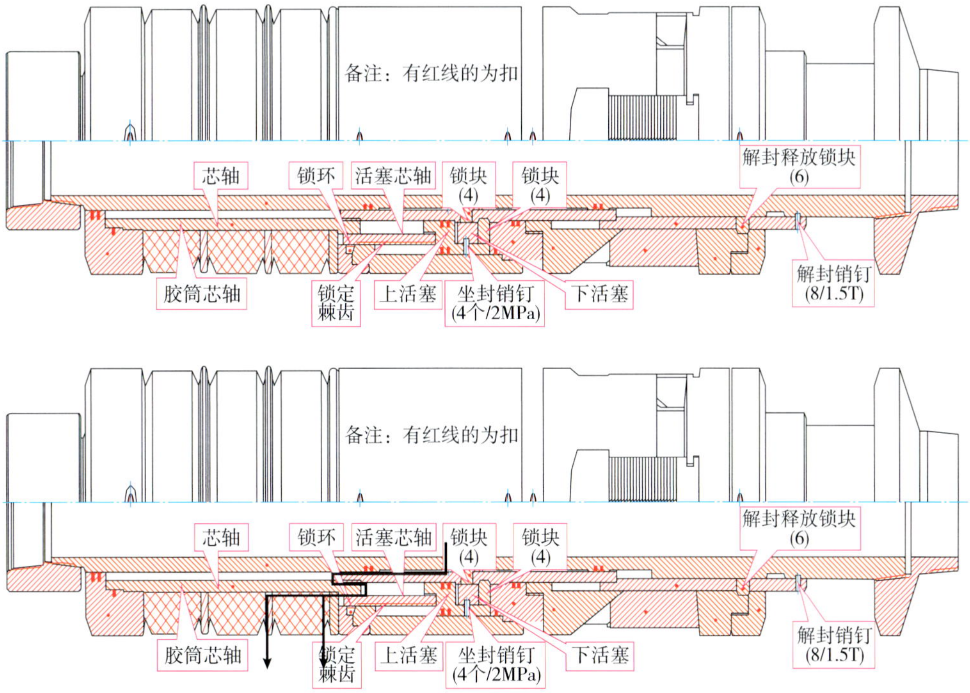

图 1－6－21 LXY241 封隔器试压可能泄漏通道

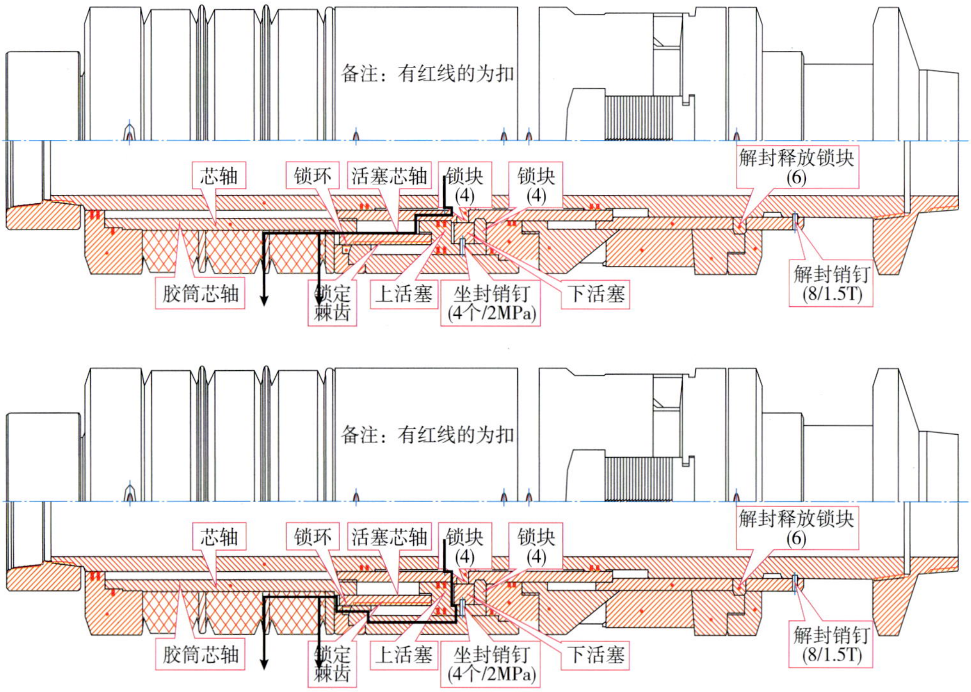

图 1-6-21　LXY241 封隔器试压可能泄漏通道(续)

封隔器内部密封圈失效导致内腔和液缸有泥浆沉淀颗粒，造成上液缸阻卡，压力无法有效传递，最终导致胶筒不能完全压缩，封隔器无法坐封。

(四)处理措施与效果

提原井管柱，更换 PHP 系列封隔器后重新组下完井管柱，封隔器封隔效果良好。

(五)经验教训

(1)对镀件严格把关，严禁出现脱落。

(2)严把装配质量和出厂检验关，在封隔器试压后重新装配时，要将各部件清洗干净后再涂油装配。

六、$TH2^{\#}CH2$ 井封隔器坐封机构配合度差导致坐封失败

(一)基本情况

2012 年，对 O_2yj 层 5854.00 ~ 6513.82m 井段进行裸眼完井，采用“掺稀滑套 + LXY211 - 142 封隔器”完井管柱，该井 Φ177.8mm 套管直下。管柱下到位后多次作业封隔器坐封，解封期间悬重异常，提出封隔器发现坐封机构钢球未能正常回位。$TH2^{\#}CH2$ 井井身结构见图 1-6-22。

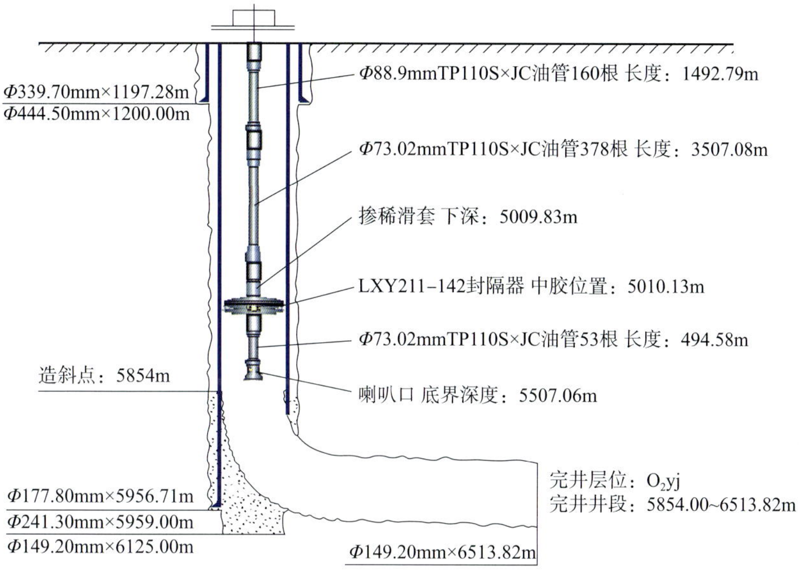

图 1－6－22 TH2#CH2 井井身结构

(二)发生经过

封隔器坐封情况：完井管柱下放到位后坐封封隔器，上提管柱 4.1m，下放管柱 3.5m，无遇阻吨位显示，说明换位销未由短槽换位至长槽内，封隔器未坐封成功。上提(4.1m)下放(3.5m)多次均未实现换位成功。分析认为可能是由于上提管柱距离太短导致换位总成未能由短槽上端滑行至换位槽最下端，所以未能完成换位；后上提管柱 21m 后下放管柱，悬重由 607.6kN 降至 578.2kN，继续下压悬重降至 548.8kN，由此判断封隔器换位成功，封隔器正常坐封。

封隔器解封情况：上提管柱 0.5m 悬重由 578.2kN 升至 607.6kN 继续上提 0.6m 无挂卡，根据吨位显示封隔器已解封(由于油管接箍下深不合适，此时管柱不能坐于套管四通上，因此要解封)。停钻 3min，待胶筒缩回，下放管柱悬重由 607.6kN 降至 588kN，显示封隔器未解封。起甩 2 根油管继续下放管柱遇阻，显示封隔器未解封。

工具检查情况：封隔器处于解封状态，胶筒整体完好，摩擦总成位于长槽下端，封隔器摩擦总成换位正常，详见图 1－6－23 和图 1－6－24。

(三)原因分析

坐封异常：LXY211－142 封隔器摩擦块总成和卡瓦总成是分离的，卡瓦总成中的钢球、锁球套、中心管锁球槽公差配合度差。当摩擦块向上推动锁球套时，钢球不能从中心管锁球槽内弹出，致使锁球套无法锁定中心管，胶筒不能被挤压，封隔器无法坐封。经过多次上提下放管柱试坐，使钢球从中心管锁球槽内弹出，挤压胶筒完成坐封。因多次上提下放管柱，使钢球在中心管锁球槽内来回滚动，所以锁球槽内会有挤压痕迹。

图 1－6－23　工具入井前及起出后封隔器状况

图 1－6－24　清洗后封隔器

解封异常：上提管柱，当锥体下行时因各部件公差配合度差，钢球无法回到中心管锁球槽内，卡瓦总成和中心管不能解锁，导致卡瓦无法收缩。所以起钻期间上提可以正常起钻，但因卡瓦不能被收缩一下放就坐封。

通过对封隔器坐封、解封情况分析，以及工具起出检查情况的验证，本次封隔器坐封失败的原因为：钢球、锁球套、中心管锁球槽加工精度不高，材质硬度不够，致使各个部件之间的公差配合度差，封隔器无法达到坐封条件。

(四)处理措施与效果

提出完井管柱，更换摩擦块总成和卡瓦总成为一体化的机械封隔器，并在地面进行换位实验合格后入井，封隔器坐封、验封正常。

(五)经验教训

(1)提高封隔器的加工精度，保证材质的质量。

(2)工具本身结构不合理，有待改进。

七、大古××井地破试验过程封隔器胶筒炭化导致油套连通

(一)基本情况

2010 年，对 E_{1-2}层 6115.00～6119.00m 和 6954.36～7091.00m 井段裸眼完井，采用 RTTS 封隔器进行地层破裂压力试验，组下管柱、封隔器坐封过程均无异常，地破试验显示油套连通。大古××井井身结构见图 1－6－25。

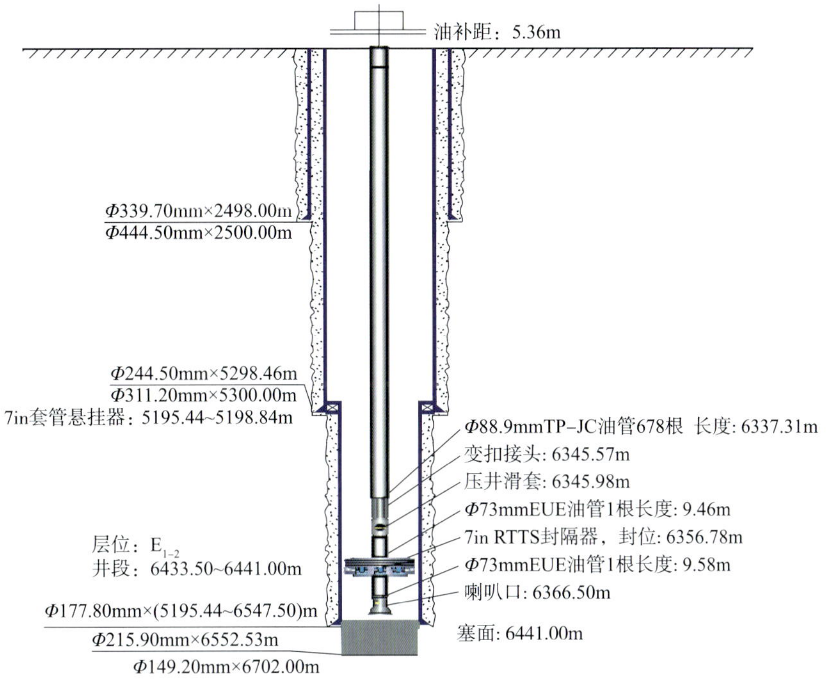

图 1-6-25 大古××井井身结构示意图

(二)发生经过

施工过程：封隔器坐封、验封 5 天后进行地破压力测试，环空打备压至 10MPa，泵压由 19MPa 先上升至 54MPa，后下降至 37MPa，套压由 10MPa 上升至 16MPa，排量 0.09～0.11m^3/min，共计注入盐水 0.8m^3，其间封隔器最高承压 44MPa，封隔器工作正常。后正打压，泵压由 37MPa 上升至 43MPa，套压由 16MPa 上升至 42MPa，排量 0.15m^3/min，共计注入盐水 0.6m^3 后停泵，累计注入盐水 1.4m^3，初步显示油套连通。

用 5mm 油嘴开井，油压由 40MPa 降至 0MPa，套压由 40MPa 降至 0MPa，累计返出相对密度 1.21g/cm^3 的盐水 1.53m^3。后环空打压验封，油管持续返液，显示油套连通。

起出封隔器情况：解封封隔器时悬重 744.8～725.2kN，解封成功。起出封隔器检查，发现封隔器 3/4 胶筒脱落，剩下 1/4 已完全炭化，水力锚锚爪全部被破坏，详见图 1-6-26。

图 1-6-26 大古××井起出的封隔器

(三)原因分析

分析认为，大古××井地破试验过程中油套连通后封隔器失封的原因有以下几点：

(1)井筒温度的影响：大古××井封隔器坐封位置的井温为170℃，高温条件下造成密封件的炭化。该井使用的密封件均为进口哈里伯顿的高温密封件，密封件材质耐温情况见表1-6-7。从表中可以看出，如果密封件处于高温条件下5天以上，最高承温只有135~163℃，且从封隔器出井后检查情况可以看出，胶筒已经严重炭化损坏。

表1-6-7　哈里伯顿提供的橡胶材质耐温情况

ASTM D1418 DesignaTion	NBR - Peroxide Cure	FKM1	FKM[1]	FEPM[2]	FFKM
品牌	NiTrile	ViTon ©	Fluorel©	Aflas©	Chemraz©
识别号	599.33001	600.33001	600.33001	601.30000	ES-R-15-3
最低温度/℉(℃)	-40(-40)	-10(-23)	-10(-23)	100(38)	40(4.4)
24h内损坏最高温/℉(℃)	400(204)	500(260)	500(260)	500(260)	450(232.22)
5天内损坏最高温/℉(℃)	350(177)[3]	400(204)[4]	400(204)	400(204)	450(232.22)
5天以上损坏最高温/℉(℃)	275(135)	325(163)	325(163)	400(204)	450(232.22)[10]
260℃下最高耐压	NA	5000psi (34470kPa)	5000psi (34470kPa)	5000psi (34470kPa)	NoT TesTed
204℃下最高耐压	10000psi (68940kPa)	5000psi (34470kPa)	5000psi (34470kPa)	5000psi (34470kPa)	NoT TesTed
176℃下最高耐压	10000psi (68940kPa)	10000psi (68940kPa)	10000psi (68940kPa)	5000psi (34470kPa)	NoT TesTed
135℃下最高耐压	15000psi (103410kPa)	10000psi (68940kPa)	10000psi (68940kPa)	8000psi (55152kPa)	NoT TesTed
65.6℃下最高耐压	20000psi (137880kPa)	15000psi (103410kPa)	15000psi (103410kPa)	8000psi (55152kPa)	NoT TesTed

(2)封隔器承受的工况变化大：该井在施工初期，封隔器坐封、验封均合格，在停等近5天后，进行地破试验。在这期间，受高温的影响，密封件已发生部分炭化，弹塑性变差。在地破试验开始阶段，封隔器能够密封，但在压力交替变化过程中，胶筒破坏。

(3)水力锚锚爪破坏情况严重，说明在做地破试验时水力锚是工作的，同时受力较严重，最高压差53-10=43MPa，受上顶力685kN(平衡掉107.8kN后为577.2kN)。在巨大上顶力的情况下，水力锚爪破坏。RTTS封隔器的额定压差为70MPa，但在实际使用过程中，其耐压差能力与管柱所受的轴向力有关，若承受向上的轴向力越大，其密封能力越低；水力锚伸出后，可起到防止管柱上移的作用，但水力锚的受力与6个锚爪咬入套管的均匀程度有关(理论上，只有套管足够圆、水力锚高度足够均匀、封隔器完全居中，才能达到每个水力锚受力均匀)，若锚爪的受力超过其抗剪强度，就会损坏。通过以上分析，增加封隔器的锚定力，有助于封隔器的密封。

由于封隔器长期处于过高的地层温度下，胶筒炭化可能是导致油套连通的主要原因。

(四)处理措施与效果

提出完井管柱后更换耐温级别更高的套管封隔器，并在上部增加水力锚，施工工序之间衔接紧密，地破试验和酸压过程封隔器保持良好的封隔效果。

(五)经验教训

在加砂压裂施工中，预计最高井口压力高达130MPa，同时施工中受温度效应的影响，管柱将冷缩，又给封隔器一个上提力，进一步增加了封隔器承受的拉力。对大古××井封隔器的受力情况建议如下：

(1)建议在封隔器承受压差超过45MPa且承压时间较长的工况下，单独增加一个水力锚，提高管柱的锚定能力。

(2)为了减小加砂压裂施工时温度效应对管柱的影响，建议封隔器坐封时加压吨位适当增加至196kN(此次施工加压107.8kN，增加88.2kN可以帮助水力锚多承压5.7MPa，将封隔器承上顶力提高到50MPa)，其目的是增加管柱压缩或弯曲量，以补偿酸压时由于温度效应产生的管柱冷缩量，以减小封隔器的轴向受力。

(3)对于地层温度高达170℃的油气井，建议施工作业控制在5天以内，以尽量减少封隔器在井底的工作时间。

(4)加砂压裂施工过程中，尤其对于封隔器承压时间较长的油气井，建议控制好环空备压值，尽量降低封隔器的承压值。

八、TH8X井封隔器质量问题导致坐封失败

(一)基本情况

2010年，对奥陶系中统一间房组(O_2yj)6531.00~6645.00m井段进行酸压完井，采用“掺稀滑套+水力锚+PDP裸眼封隔器”完井管柱，封隔器坐封位置5507.42m，井温124.27℃，井径152.5mm(Φ177.8mm套管内)，酸压期间封隔器无法正常坐封。TH8X井井身结构见图1-6-27。

(二)发生经过

2010年6月5日、6日组下酸压完井管柱，喇叭口深度5508.87m，封隔器坐封位置5507.42m，水力锚深度5506.42m。

1. 酸化过程

第一次坐封：6月13日正替线性胶坐封封隔器，排量0.2~2.4m^3/min，油压56.4MPa，环空返液量从大到小，持续返液；关环空闸门，排量2.4~3m^3/min，油压42MPa，套压22.4MPa，封隔器未坐封。停泵后开环空泄压。

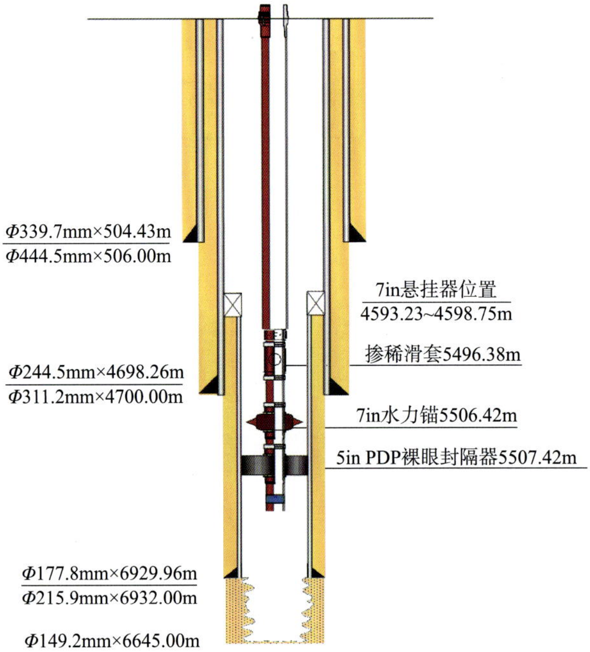

图 1-6-27　TH8X 井井身结构示意图

第二次坐封：再次正替坐封封隔器，排量 $3m^3/min$，环空持续返液，封隔器未能坐封。关环空闸门，正挤线性胶，排量 $1.7m^3/min$，泵压 48.7MPa，套压 34.5MPa，套压超限，停泵、泄压。

第三次坐封：再次起泵坐封封隔器，排量提高至 $4m^3/min$，泵压 83.8MPa，套压 3.0MPa(环空闸门开启)，封隔器仍未坐封，停泵。

酸压施工过程中因套压随施工泵压同步上升，且环空返液说明油套之间串通，最后一次坐封排量已达 $4m^3/min$，环空依然返液，说明封隔器已失封，考虑井口的承压能力，终止此次酸压作业，详细见图 1-6-28。

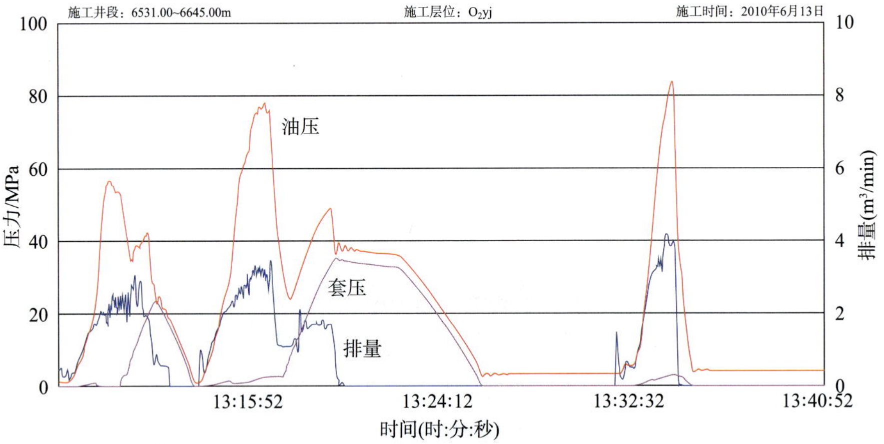

图 1-6-28　TH8X 井酸压施工曲线

2. 工具出井检查情况

6月25日起甩原井管柱，上提过程中悬重正常(起出PDP见图1-6-29)。对起出的封隔器进行检查：封隔器胶筒上端钢带外露，距上接头5cm范围内胶筒全部脱落，脱落最大一侧，距上接头5cm之下有长14cm、宽18cm的外胶筒脱落，裂痕延伸至距上接头23cm处(见图1-6-30)；钢带外径变大，最大外径139mm且呈直角；钢带与上接头脱离且有一直径约为1.5cm的圆孔，可见与圆孔对应的硫化胶筒被冲蚀；胶筒与下接头连接处有长10cm的横向裂痕，最大外径130.5mm(见图1-6-31)，节流器完好，未打掉。其中，TH8X井PDP二级节流器相关参数见图1-6-32。

图1-6-29　TH8X井起出PDP裸眼封隔器

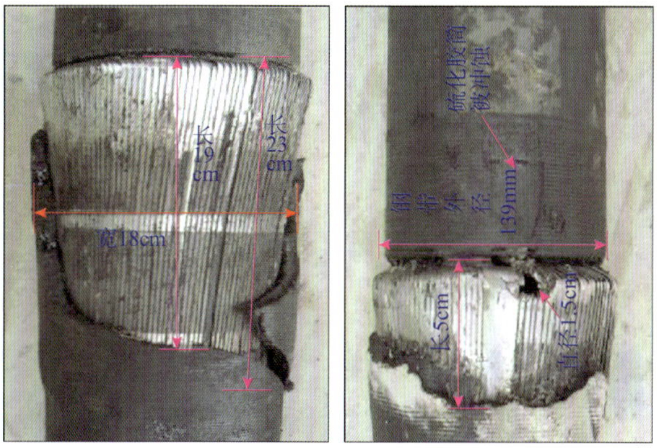

图1-6-30　TH8X井PDP上接头处损坏情况

图1-6-31　TH8X井下接头损坏情况

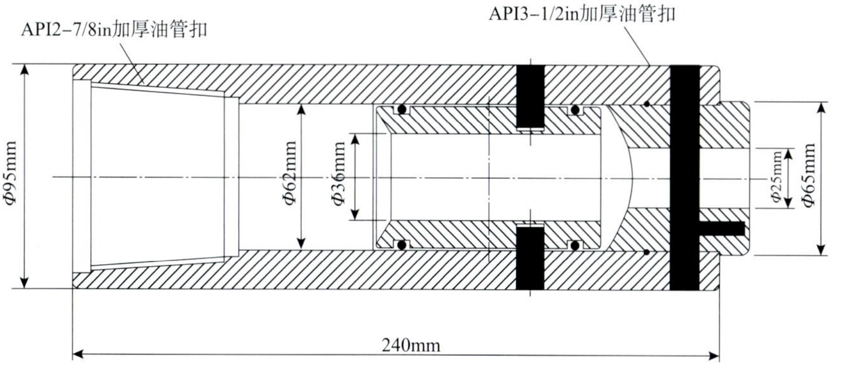

图1-6-32　TH8X井PDP二级节流器相关参数

(三)原因分析

(1)封隔器坐封在Φ177.8mm套管内，内径152.5mm(壁厚12.65mm)，不存在坐封井段不规则、尖锐物体导致封隔器破裂的情况，故排除因井筒原因造成封隔器失封的可能。

(2)封隔器坐封位置的温度为124.47℃(坐封位置5507.42m，地温梯度2.26℃/100m)，排除坐封位置井温超过耐温能力的可能。

(3)按照密度1.1g/cm³ 的线性胶(施工前全井筒为密度为1.17g/cm³ 的油田水)，施工泵压56.4MPa。当排量为2.4m³/min时，根据施工情况可知，替线性胶12m³，若油田水摩阻按线性胶的1.5倍计算，则Φ88.9mm油管摩阻48.58MPa，算得封隔器胶筒内外承受最大压差为6.01MPa，排除工作压差超过承压能力的可能。

(4)起出工具检查一级、二级节流器均完好，说明失封不是由节流器引起的。

(5)对PDP裸眼封隔器进行切割后，发现与钢带上约1.5cm圆孔裂口对应处的内胶筒有约2cm的裂口，且内胶筒裂口、钢带圆孔及冲蚀痕迹处于同一位置(见图1-6-33)。因此，胶筒与上接头结合处内筒爆破导致本井封隔器失封。

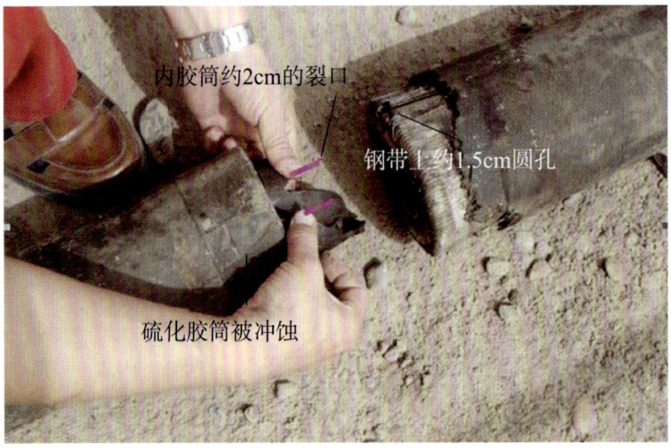

图1-6-33 TH8X井PDP切割后

封隔器质量原因是造成TH8X井封隔器失封的主要原因。

(四)处理措施与效果

提出完井管柱，更换新的封隔器重新组下完井管柱，酸压期间封隔器保持良好的封隔效果。

(五)经验教训

(1)停用同一批次、同一型号的封隔器，工具服务方反馈厂家进行质量追溯。

(2)工具服务方对同一批次、同一型号的封隔器抽样进行地面试验。

(3)加强开工验收，严格把关封隔器质量，杜绝不合格工具入井。

九、TH9X井封隔器质量问题导致坐封失败

(一)基本情况

2012年，对奥陶系中统一间房组(O_2yj)井段6100.00~6145.00m酸压完井，采用"掺稀滑套+水力锚+K344-150mm裸眼封隔器+节流器"完井管柱，封隔器坐封位置6093.22m，井温138.16℃，井径165.1mm，酸压期间油套连通。TH9X井井身结构图见图1-6-34。

(二)发生经过

7 月 12 日酸压施工，正替滑溜水，准备坐封封隔器，排量 0～4m^3/min(K344－150 封隔器坐封排量为 1m^3/min)，泵压 0～92MPa，油套压力同步响应，5 次提排量坐封封隔器未成功。关环空，油管正挤压裂液和酸液。泵压 4.1～92.1MPa，套压 0～46.6MPa，排量 0～5.65m^3/min，酸压过程中，油套连通，压力同步响应明显。后投球起泵憋掉节流器，泵压由 44.4MPa 先上升至 65.6MPa 后降至 45MPa，套压保持停泵压力 36.3MPa 左右不变。TH9X 井酸压施工曲线见图 1－6－35。

7 月 13 日见稠油 30% 关井，正注稀油后投球，正注稀油 0.2m^3，泵压由 40MPa 先上升至 48MPa 后降至 40MPa，打开掺稀滑套。

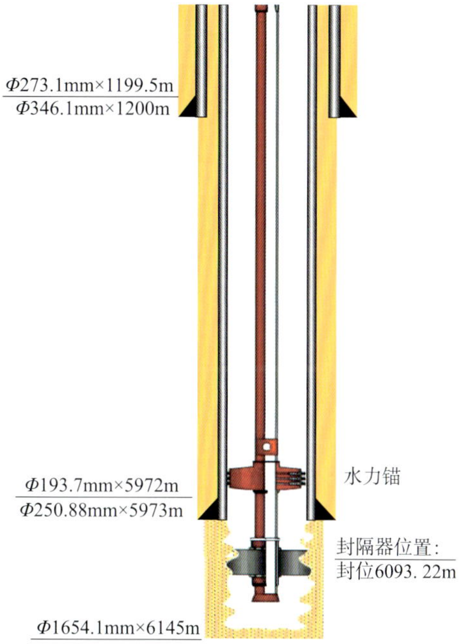

图 1－6－34　TH9X 井井身结构示意图

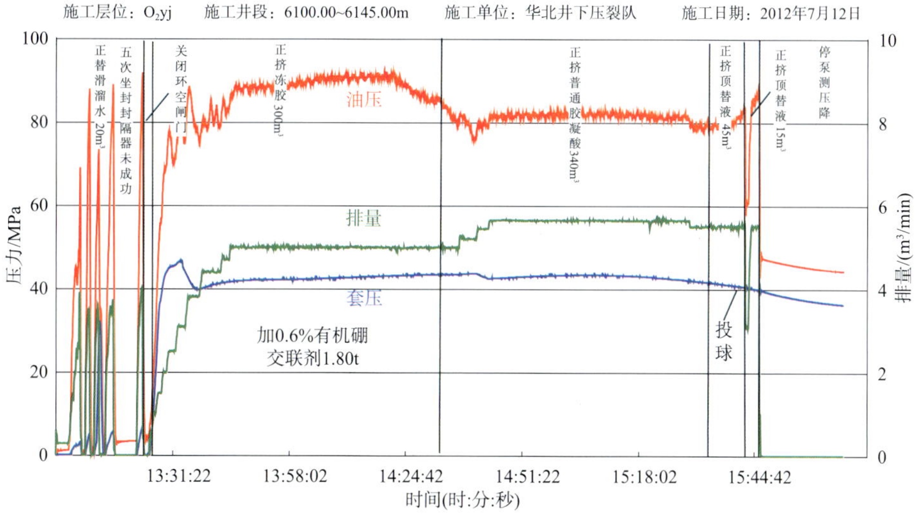

图 1－6－35　TH9X 井酸压施工曲线

(三)原因分析

1. 现象分析

(1)TH9X 井洗井完至组下完酸压完井管柱间隔时间 74h，其间没有循环动作，泥浆密度 1.17g/cm^3，黏度 47s。

(2)酸压完井管柱下至井深 5180m 时，每小时 9 根速度缓慢下放，下放有遇阻显示(1～2t)，其原因可能是泥浆存在沉降变黏情况。

(3)起泵、正替滑溜水，准备坐封封隔器过程中，最大排量达 $4m^3/min$，远大于封隔器坐封要求的排量 $1m^3/min$，且正替 $20m^3$ 滑溜水过程中，环空返液正常，显示封隔器没有明显胀开。

(4)整个酸压过程中，油压、套压同步相应变化，油压、套压及井筒内液柱压力基本保持平衡，显示油、套始终处于连通状态。

(5)打球座过程及打开掺稀滑套过程，压力变化正常，打开顺利，表明整个管柱没有漏点，具有很好的密封性能。

2. 原因分析

在坐封封隔器过程中，始终显示油、套连通，封隔器未坐封。造成这种情况的原因可能有 4 种：

(1)封隔器在节流压差下正常膨胀坐封，但管柱存在漏点，造成油、套连通。从打掉节流球座、打开掺稀滑套施工过程来分析，整个管柱密封性能很好，未存在漏点。

(2)封隔器在节流压差下正常膨胀坐封，但坐封段地层井径过大、不规则，存在纵向裂缝，导致封隔器密封不严，油、套连通。

从 TH9X 井综合测井曲线及成像测井图来看(见图 1 -6 -36)，坐封井段井径平整规

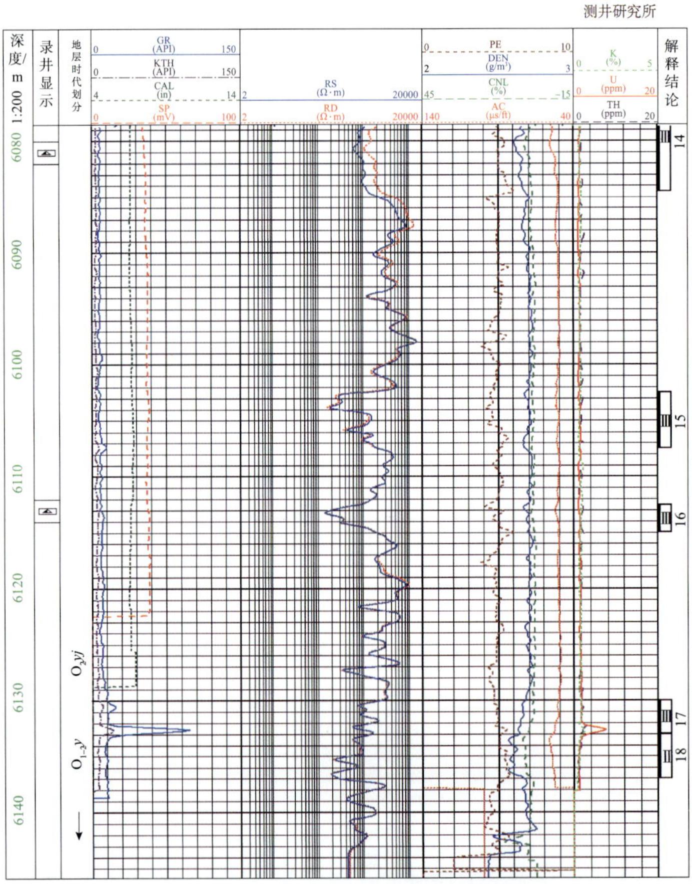

图 1 -6 -36 TH9X 井综合测井曲线图

则、岩性较为致密，封隔器坐封位置 6090 ~ 6100m 井段前后 5m 井径保持在 165.10 ~ 167.64mm，完全符合 LXK344 - 150 封隔器坐封要求(适应裸眼 165 ~ 185mm)。

对比分析 TH9X 井成像测井图，封隔器坐封井段岩性较为致密，封隔器若正常坐封，不会出现封隔器上下被裂缝沟通的情况。若封隔器正常胀开，地层即使存在裂缝，替液排量会比较小，会存在很明显的节流效应，但在开始起泵正替滑溜水过程中，排量最高达到 $4m^3/min$，显示环空畅通，可以排除地层原因。

(3)井筒泥浆固相沉积堵塞封隔器进液孔(节流压差进入封隔器液压腔膨胀胶筒的通道，位于封隔器中心管内壁，孔径 6mm，对称分布 4 孔)，节流压差无法传递至液压腔，导致封隔器胶筒未胀开。

TH9X 井完井管柱在泥浆中下入，在组下完井管柱到位之前，井筒内泥浆 74h 未循环，泥浆可能存在一定沉积变稠的情况。但在塔河油田以往 K344 - 150 封隔器有很多都是在泥浆中下入然后再替浆，使用情况都很正常，都能成功坐封。TH9X 井与近期其他井 K344 - 150 施工使用情况对比见表 1 - 6 - 8。

表 1 - 6 - 8 TH9X 井与其他井 K344 使用情况对比

井号	泥浆密度/(g/cm^3)	泥浆黏度/(mPa·s)	封隔器	替浆方式	替浆泵压/MPa	替浆排量/(m^3/min)	坐封是否成功
TH12173	1.27	45	K344 - 150	反替	4→14→2	0.26 ~ 0.3	是
TK6 - 463CH	1.12	51	K344 - 150	反替	2→0	0.27	是
TK691	1.13	42	K344 - 150	正替	5	0.3	是
TH12177	1.17	42	K344 - 150	反替	4	0.2 ~ 0.3	是
TH9X	1.17	47	K344 - 150	反替	2→4.7→1	0.3	否

从表 1 - 6 - 8 中可知，TH9X 井泥浆性能与其他井并无太大差异，且替浆过程泵压也较小，没有明显泥浆性能变化造成切力增大、泵压增高的现象。

由此分析，基本可以排除泥浆沉积堵塞 LXK344 - 150 封隔器进液孔的可能性。

(4)封隔器本身质量存在问题，排除了管柱刺漏、井径过大、地层裂缝、泥浆沉积堵塞等原因，初步分析是封隔器本身质量出现了问题，导致胶筒没有明显胀开，无法正常封隔油套。

(四)处理措施与效果

生产过程控制套压低于环空承压最低值的 80%，为 52MPa，生产期间 B 环空始终未起压，保证了井筒完整性和生产的安全性。

(五)经验教训

(1)制定严格的井下工具质量检测标准，各指标均合格方可入井。

(2)提高工具方的专业操作技能及业务素质，施工过程中应结合实际施工情况确定合理的施工方案，做到具体问题具体分析。

(3)建议工具方总结查找工具存在的不足，并向厂家反馈，完善工具性能，提高工具质量。

十、TH10X 井封隔器胶筒破损导致坐封失败

(一)故障井基本情况

2009 年，对奥陶系中统一间房组(O_2yj)6090m 以下井段进行挤封作业，采用“丢手接头 + 坐落接头 + PIP 裸眼封隔器 + 接球器 + 筛管”完井管柱，Φ177.8mm 套管井口直下。管柱下到位后封隔器坐封、验封失败。TH10X 井井身结构见图 1 – 6 – 37。

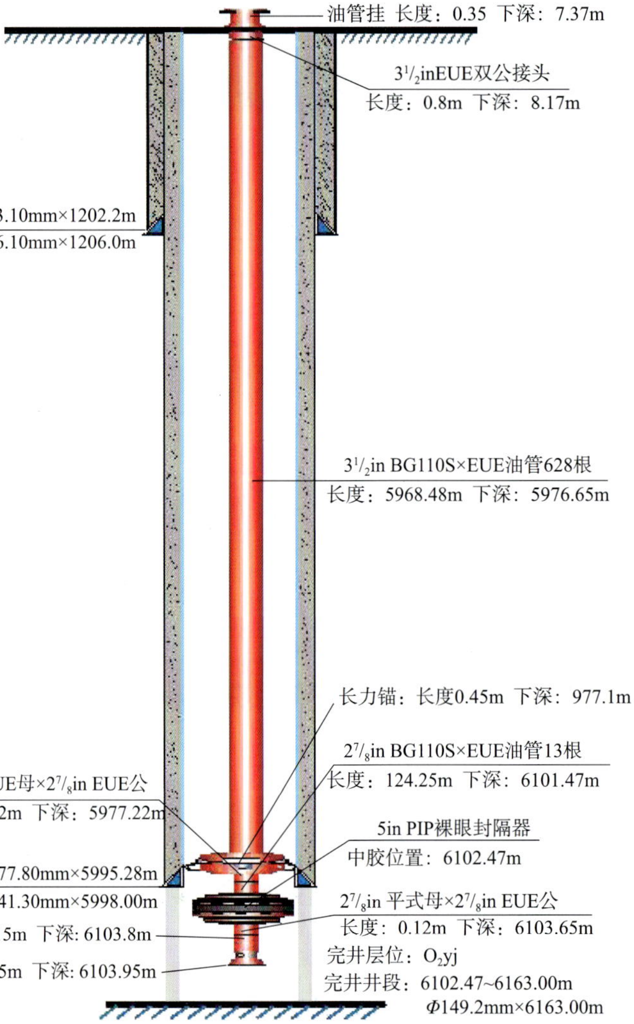

图 1 – 6 – 37 TH10X 井井身结构示意图

(二)发生经过

2009 年 5 月 1 ~ 10 日组下底带 Φ149.2mm 钻头的通井管柱，下钻遇阻，遇阻位置分别为 3000m(7 ~ 10t)、4000m(6 ~ 7t)、6106m(4t)、6116m(1t)、6116.1m(3t)，用密度

1.14g/cm³ 的油田水正循环洗井，环空返出稠油 58m³，用密度 1.15～1.17g/cm³ 的泥浆循环划眼 6116.10～6136.00m，钻压 1t，用密度 1.15g/cm³ 的泥浆正循环洗井，提通井管柱至井深 5982.85m，候沉，加深通井管柱探得人工井底后起钻。

2009 年 5 月 22 日组下底带(PIP 封隔器)挤封管柱，封隔器中胶位置为 6090.49m，喇叭口下深 6163.00m。

坐封封隔器：投入 Φ38mm 钢球，逐级打压坐封封隔器，泵压由 0MPa 先上升至 2MPa，然后上升至 4MPa，最后上升至 6MPa，各稳压 2min，无压降；打压至 8MPa，稳压 5min，无压降；打压至 10MPa，稳压 10min，无压降；打压至 12MPa，泵压由 12MPa 先降至 8MPa 再降至 0MPa，环空返液，封隔器坐封失败。

工具出井检查情况：检查封隔器胶筒上部有一处横向裂口，长 10cm，宽 6cm，下部有一横裂口长 6cm，封隔器外胶筒下部有一个明显孔洞(见图 1－6－38)。

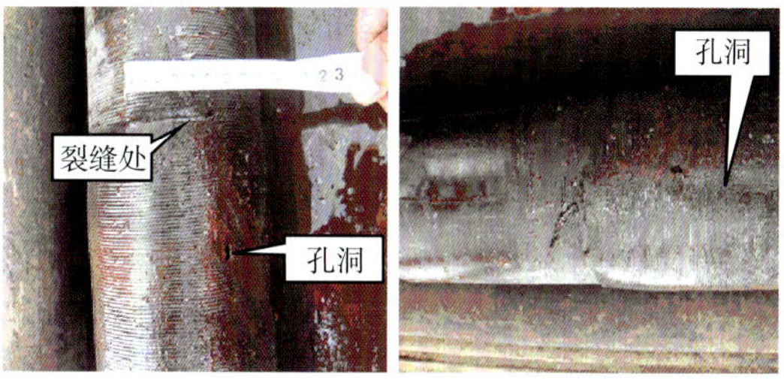

图 1－6－38 TH10X 井提出封隔器实物图

(三)故障原因分析

该井封隔器坐封失败原因分析如下：

(1)封隔器胶筒破裂主要原因之一：封隔器坐封井段井径扩大，超出封隔器胶筒膨胀范围。该井段位置为奥陶系一间房组灰岩(从测井曲线上看，该井封隔器坐封井段裸眼井径为 160mm)，井径规则，深浅电阻率高，没有正负幅度差，岩性致密。Φ127mmPIP 封隔器适用井径(膨胀范围)127～168mm，而且该井坐封位置在设计范围，见图 1－6－39。

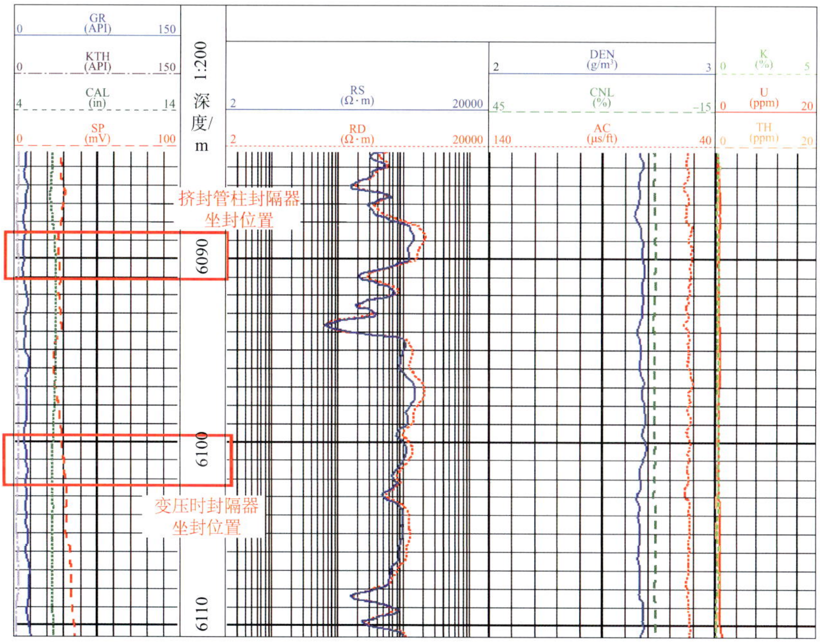

图 1－6－39 TH10X 井封隔器坐封井段测井曲线

(2)封隔器胶筒破裂主要原因之二：打压坐封值超出胶筒抗内压极限。PIP 封隔器在 Φ160mm 井眼内耐压差 45MPa，根据坐封、打球座过程分析，此次施工最高压差 12MPa（①油管和环空均为密度 1.14g/cm^3 的泥浆，无液柱压差；②打球座时流体无流动，无摩阻），因此可排除压力超出胶筒抗内压极限而导致胶筒破裂。

图 1-6-40　TH10X 井封隔器外胶筒内侧及内胶筒

(3)封隔器胶筒破裂主要原因之三：坐封井段地层温度高。根据地温梯度 2.2℃/100m 计算该井封隔器坐封位置温度为 133.98℃；而该封隔器的正常工作温度为 149℃，因此可排除由于坐封井段温度过高造成封隔器胶筒损坏。

(4)封隔器胶筒破裂主要原因之四：封隔器胶筒质量不合格。根据封隔器剖切检查结果，认为封隔器质量问题是造成此次封隔器坐封失败的主要原因，见图 1-6-40。

封隔器胶筒剖切后检查可见，该井封隔器钢带里内胶筒的 1.8cm 破裂处，和外胶筒的破口相对应，且封隔器外胶筒损坏处明显，与钢带之间未充分胶结。打压坐封封隔器时，内筒膨胀，但由于钢带未能和外筒同时均匀膨胀，钢带之间被拉开形成较大间隙，失去对内胶筒的保护作用。此时，封隔器已达到最佳坐封压力(12MPa)，外筒和地层充分接触，外筒和内筒被坐封段井壁损坏，最终直接造成封隔器坐封失败。

封隔器质量原因是造成 TH10X 井封隔器失封的主要原因。

(四)处理措施与效果

生产过程控制套压低于环空承压最低值的 80%，为 52MPa，生产期间 B 环空始终未起压，保证了井筒完整性和生产的安全性。

(五)经验教训

(1)停用同一批次、同一型号的封隔器，工具服务方反馈厂家进行质量追溯。

(2)工具服务方对同一批次、同一型号的封隔器抽样进行地面试验，严格把关封隔器质量，杜绝不合格工具入井。

十一、TK7X 井封隔器胶筒破损导致坐封失败

(一)基本情况

2011 年，对奥陶系鹰山组($O_{1-2}y$)井段 5614.31～5685.00m 进行酸压完井。采用“气举阀 + 水力锚 + Φ127mmPIP 裸眼封隔器”完井管柱，该井 Φ177.8mm 套管未回接至井口，悬挂器位置 3895.63m。管柱下到位后封隔器坐封、验封失败。TK7X 井井身结构见图 1-6-41。

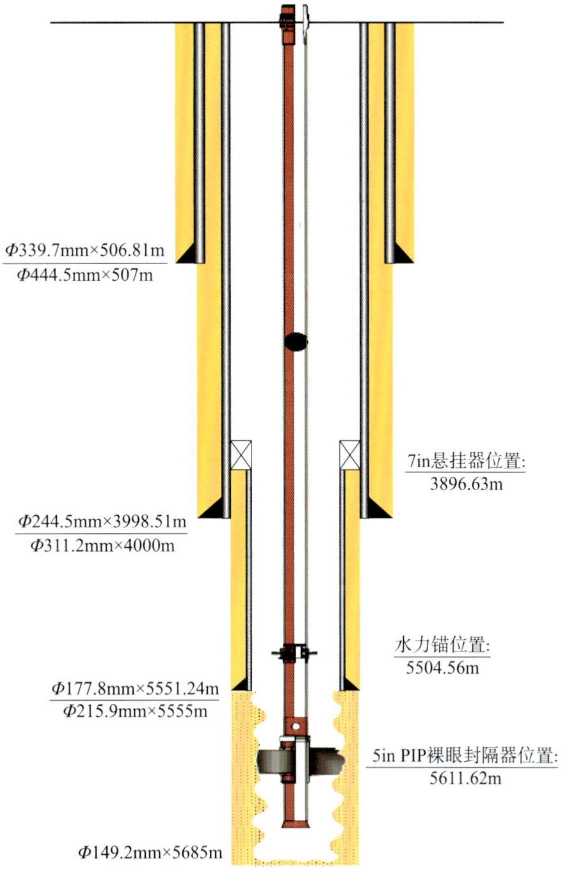

图 1-6-41 TK7X 井井身结构示意图

(二)发生经过

2011 年 11 月 1 日组下底带 PIP 封隔器的酸压管柱，水力锚下深 5504.56m，封隔器下深 5611.62m，球座下深 5621.31m。

11 月 1 日投直径 Φ38mm 钢球，候球入座，正注密度 1.15g/cm³ 油田水无法起压且环空返液；再次投直径 Φ45mm 钢球，候球入座，正注密度 1.15g/cm³ 油田水 25m³，泵压 0MPa，排量 0.1～0.45m³/min，环空返液 25m³，证明油套连通，封隔器坐封失败。

1. 封隔器切割前检查情况

(1)气举阀和封隔器上部水力锚状态正常。

(2)封隔器无坐封和解封动作迹象。

(3)封隔器中部存在 590mm 长裂口，见钢带，裂口上端部以上 150mm 有微凹进现象(见图 1-6-42)。

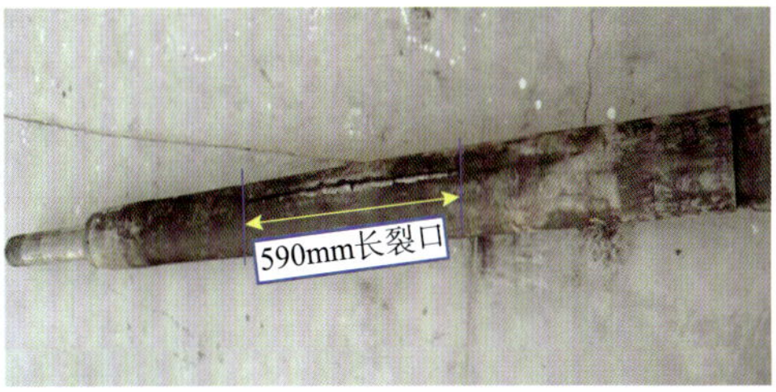

图 1-6-42 TK7X 井裸眼封隔器胶筒外观图

(4)整个外胶筒均无磨平痕迹(胶筒表面纹理正常连续)，但有一处凹陷和一处剐蹭，相对面积较小，见图 1-6-43。

(5)坐封球座未打掉，投入两球均在球座上，出井后球座水密封性正常，见图 1-6-44。

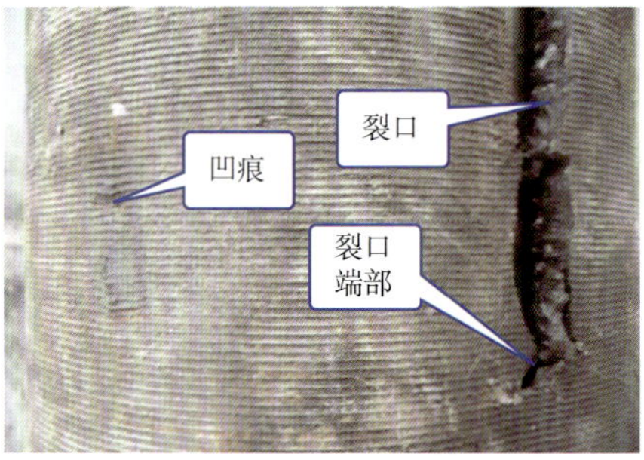

图 1-6-43　TK7X 井裸眼封隔器胶筒裂缝细节

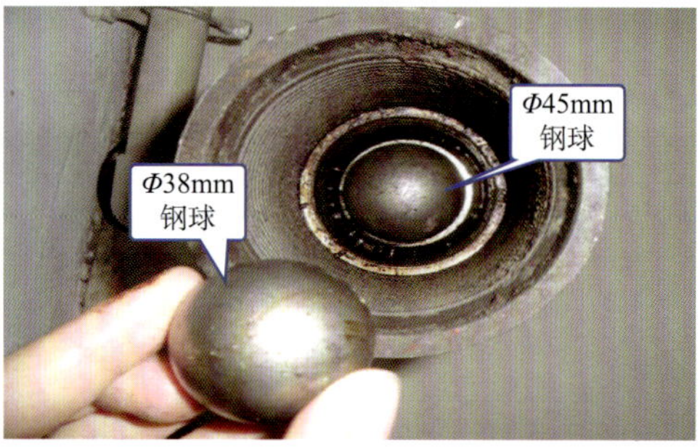

图 1-6-44　TK7X 井球和球座状态

2. 封隔器切割后检查情况

(1)内胶筒存在长约 10cm 破裂带，裂口上下错开，一边呈鼓胀一边呈压扁形状，内胶筒裂口与外胶筒下端裂口相对应，见图 1-6-45。

(2)外胶筒破裂口中部对应钢带有一处弯曲变形，见图 1-6-46。

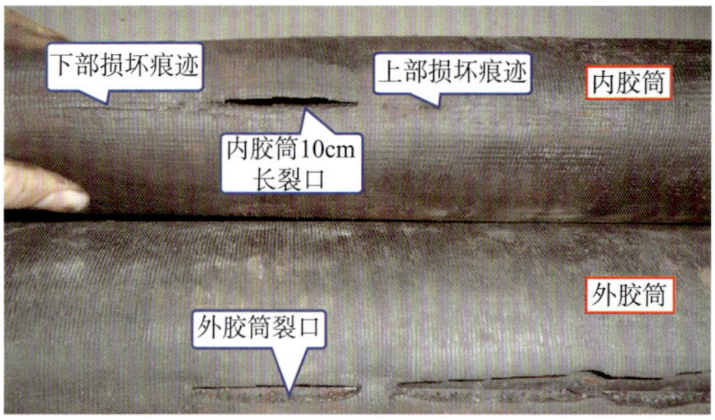

图 1-6-45　TK7X 井内外胶筒对比

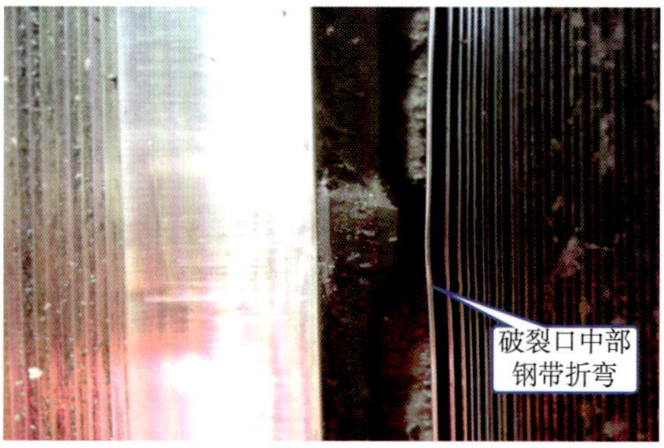

图 1-6-46　TK7X 井胶筒钢带细节

(3)破裂口处上下两片钢带均存在多垂向划痕，上下钢带划痕不对应，见图 1-6-47。

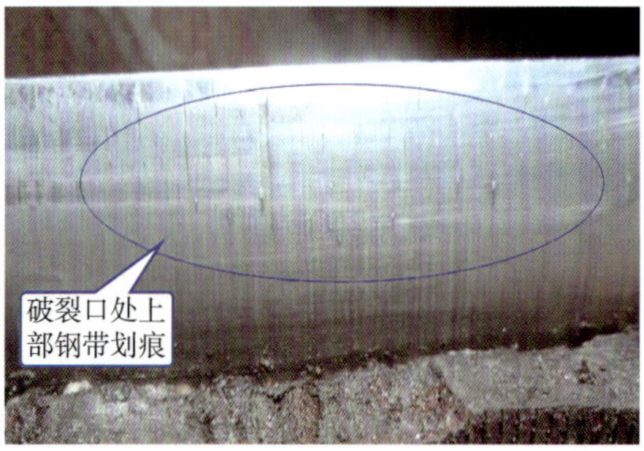

图 1-6-47　TK7X 井胶筒破裂口钢带划痕对比

(三)原因分析

(1)根据综合测井曲线，此次封隔器坐封位置井径为 157.48mm，其他测井参数均异常。Φ127mmPIP 封隔器满足最大坐封井径为 167.64mm，满足此次坐封要求，见图 1-6-48。

测井研究所

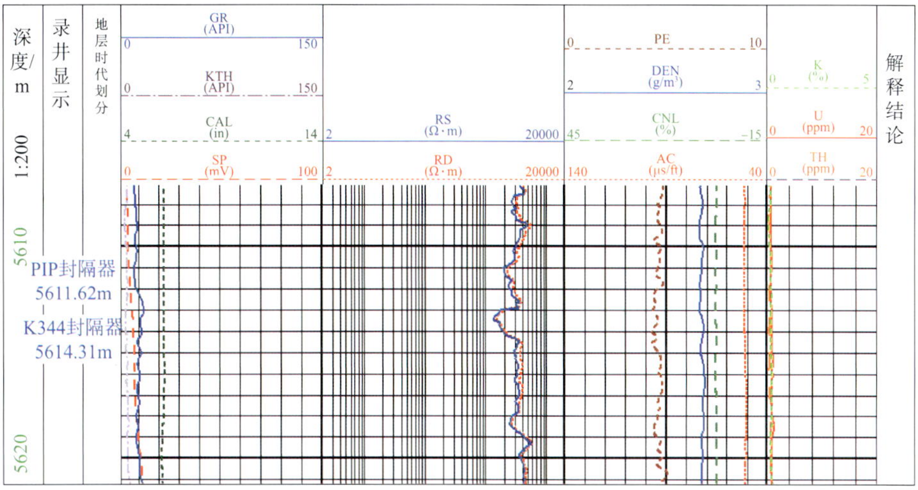

图 1-6-48 TK7X 井综合测井曲线

(2) TK7X 井 Φ177.8mm 套管固井质量图显示固井质量非常差，下入 K-1 桥塞，上部射孔进行挤水泥作业，射孔位置 5401m。射孔补挤水泥后 Φ177.8mm 套管固井质量较好。前期施工作业对此次封隔器无影响。

(3) 此次封隔器坐封过程中泵压最高 4MPa，胶筒裂口无明显拉长变形现象，与泵压值较低为 4MPa 相符合；图中破裂口边缘呈平滑状，可判断外胶筒此处破裂口非外物扎压造成，因此排除异物造成封隔器内胶筒破裂口的因素。

(4) 根据封隔器外胶筒表面无摩擦变平和划线现象，纹理清晰，证明封隔器入井过程中并未与井壁产生损伤性的摩擦接触，从外胶筒最上部破裂口及其周边凹痕可以看出，封隔器在坐封过程中与井壁接触产生破损，裂口端部呈不规则裂口，是由胶筒膨胀造成的。

(5) 此次封隔器坐封失败是因为，内胶筒受力不均在打压过程中破裂，外胶筒裂口逐渐拉长。

封隔器质量原因是造成 TK7X 井封隔器失封的主要原因。

(四) 处理措施与效果

提完井管柱，更换封隔器后保持良好的封隔效果。

(五) 经验教训

(1) 根据胶筒的使用环境及特点，购买或研制特殊胶筒，其性能指标可以提高胶筒的抗破坏性能和耐压差性能，满足油田大部分裸眼完井的要求。

(2) 停用同一批次、同一型号的封隔器，工具服务方反馈厂家进行质量追溯，分析是否有加工问题或存在设计缺陷。

(3) 工具保养后需仔细装配，2 人或以上人员核实各个部件性能是否正常，并填写好详细的保养检查记录，严格把关封隔器质量，杜绝不合格工具入井。

十二、TP13X 井封隔器单流阀失效导致坐封失败

(一)基本情况

2012 年，对奥陶系中统一间房组及中下统鹰山组($O_2yj + O_{1-2}y$)6986.00 – 7070.00m 井段进行酸压完井，采用“水力锚 + K341 – 128 封隔器”完井管柱，封隔器坐封位置 6979.76m，井温 157.74℃，井径 Φ152.4mm，封隔器坐封后打球座，显示油套连通。TP13X 井井身结构见图 1 – 6 – 49。

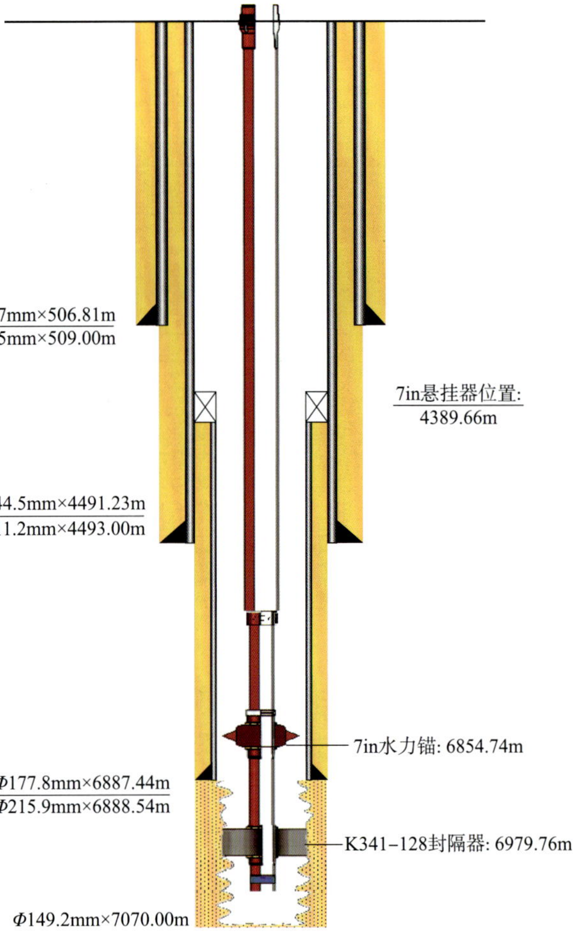

图 1 – 6 – 49　TP13X 井井身结构

(二)发生经过

2012 年 12 月 21 ~ 23 日组下酸压管柱，工具过 Φ177.8mm 悬挂器（4385.54m）及入裸眼段(6887.44m)前 30m 慢放，无遇阻，顺利通过。

打球座异常：逐级打压 0MPa、4MPa、8MPa、12MPa、16MPa，分别稳压 5min，继续打压至 18MPa，稳压 10min，压力不降，泄压至 0MPa。坐封结束后，正打压 0 ~ 22MPa，压力降至 0MPa，球座被打掉，环空返液。停泵后进行 3 次正注，累计注入油田水 1.5m^3，泵压 0MPa，环空返液，显示油套连通。

工具出井检查情况：12 月 25 日上提管柱，上提吨位 72t 无变化(原悬重 72t)，无剪切解封销钉显示。对起出的封隔器进行检查：水力锚，完好无损；球座，销钉已被剪断，内套已被击落；K341 – 128 封隔器，外观完好，胶筒上部、中部、下部测量外径均为 127mm，没有膨胀痕迹(见图 1 – 6 – 50 ~ 图 1 – 6 – 52)。

(三)原因分析

(1)TP13X 井封隔器坐封位置为 6979.76m，坐封位置的井温为 157.74℃(见图 1 – 6 – 53)，排除坐封位置井温超过耐温能力的可能。

图 1-6-50　水力锚

图 1-6-51　球座

图 1-6-52　封隔器胶筒外观图

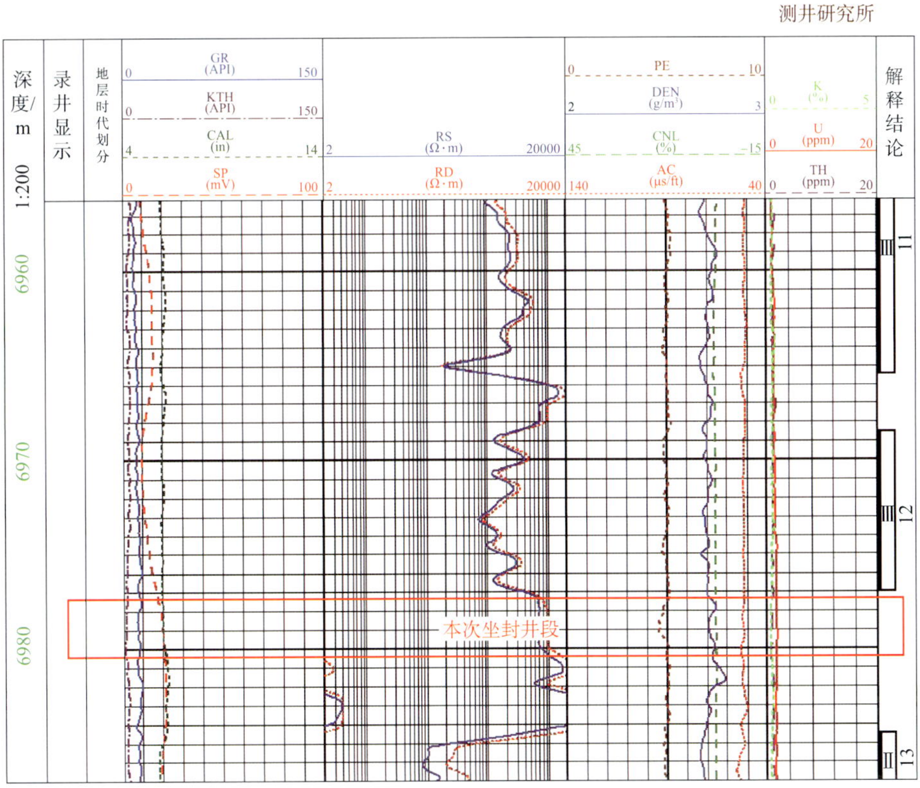

图 1-6-53　TP13X 井综合测井曲线

(2)封隔器坐封期间油管最高打压 18MPa，打球座压力 22MPa，排除超过封隔器耐压差能力的可能。

(3)坐封位置裸眼段井径 152.4mm，井径曲线光滑，井眼规则，满足工具坐封要求，排除井筒原因造成封隔器失封的可能。

(4)工具拆卸检查情况。在基地将工具进行拆卸并仔细检查：封隔器中心管与内胶筒无液体，说明液体未进入；启动坐封阀，外侧 O 形密封圈损坏，启动坐封销钉剪断；单流阀密封件损坏，见图 1 -6 -54。

图 1 -6 -54　启动坐封阀和单流阀

TP13X 井 K341 -128 封隔器坐封原理：投球后，油管内打压，压力由进液孔作用在启动坐封阀上，压力值达到启动坐封销钉剪切值后，剪断销钉，推动启动坐封阀移动；打开启动坐封阀和单流阀连通通道，压力作用在单流阀上，推动单流阀打开。液体进入中心管与内胶筒空间，直至封隔器完全坐封，坐封完后泄压单流阀关闭，使封隔器保持坐封状态，见图 1 -6 -55。

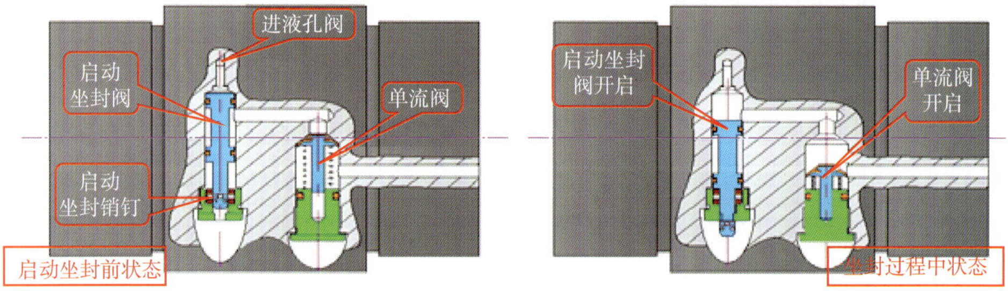

图 1 -6 -55　启动坐封阀、单流阀启动坐封前与坐封过程中的状态对比

此次启动坐封阀已开启，但液体未进入中心管与内胶筒空间，而单流阀密封件出现损坏。结合单流阀结构，分析原因为：在安装单流阀时，由于单流阀尾部杆歪斜，未进入压帽对应的孔内，单流阀密封件由于过分挤压而损坏，单流阀被顶死，无伸缩空间，始终处于关闭状态，失去进液能力，见图 1 -6 -56。

K341 -128 封隔器单流阀被顶死，始终处于关闭状态，失去进液能力，导致胶筒未进液，无法膨胀坐封。

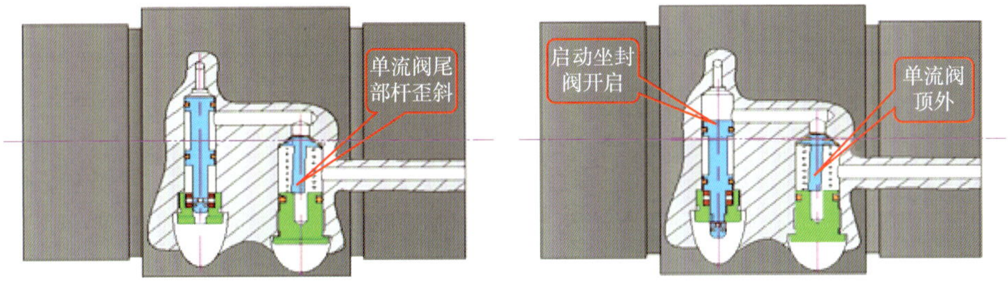

图1-6-56 启动坐封阀、单流阀启动坐封前与坐封过程中的状态对比(单流阀尾部杆歪斜情况)

(四)处理措施与效果

提出完井管柱后更换新的封隔器重新组下完井管柱，封隔器坐封、验封正常。

(五)经验教训

(1)停用同一批次、同一型号的封隔器，工具服务方反馈厂家进行质量追溯，分析是加工问题还是存在设计缺陷。

(2)工具服务方在使用新结构工具时，要加强对该工具结构的深入了解，工具保养后需仔细装配，并填写好详细的保养检查记录。

(3)加强开工验收，严格把关封隔器质量，杜绝不合格工具入井。

第七节 其他异常失效

酸压、替浆、泄套压过程中易发生失封问题，比如井筒完整性差和工艺缺陷等其他异常导致的封隔器失效。

一、SHB1#井完井工具附件质量问题导致酸压期间油套连通

(一)基本情况

2019年，对 $O_2yj+O_{1-2}y$ 层7619.00~7992.40m井段常规完井进行油管测试，采用“伸缩管+压井滑套+水力锚+SHR-HP封隔器”的完井管柱，该井 Φ177.8mm套管悬挂。SHB1#井井身结构见图1-7-1。

(二)发生经过

正挤滑溜水16.7m^3，排量0.4~1.2m^3/min，压力涨至71.6MPa，因泵压高怀疑地层堵塞，停泵泄压，小排量挤通后开始注酸，注入井筒总液量420m^3。SHB1#井酸压曲线见图1-7-2。

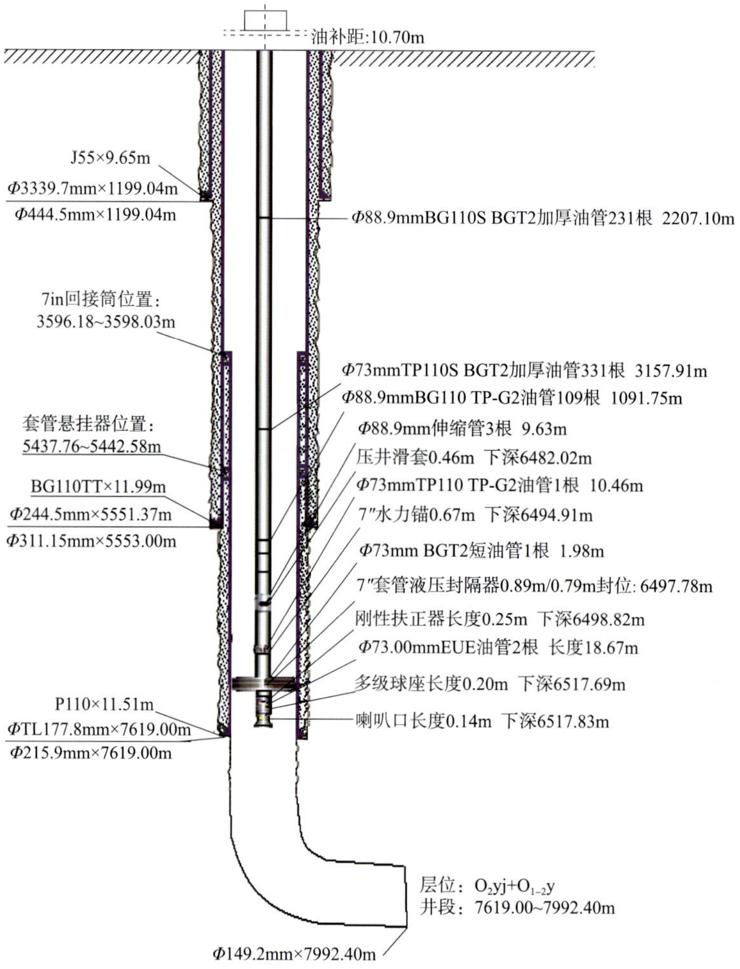

图 1-7-1 SHB1# 井井身结构示意图

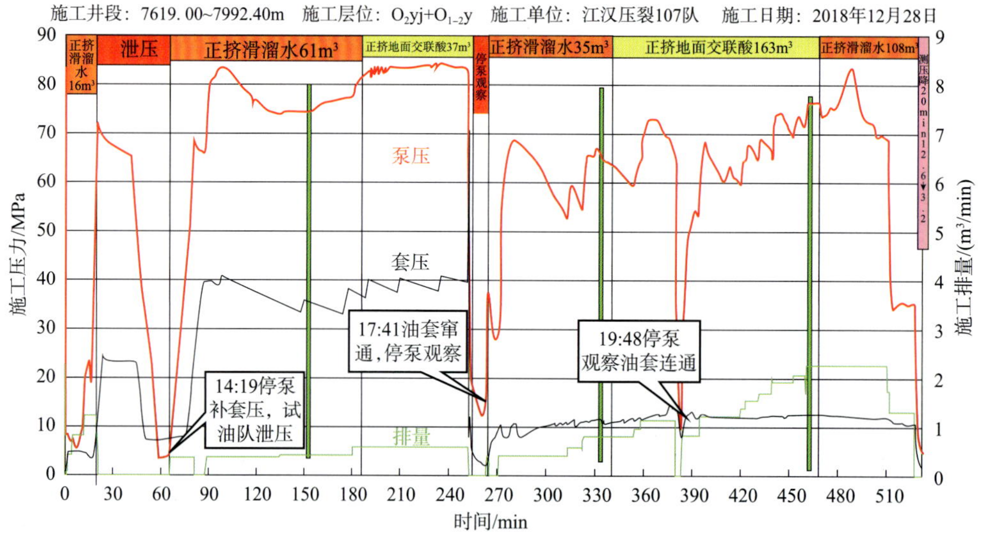

图 1-7-2 SHB1# 井酸压曲线

关井观察，油管内液面 38m→338m→0m，环空液面 154m→215m→154m→255m（Φ244.5mm 套管已破）。其间用密度 1.22g/cm³ 的盐水 0.1m³，对环空（Φ244.5mm 与 Φ339.7mm 套管）补压至 10MPa，排量 0.1m³/min，稳压 15min，验证环空正常，泄压至 0MPa。

关井观察，油压 0.5MPa→3.4MPa→2.2MPa，套压 0MPa→4MPa→3.3MPa，其间反注密度 1.22g/cm³ 的盐水 13m³，泵压由 4.6MPa 上升至 5.0MPa，排量由 0.25m³/min 先上升至 0.37m³/min 后下降至 0.35m³/min，油压由 1.8MPa 先上升至 4.5MPa 后下降至 4.4MPa，套压由 3.1MPa 上升至 4.4MPa。

（三）故障原因分析

1. 酸压前测试阶段完井管柱密封性良好

SHB1#井压力曲线见图 1-7-3。

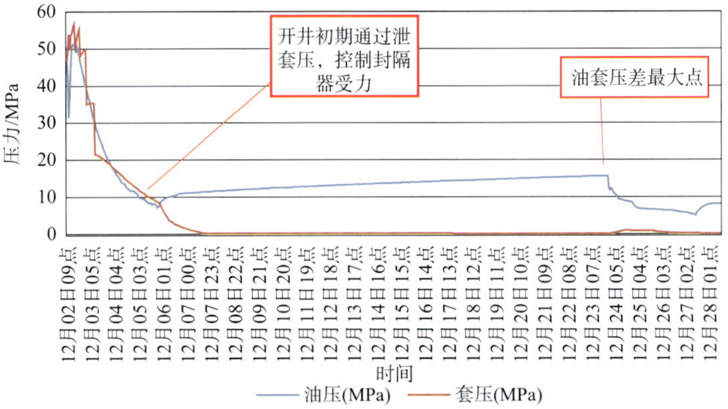

图 1-7-3　SHB1#井压力曲线

(1) 封隔器测试期间压差计算密度。酸化前测试阶段油套压力如图 1-7-4 所示，可知油套压差最大点即封隔器最易出现失封点，此时油压为 15.5MPa，套压为 0MPa，油管内为密度 0.81g/cm³ 的油水混合液，环空为密度 1.15g/cm³ 的环空保护液。经计算，封隔器酸化前测试期间封隔器承受的最大压差为 -5.27MPa（环空大于油管），远小于封隔器的

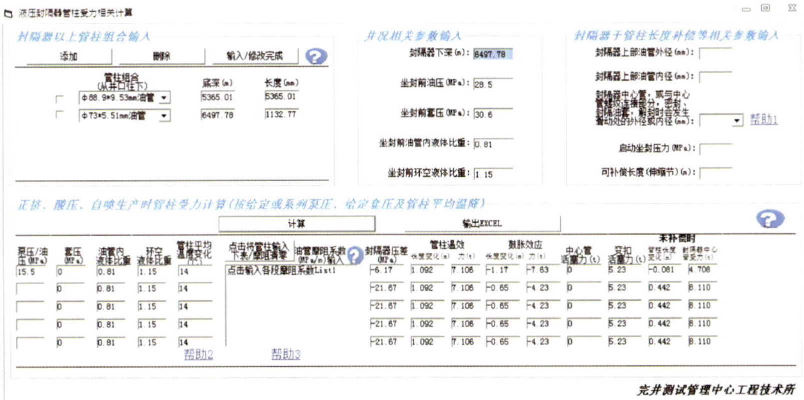

图 1-7-4　SHB1#中心管受力计算

耐压差值 70MPa，水力锚一直处于收缩状态。

(2)封隔器测试期间中心管受力情况计算。根据温度效应、鼓胀效应、活塞效应编制的小软件计算封隔器承受最大压差时，中心管受力(在没有水力锚的情况下)为 4.708t，远小于封隔器解封销钉剪切力 18～19.6t。

因此，酸压前测试阶段环空多次泄压，未见油气，完井管柱密封性良好。

2. 酸压前后钢丝电缆作业显示管柱通过性差异较大

2018 年 12 月 5 日钢丝通井和 12 月 27 日通井至 6530.00m 两次通井下放上提张力正常，2019 年 1 月 10 日测静温和 1 月 12 日测流温两次电缆作业下放上提张力异常，说明 2018 年 12 月 28 日酸压作业导致封隔器以上管柱弯曲。

完井管柱工程深度测量是在地面进行的，完井管柱入井后，管柱受自重影响，封隔器坐封时整体处于拉伸状态，因此 CCL 测井的深度应该比工程深度深。从结果来看，工程深度和测井深度基本一致(见表 1－7－1)，证明管柱整体有上移可能。

表 1－7－1　SHB1#井下工具深度对比表

工具名称	工程深度/m	测井深度/m
Φ88.9mmBGT 伸缩管 3 根	6480.77	6478.9
Φ73mmBGT2 压井滑套	6482.01	6482.5
Φ73mmBGT2　Φ177.8mm 水力锚	6494.88	6495.4
Φ177.8mmSHR－HP 封隔器	6498.54	6499.5
球座	6417.66	6518.1

酸压期间管柱弯曲典型井例——SHB1#井：

管柱组合：喇叭口＋多级球座＋$7\frac{5}{8}$"PHP－2 封隔器＋$2\frac{7}{8}$"坐落短节＋油管挂。

酸压情况：2017 年 9 月 26 日酸化，累计注入 450m^3，施工最高泵压 90.51MPa，排量 0.5～2.3m^3/min。SHB1#井酸压施工曲线见图 1－7－5。

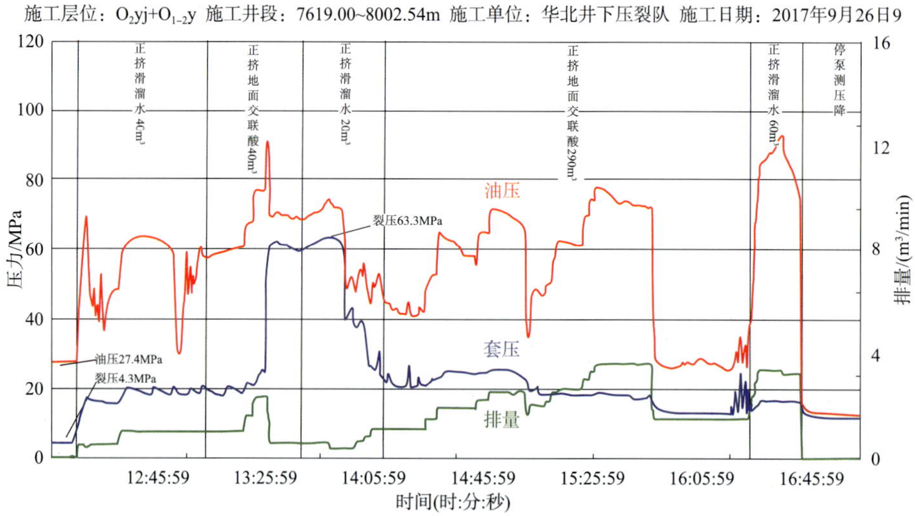

图 1－7－5　SHB1#井酸压施工曲线

酸压前后钢丝通井张力变化情况见图 1－7－6。

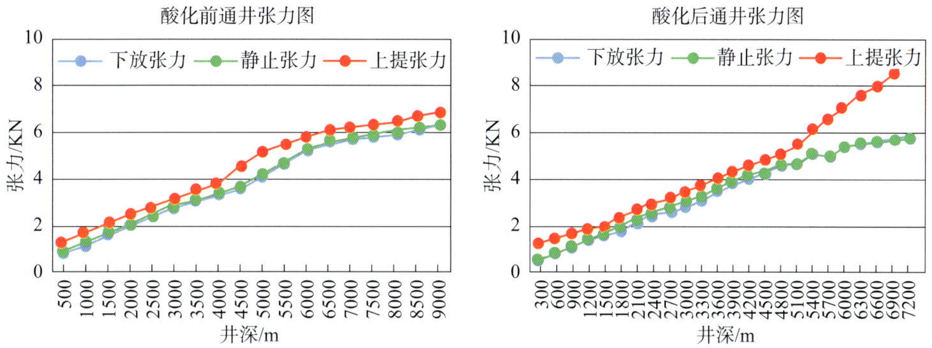

图 1－7－6 SHB1#井酸压前后通井张力曲线

修井起管柱检查情况：油管从 $2\frac{7}{8}$"TP－JC 母 ×$2\frac{7}{8}$"EUE 公变扣本体 0.77m 处断裂呈折叠状，最后 10 根均有不同程度的弯曲变形，其中最后 2 根油管弯曲变形较为严重(见图 1－7－7)。

图 1－7－7 起出原井管柱

3. 酸压期间 Φ244.5mm 套管破损，漏液到套管外环空

(1)套压升高导致 Φ244.5mm 套管破裂。用密度 1.35g/cm^3 的泥浆全井筒试压 20.2MPa，稳压 30min，压降 0.1MPa，试压合格，2500m 位置压力为 53.31MPa。酸压期间环空为密度 1.15g/cm^3 的环空保护液，油管内液体密度为 1.35g/cm^3，2500m 位置压力为 99.69MPa，大于固井期间的试压值。

Φ244.5mm 套管壁厚 11.99mm，抗内压 63.2MPa，酸压期间套压 71.5MPa，超过套管抗内压强度 112.3%，导致 Φ244.5mm 套管破裂，表现为 5s 内套压由 71.5MPa 下降至 7.5MPa，油压由 74.46MPa 下降至 69.22MPa。SHB1#井套压异常压力曲线见图 1－7－8。

(2)Φ244.5mm 套管固井质量情况见图 1－7－9。

(3)测井静温流温结果。2496～2500m 套管存在漏点，温度曲线显示大部分注入水由此漏入地层。2500～2560m 区间，流温逐步升高直至与静温重合，说明有少量水由环空下行(见图 1－7－10)。

(4)噪声测井成果。温度在 2500m 出现负异常，在 2500m 附近出现管外较高频窜流信号，推断在 2500m 套管泄漏(见图 1－7－11)。

(5)环空注水，油管未返液。酸压后期环空打备压累计注入密度 1.22g/cm^3 的盐水 20m^3，测井前环空试注 10m^3，测流温期间环空注入 90.4m^3，噪声测井环空注入 57m^3，泵压均在 4MPa。

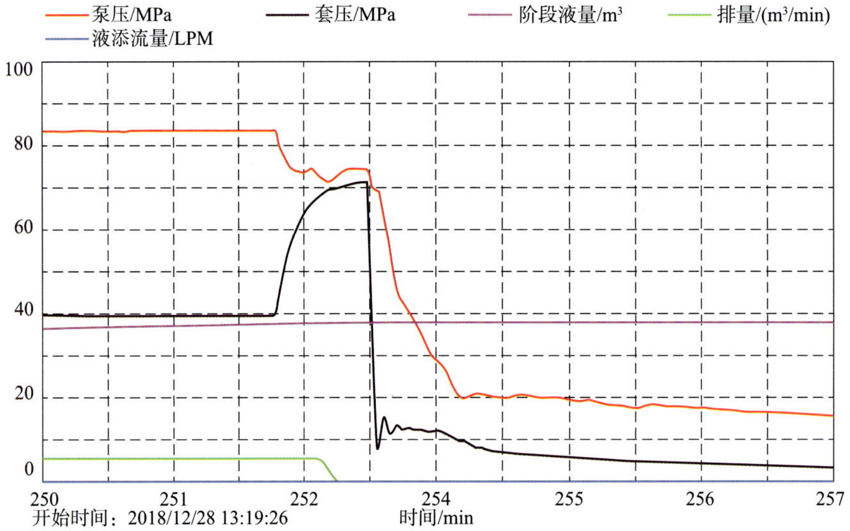

图 1－7－8　SHB1$^{\#}$井套压异常压力曲线

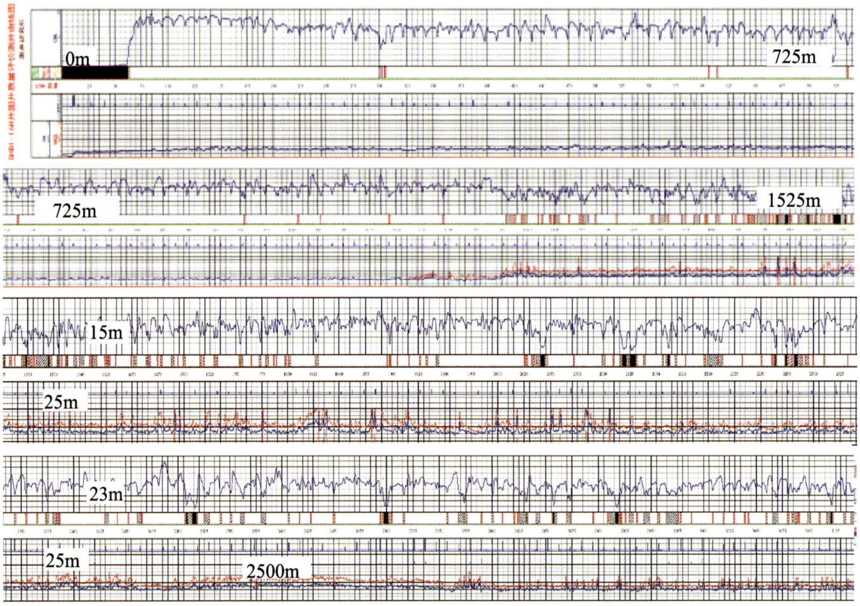

图 1－7－9　SHB1$^{\#}$井 Φ244.5mm 套管固井质量情况

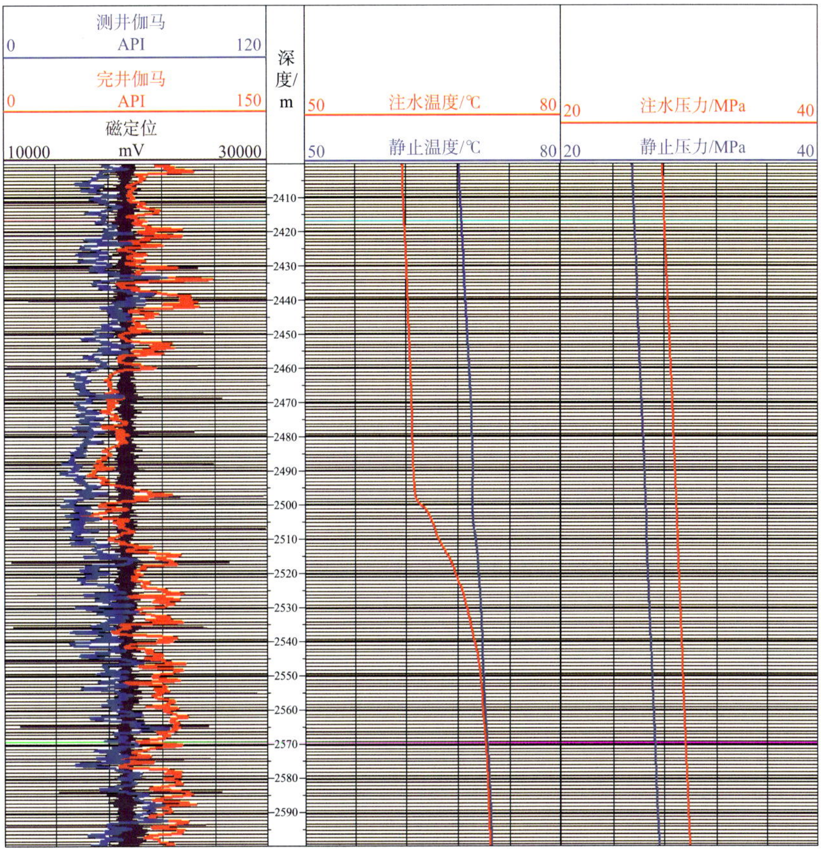

图1-7-10 SHB1#井注剖找漏测井成果(套漏段)

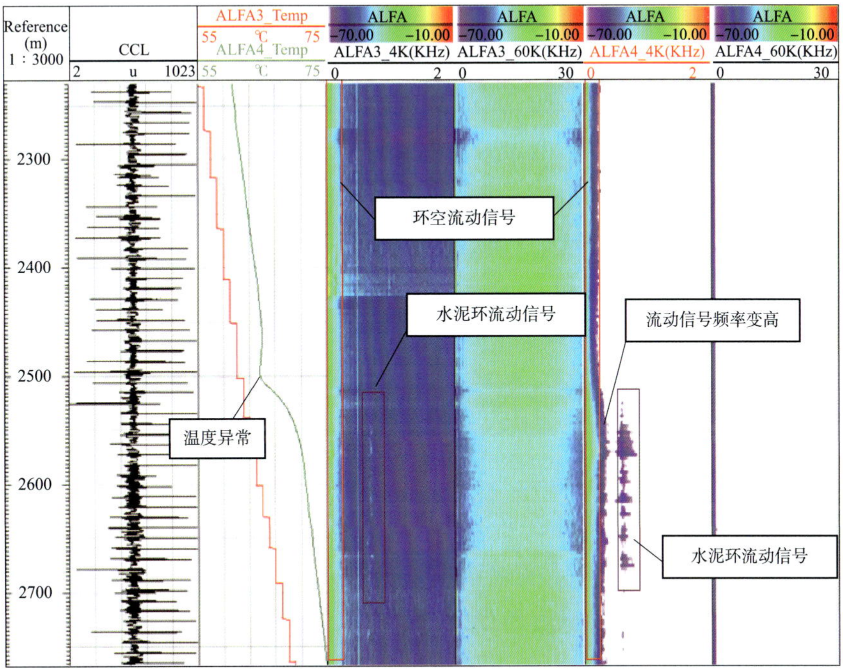

图1-7-11 SHB1#井噪声测井成果

4. 酸压期间油套压力响应，排液期间环空见天然气

(1)套压激升前封隔器受力计算。此时油压 83.58MPa，套压 39.49MPa，排量 0.57m^3/min，油管内摩阻为4.34MPa，环空为密度1.15g/cm^3 的环空保护液。经计算，套压激升瞬间封隔器压差为36.57MPa。

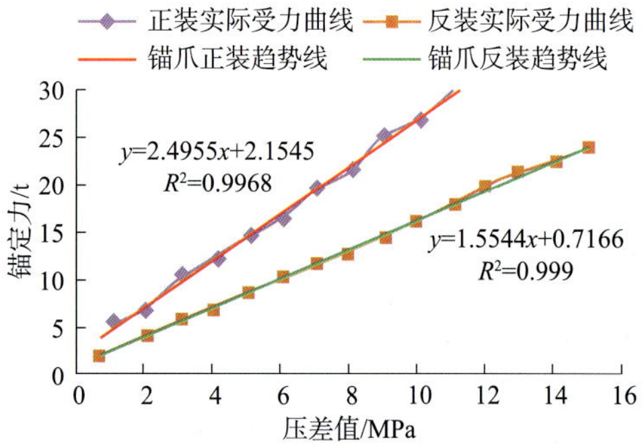

图 1-7-12　铣齿水力锚锚定力实际值与模拟结果对比

(2)水力锚锚定力计算。套压激升时封隔器所受压差为36.57MPa，封隔器与水力锚之间仅有一根长度为1.98m 的短油管，因此水力锚的压差与封隔器几乎相等。根据水力锚锚定力实验回归的锚定力公式(见图1-7-12)，计算锚定力93.58t。

(3)封隔器中心管受力计算。根据温度效应、鼓胀效应、活塞效应计算套压激升时中心管受力(在没有水力锚的情况下)为21.66～30.82t，考虑水力锚锚定力后套压激升时封隔器中心管受到向下62.76～71.92t 的力，封隔器不存在失封的可能。

(4)伸缩管受力分析。伸缩管温效产生的力为9.16～18.32t，单根伸缩管拉开时剪切力为15t，存在伸缩管被拉开的可能，即可能存在伸缩管被拉开时内外管滑动，造成伸缩管不密封，出现油套连通。

(5)油套连通情况分析。SHB1#井酸压过程中出现油套连通现象，酸压前测试、酸压后开井测试和气举期间，油压和套压未出现同步效应，因此排除了封隔器失封、压井滑套打开、油管泄漏的可能，最大可能是酸压期间封隔器以上水力锚和伸缩管出现渗漏，且漏点可自动恢复。

一是伸缩管打开过程中，内外管产生相对滑动，此过程为动密封状态，易出现不密封，导致油套连通；完全拉开后，内外管相对滑动现象消失，不密封现象消失。

二是压井滑套或水力锚密封圈打酸压期间，O 形圈在槽内翻转，出现暂时的不密封，进而油套连通，但后期又在O 形圈的橡胶弹性力作用下恢复到原形态，继续密封。

(6)环空替浆洗井不彻底，重浆沉淀造成水力锚锚定力不足。用密度1.03g/cm^3、黏度120s 的隔离液5m^3 + 密度1.15g/cm^3 的环空保护液190.4m^3 反替井内泥浆，排量最大0.3m^3/min。环空替浆期间残留高密度泥浆可能性大，且测试开关井时间长，后期固相颗粒在高温下于封隔器上胶筒沉淀，水力锚受固相沉淀影响不能完全起锚定作用(见图1-7-13、图1-7-14)。

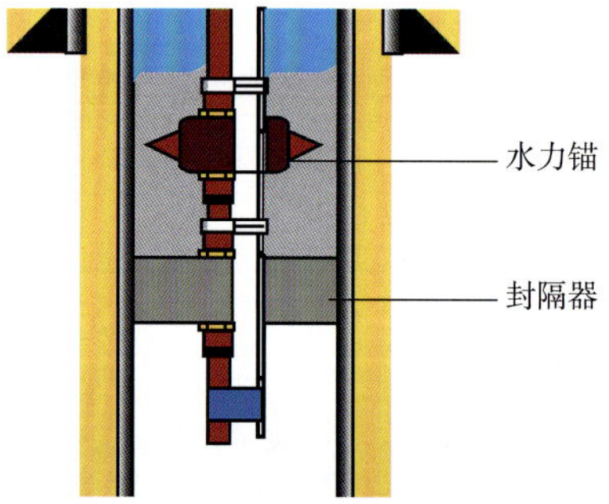

图 1-7-13　SHB1#井酸压前泥浆固相沉淀在封隔器上胶筒示意图

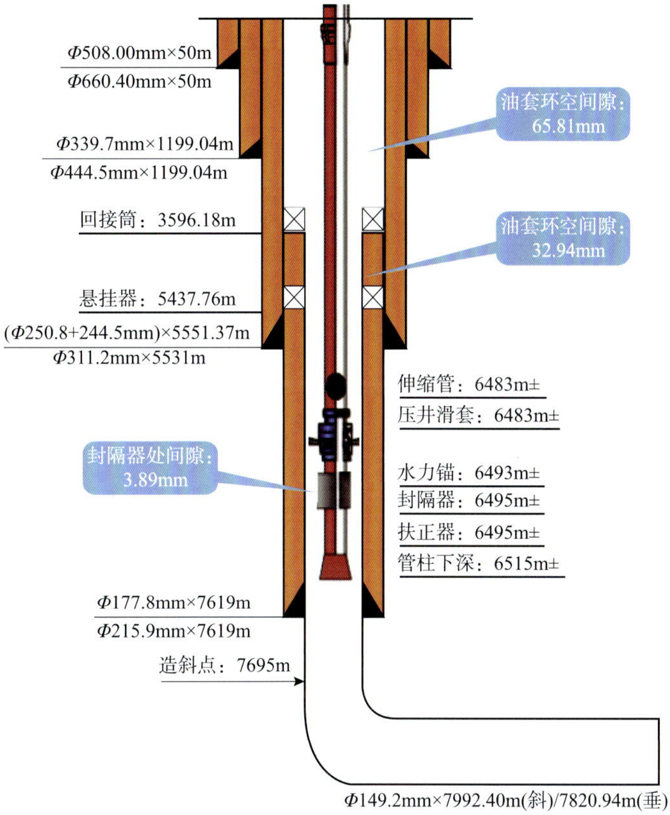

图 1 -7 -14　SHB1[#]井替浆洗井时环空间隙示意图

(7)酸压期间封隔器承压情况分析。通过酸压曲线(见图 1 -7 -15)来看，封隔器大部分时间是具有密封性的，选取正挤三个阶段封隔器承压测算点 A 点、B 点、C 点，计算封隔器承受压差分别为 16.53MPa、22.39MPa、22.49MPa。

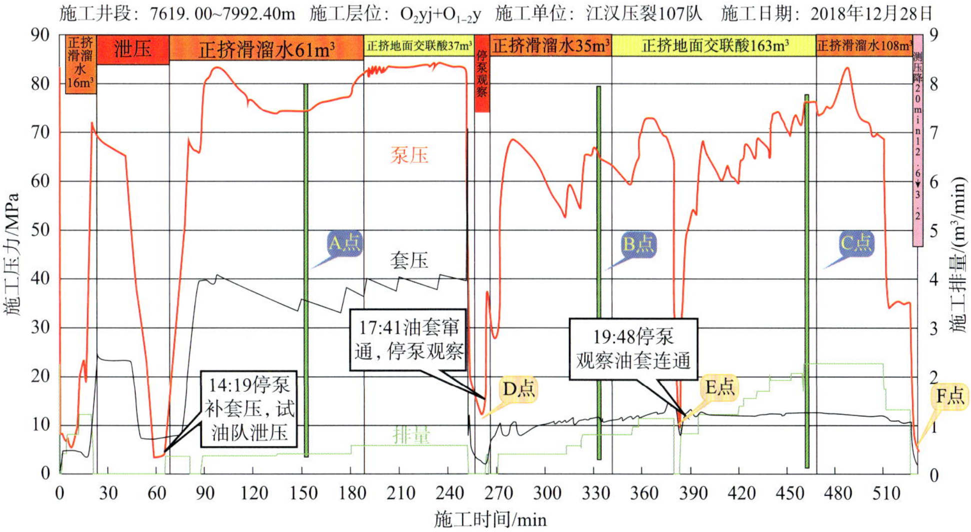

图 1 -7 -15　SHB1[#]井酸压曲线

在酸压过程中 D 点、E 点、F 点三次停泵时，套压有同步响应。由油套连通显示，通过计算看出 D 点、E 点、F 点封隔器基本不承压，见表 1－7－2。

表 1－7－2　SHB1# 井封隔器承压计算数据

位置	承压部位	承受压力/MPa	液柱压力/MPa	封隔器深度/m	液柱密度/(g/cm³)	油套压力/MPa	摩阻/t	P 封承压/MPa
D 点	P 环	86.29	76.69	6797.75	1.15	9.6		7.00
	P 油	93.28	73.35	6797.75	1.1	19.93	0	
E 点	P 环	85.00	76.69	6797.75	1.15	8.31		－2.16
	P 油	82.83	73.35	6797.75	1.1	9.48	0	
F 点	P 环	76.85	76.69	6797.75	1.15	0.16		－4.29
	P 油	72.56	69.35	6797.75	1.04	3.21	0	

SHB1# 井酸压时管柱弯曲示意图见图 1－7－16。

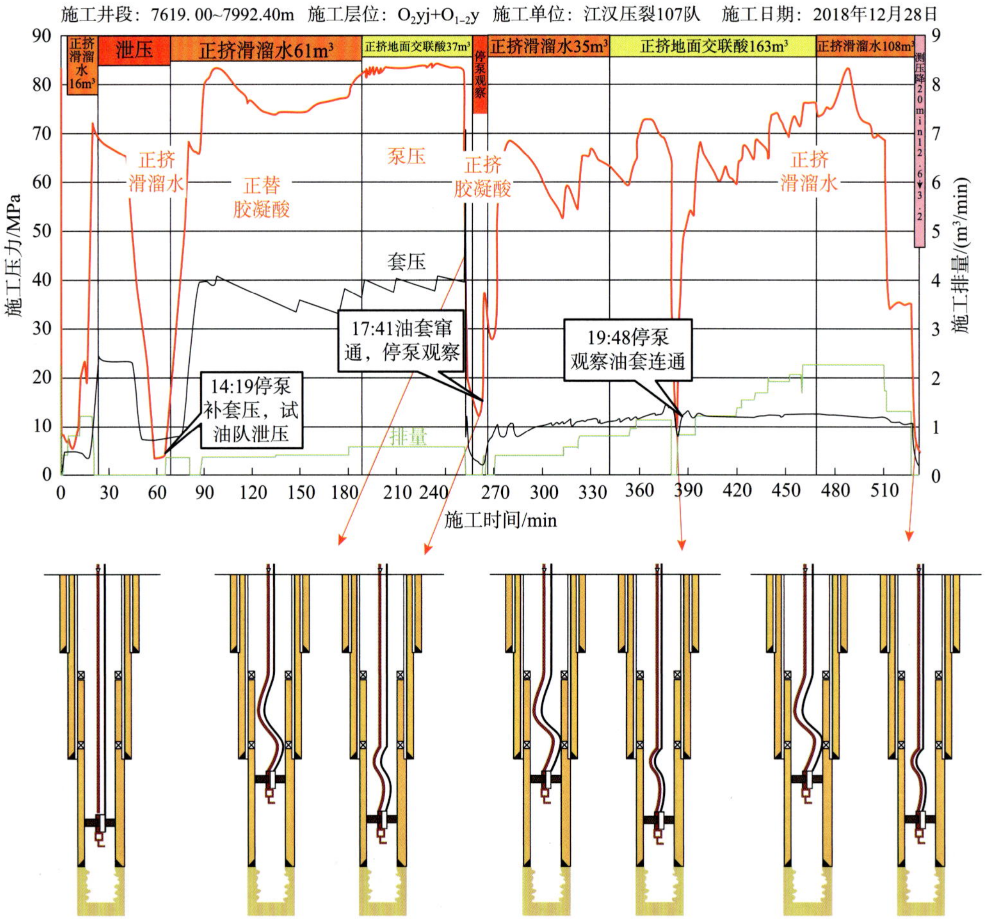

图 1－7－16　SHB1# 井酸压时管柱弯曲示意图

在双水力锚不能发挥锚定作用前提下，受油套压差影响，封隔器胶筒活塞效应向上整体柱塞推动，伸缩节活动变短，管柱弯曲，环空体积减小，导致套压骤增，同时呈现高压时管柱密封，低压时油套同步显示的特点。

胶筒反复上下活动、磨损，开泵具有一定密封性，停泵密封性较差，天然气能进入环空，与酸压后环空见天然气、见氢气相符，封隔器解封销钉完好，胶筒处于膨胀状态，胶筒存在与套管摩擦损失密封性的可能。SHB1#井套压 37MPa 与 71MPa 时管柱示意图见图 1-7-17。

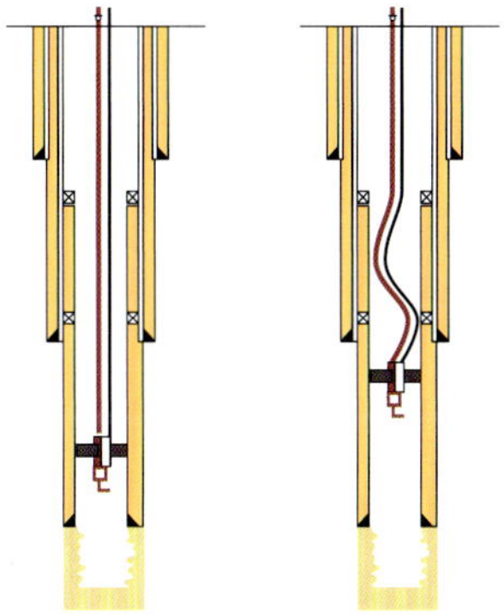

图 1-7-17 SHB1#井套压 37MPa 与 71MPa 时管柱示意图

5. 封隔器解封异常原因

造成油管弯曲的原因可能是替液后经过长时间生产，环空杂质缓慢沉淀在封隔器附近，活塞效应导致后期酸压过程中水力锚不能正常工作而咬不住套管。

封隔器正常解封，活塞行程到位，封隔器卡瓦有明显磨损痕迹。封隔器水力锚锚爪及单独的水力锚锚爪处于收缩状态且锚爪部位被固相杂质糊死，锚爪齿尖轻微磨痕，判断水力锚锚爪由于后期环空杂质缓慢沉淀，导致酸压过程中水力锚咬不住套管，单向卡瓦的 Φ177.8mmSHR-HP 封隔器酸压过程中产生了来回位移，从而导致封隔器卡瓦出现明显磨损情况。

酸压过程中封隔器上下存在较大的活塞效应，通过计算，封隔器承受最大压差为 42.9MPa，活塞面积为 $15.79\times10^{-3}\mathrm{m}^2$，封隔器承受活塞上顶力 68t。

综合以上情况分析，水力锚受泥浆杂质影响失效，导致封隔器在 68t 上顶力作用下向上滑动，将靠近封隔器的 6 根 Φ73mm 油管顶弯。

6. 伸缩管下接头开裂、脱扣原因

管柱从封隔器以上第二根伸缩节下接头处脱扣，形成落鱼，落鱼总长 40.5m，脱扣处的伸缩管公扣端腐蚀严重，丝扣腐蚀并开裂，裂纹长 210cm，最大裂缝 4mm。从后期打捞解封起出工具检查发现，伸缩管下接头脱落母扣无腐蚀现象（见图 1-7-18），说明此扣是酸压过程中脱落的。

图 1-7-18 SHB1#井起出伸缩管

伸缩管在酸压过程中，水力锚受环空泥浆杂质影响失效，伸缩管在酸压过程中在68t活塞上顶力、管柱鼓胀效应以及42.9MPa压差作用下，从芯轴下接头丝扣薄弱位置开裂后产生裂纹。裂纹从丝扣端一直延伸到整个键槽部位，裂纹总长210cm，导致油套窜通，油套窜通后活塞效应消失，压缩油管的68t上顶力回弹。由于封隔器在活塞上顶力作用下酸压过程中来回移动，导致卡瓦磨损，下卡瓦锚定力下降，封隔器在回弹力作用下向下移动。当管柱恢复到原长度后，管柱的回弹力和伸缩管伸长的下坠力继续使管柱下行，形成向下的震击力，导致管柱从伸缩管下接头破裂薄弱位置脱扣，从而导致脱扣后封隔器下行41.4m。

伸缩管入井前试压60MPa，稳压15min无压降合格。从油管弯曲情况来看，伸缩管下接头螺纹受力较大，SHB1#井伸缩管使用的2Cr13材质，与常规42CrMo材质伸缩管存在一定的差异。2Cr13材质本体脆性很强，在轴向受力的情况下可能出现开裂、断裂的风险，不适用于SHB1#井工况。13Cr材质随温度升高，含水增大，均匀腐蚀速率整体呈上升趋势，温度≤160℃，13Cr应力腐蚀开裂敏感性高(见图1-7-19)。

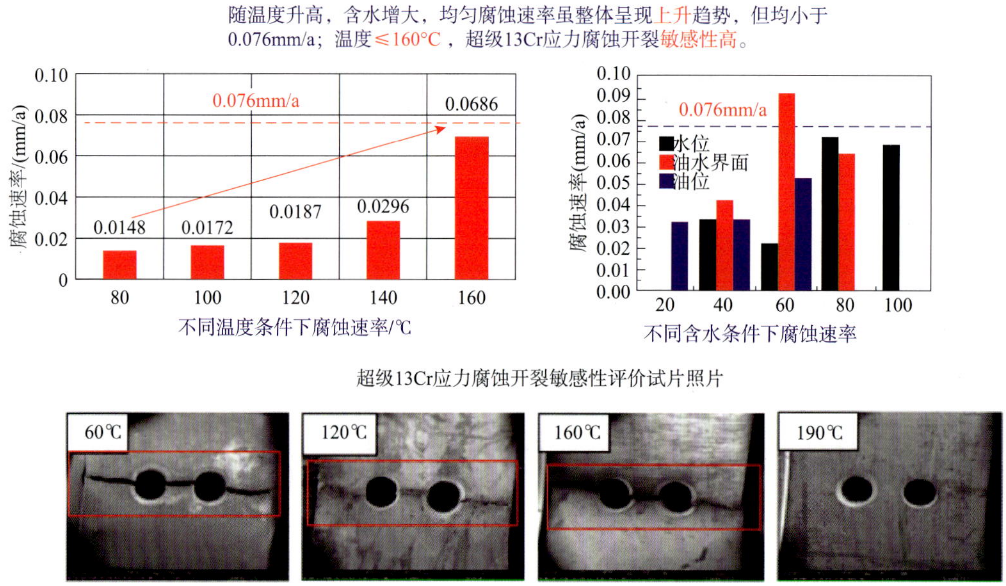

图1-7-19　13Cr材质评价实验

(四)处理措施与效果

SHB1#井裸眼段长373.4m，井下落鱼40m，判断落鱼不会对生产有影响，因此未打捞，随后更换井下工具后重新组下完井管柱入井，封隔器坐封、验封正常。

(五)经验教训

(1)对现有同型号的伸缩管进行排查探伤，对材质发生变化的工具入井前进行充分的参数论证，论证其是否适用于井内复杂工况。

(2)对铣齿水力锚重新评价使用环境，建议替重浆过程中将环空内杂质充分处理干净，确保水力锚能够充分锚定套管。

二、顺南2[#]井管柱设计不合理导致替浆期间封隔器失封

(一)基本情况

2015年1月，对O_1p层6889.20～7168.56m井段进行地层测试，采用“井下安全阀+压井滑套+E型阀+Φ146mmRTTS封隔器+泵出式堵塞阀”测试管柱，该井Φ177.8mm套管回接至井口。顺南2[#]井井身结构见图1-7-20。

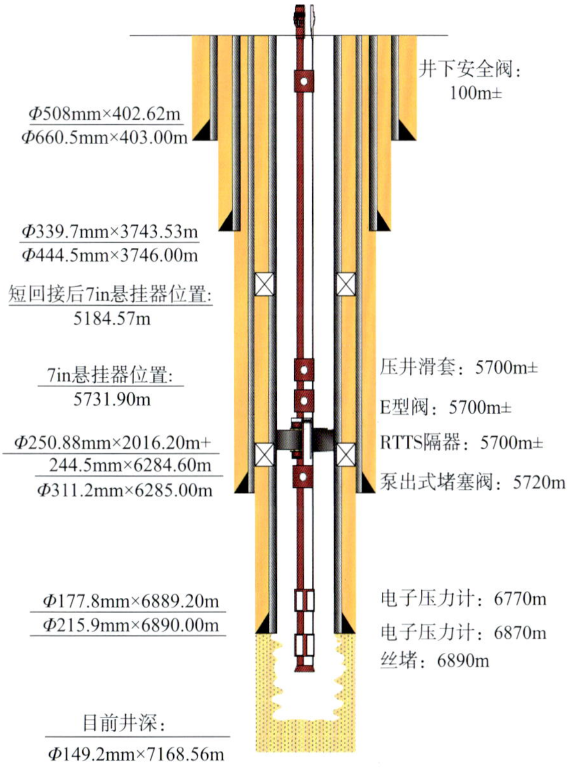

图1-7-20 顺南2[#]井井身结构示意图

(二)发生经过

先用密度1.60g/cm³的泥浆105m³正替密度1.95g/cm³的泥浆，再用密度1.35g/cm³的盐水99m³反替相对密度1.60g/cm³的泥浆，最后用密度1.06g/cm³的高黏隔离液16m³反替密度1.60g/cm³的泥浆，停泵后出口依然出液并发现套压异常升高，显示封隔器失封，油套已连通。

1. 检查RTTS封隔器

(1)胶筒：封隔器提出井口后发现只剩约1/4上部胶筒，其余胶筒落井，且胶筒上有刺痕和撕裂痕迹，经测量胶筒高度仅余5.9cm(全新胶筒高度6.6cm)。胶筒出井时有一定弹性，出井一段时间后弹性变差，且表面产生了裂纹。隔环出井为偏斜状态，卡在胶筒芯轴上，存在变形，详见图1-7-21。

(2)卡瓦：封隔器提出井口后发现，卡瓦有3颗合金镶齿有损伤(部分断脱)，损伤部位均为齿的尖锐部分，最严重的一颗齿损伤面积约为单颗齿表面积的1/8，其余两颗仅损伤尖端，详见图1-7-22。

(3)水力锚及其他部分：封隔器提出井口后，水力锚合金镶齿均完好，容积管完好，下通井规与卡瓦锥体上有刺痕，详见图1-7-23和图1-7-24。

2. 其他配套工具起出后的检查情况

(1)E型阀：处于关闭状态，详见图1-7-25。

图 1 –7 –21　顺南 $2^{\#}$井起出
封隔器胶筒与隔环出井状态

图 1 –7 –22　顺南 $2^{\#}$井起出
封隔器卡瓦合金镶齿损伤

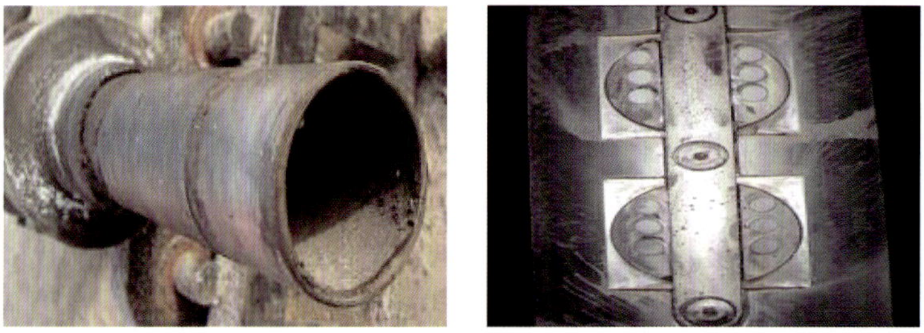

图 1 –7 –23　顺南 $2^{\#}$井起出封隔器容积管和水力锚合金镶齿

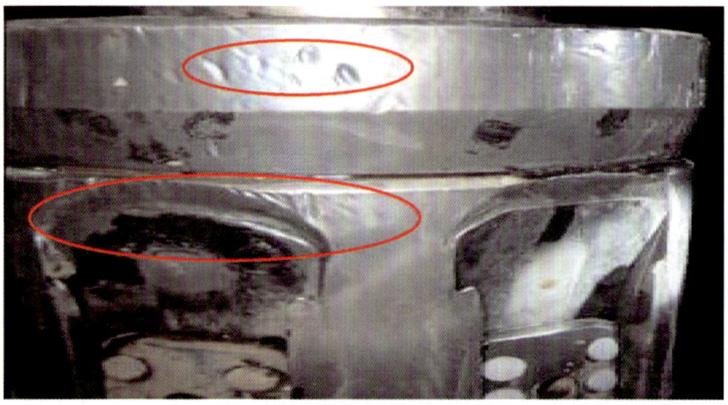

图1 –7 –24　顺南 $2^{\#}$井起出封隔器通井规与卡瓦锥体上刺痕损伤

图 1 –7 –25　顺南 $2^{\#}$井起出 E 型阀情况

(2)压井滑套：处于关闭状态，详见图 1－7－26。

(3)泵出式堵塞阀：只有外筒，堵塞被击落，详见图 1－7－27。

图 1－7－26 顺南 2#井起出压井滑套情况

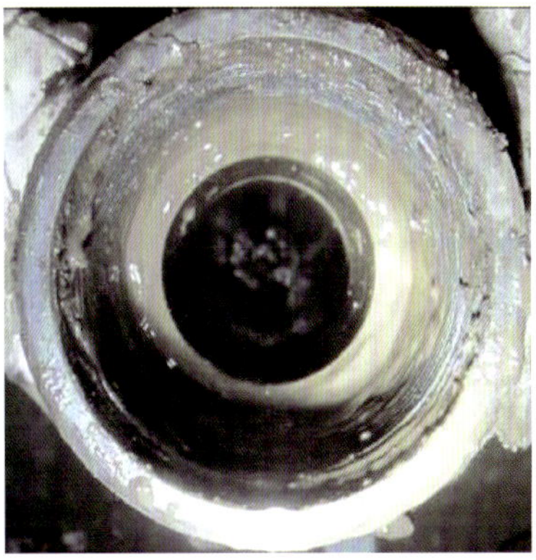

图 1－7－27 顺南 2#井起出泵出式堵塞阀情况

(三)原因分析

1. 封隔器受力分析

封隔器坐封时受力分析：顺南 2#井封隔器在坐封时管柱加压 156.8kN，封隔器以上管柱压缩距 2.5m，坐封时管柱受到向下的压力。全井为密度 1.95g/cm³ 的泥浆，封隔器上下不存在压差，因此没有活塞力。

封隔器以下完井管柱长 1190m，在空气中重量为 111.1kN，在密度 1.95g/cm³ 的泥浆中重量为 83.5kN，因此封隔器以上油管对封隔器的下压吨位为 73.3kN。

封隔器在替浆过程中受力分析：

(1)正替 E 型阀以上油管容积期间。替浆之前 RTTS 封隔器上、下压力平衡，封隔器水力锚处于回缩状态。替浆后 E 型阀以上油管温度开始降低，油管长度缩短，产生的收缩力为 1.92t，相当于封隔器胶筒受到下压吨位降低至 6.60t。

(2)密度 1.6g/cm³ 泥浆过循环孔后。随着密度 1.6g/cm³ 的泥浆过循环孔，封隔器及盲堵以上的系统压力开始降低，水力锚锚牙撑开，此时封隔器系统开始承受上顶力，胶筒压缩力为 64.7kN 不变。

封隔器替浆完后受力分析：

外力：封隔器失封前，其上部已全部替为密度 1.35g/cm³ 的盐水，而下部圈闭的压力来自原来全井为密度 1.95g/cm³ 的泥浆，此时存在向上的活塞力 600.7kN；封隔器坐封时的坐封力依然存在；由于替浆为向井内替入冷液，上部管柱受冷会收缩(温度效应)，产生向上的拉力。

内力：下部卡瓦通过咬合套管提供向上的支持力；由于封隔器下部压力大于上部压力，水力锚锚定在套管上受向下的力。

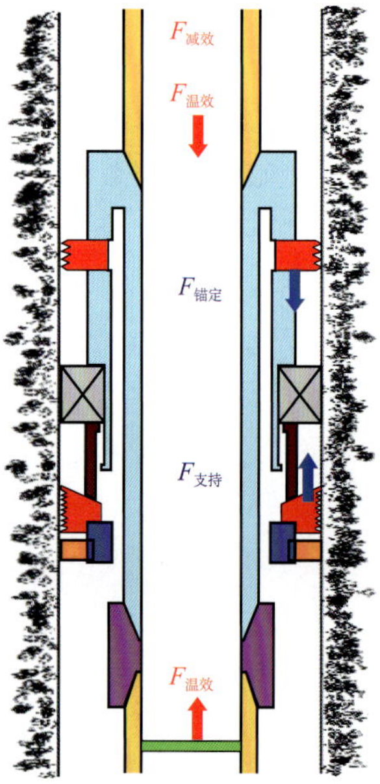

图 1-7-28　封隔器替浆后受力分析示意图

封隔器替浆后受力分析见图 1-7-28。

封隔器失封时可能受力状态：

通过在替浆完的状态下对封隔器进行受力分析，若 $F_{内力} \geqslant F_{外力}$，则封隔器会保持不动，坐封良好；若 $F_{内力} < F_{外力}$，则封隔器会向上移动，造成封隔器密封失效，而本井在替浆完后，若 $F_{锚定} < F_{活塞} + F_{温效}$，则会造成封隔器向上移动，密封失效。

2. 与使用同一套管柱井的情况对比

本套测试管柱已在顺南区块其他 4 口井应用成功，但顺南 2#井应用失败。与之对比后分析认为，顺南 2#井封隔器以下管柱较长。加压相同吨位坐封封隔器，若封隔器下部无管柱，坐封吨位几乎全部来自封隔器上部的管柱重量，上部管柱弯曲量大；若封隔器下部管柱较长，重量较大(可接近或超过坐封吨位)，坐封吨位几乎全部来自封隔器下部的管柱重量，上部管柱基本无弯曲，甚至上部管柱全部处于拉伸状态。这样的话，在替浆过程中，封隔器上部管柱不可避免地会有温度效应，坐封时如果上部管柱弯曲多，弯曲量会补偿温度效应，温度效应产生的力会减弱；而如果坐封时上部管柱弯曲少，甚至不弯曲，温度效应产生的力几乎全部作用在封隔器上。

综上所述，封隔器失封原因分析如下：

(1)用密度 1.60g/cm³ 的泥浆正替密度 1.95g/cm³ 的泥浆，密度 1.60g/cm³ 的泥浆进入环空前，由于温度效应造成封隔器胶筒压缩力减小，初步计算胶筒压缩力由 156.8kN 下降为 54.5kN，导致胶筒密封能力下降；封隔器上部替为密度 1.35g/cm³ 的盐水后，封隔器上下压差由 19.57MPa 增加为 33.55MPa，胶筒难以承受这么大的压差从而被压溃失效。

(2)顺南 2#井封隔器失败的原因为，在替浆完后，封隔器的锚定力不能克服活塞力与温效力的和，封隔器上移，造成密封失效。

(3)与该套管柱应用成功的井对比可知，封隔器下部管柱长，坐封后，管柱中和点距封隔器距离较其他井近，管柱弯曲量较其他井少，温度效应产生的力较其他井大，可能是本套管柱在其他井应用成功而本井应用失败的原因。

(四)处理措施与效果

后期关闭 E 型阀、泵出式堵塞阀、压井滑套、解封封隔器后提原井管柱，更换井下工具，减少封隔器下部管柱长度后重新下测试管柱，封隔器坐封、验封正常。

(五)经验教训

顺南 2#井地层压力系数高、温度高，Φ177.8mm 套管悬挂器存在漏点，受封隔器耐温性能限制，封隔器被迫浅下，而为了完成地层测试、录取地层资料，完井管柱必须深下，因此封隔器下部的管柱比较长。为了克服活塞力和管柱收缩力对封隔器承压的影响，建议如下：

(1)完井管柱在中和点上部增加伸缩节。

(2)通过增加 RTTS 封隔器水力锚锚爪增加其锚定力。

(3)替浆过程中降低排量，给管柱适应温度的一个时间，或者替浆之前将入井流体提前加热。

三、顺南 3#井胶筒无防过度压缩功能导致封隔器失封

(一)基本情况

2015 年，对 $O_{1-2}j$ 层 7248.50 ~ 7505.08m 井段进行地层测试，采用“5in RD 安全循环阀 + 3⅞in RD 安全循环阀 + 双 3⅞inRD 循环阀 + E 型阀 + CHAMP 封隔器”测试管柱，该井 Φ177.8mm 套管回接至井口。顺南 3#井井身结构见图 1 - 7 - 29。

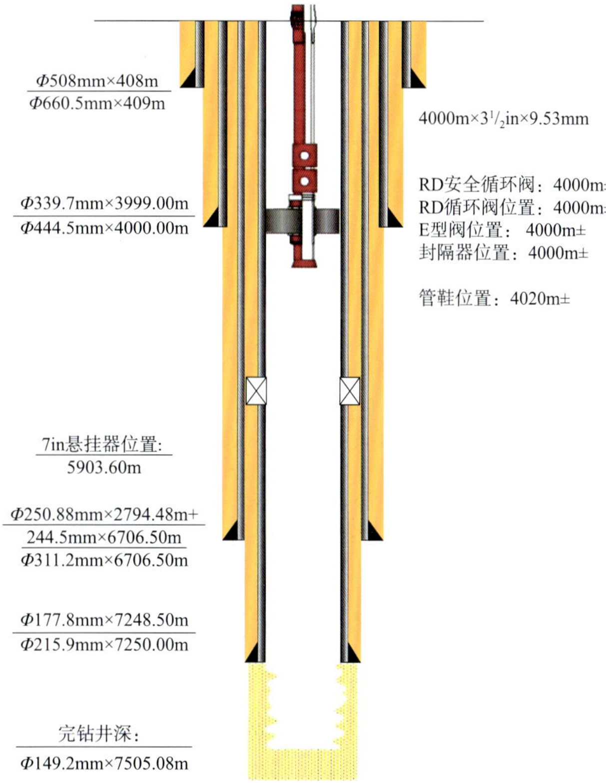

图 1 - 7 - 29 顺南 3#井井身结构示意图

(二)发生经过

1. 油套压异常简述

顺南 3#井在扫塞、通洗井、组下测试管柱、坐封封隔器、替浆等施工过程中均未出现异常现象，开井前为防止温效导致套压升高误启动 RDS 阀，组织泄套压、补套压。第一次开井 2min 后，井队节流管汇 J4 号阀门阀杆渗漏后关井整改，关井前油压 42.2MPa、套压 26MPa，关井后油压 50.8MPa、套压 20MPa，此时封隔器处于正常工作状态。

第二次开井期间，为了保证封隔器密封良好，避免 RDS 阀提前关闭，组织进行 10 次补、泄套压作业。放喷口见混合液(以甲酸盐测试液为主，含部分泥浆)，放喷口间断见微量气，间歇火焰高度 0 ~ 0.5m，第二次开井油套压变化情况见图 1 - 7 - 30。

从压力曲线中可以看出，套压瞬间升高至 65.5MPa，油压 71.55MPa，判断井下 RD 安全循环阀和 RD 循环阀已打开，油套连通。

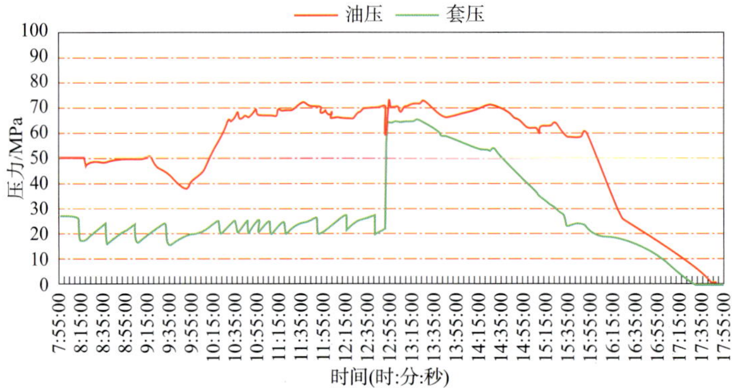

图 1－7－30　顺南 3# 井二开井压力曲线

2. 管柱提出检查情况

CHAMP 封隔器起出后检查：水力锚锚爪 72 个镶齿有 41 个损坏，封隔器卡瓦有 5 个镶齿损坏，胶筒破碎。RDS 阀和 RD 阀破裂盘破裂，其他无异常，详见图 1－7－31、图 1－7－32和图 1－7－33。

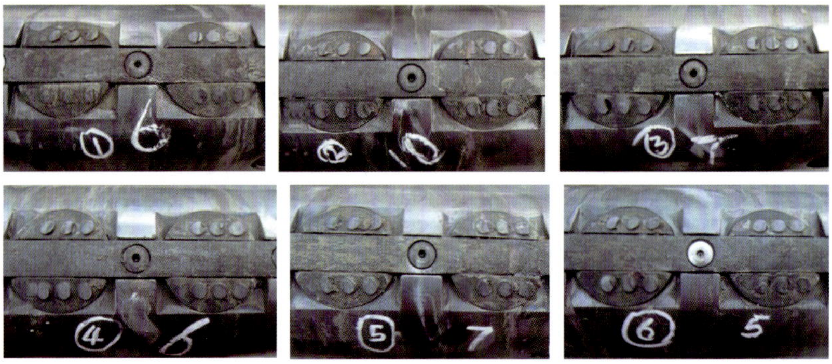

图 1－7－31　水力锚锚爪镶齿损坏情况

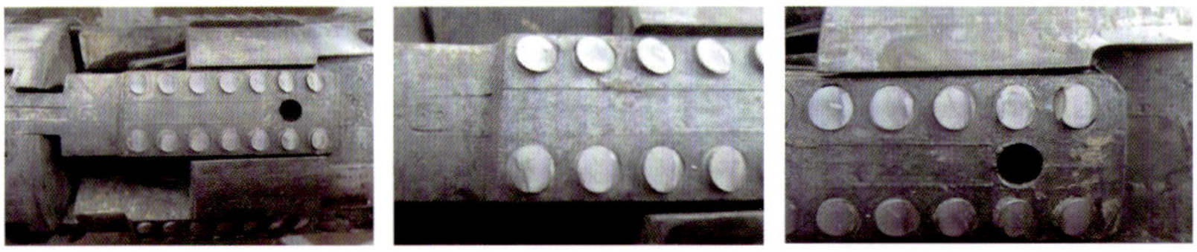

图 1－7－32　卡瓦镶齿损坏情况

图 1－7－33　胶筒破碎情况

(三)原因分析

1. 水力锚锚爪镶齿损坏严重原因

开井前，为防止温效使套压升高误启动 RDS 阀，用井队液动节流阀泄套压。由于节流阀被刺，套压快速由 35.1MPa 泄至 0MPa，详见图 1－7－34。

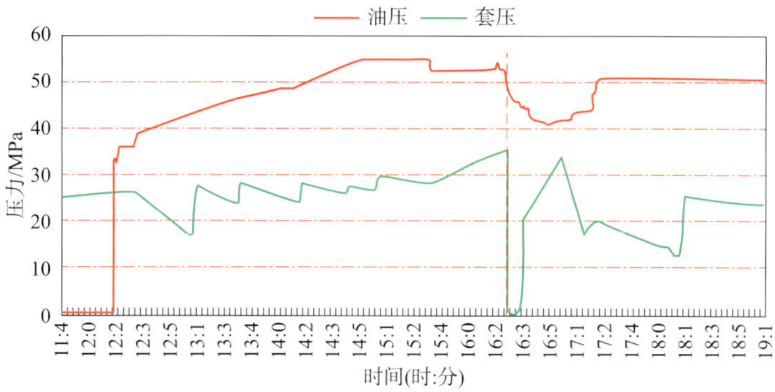

图 1-7-34 顺南 3# 井(S1-1)正挤甲酸盐溶液与泄套压曲线

封隔器压差由 13.15MPa 快速增加至 47MPa，活塞力由 166.6kN 快速增加至 588kN。由于泄压速度太快、幅度太大，水力锚锚定力的增加速度无法跟上，活塞力大于水力锚锚定力，造成管柱窜动，掰断锚爪镶齿。

2. 封隔器失封原因

本次使用的 CHAMP 封隔器胶筒为改进的“金属网 + 单胶筒 + 金属网”胶筒结构，胶筒长度 127.4mm，其长度较原胶筒(165mm)短 37.6mm，见图 1-7-35 和图 1-7-36。CHAMP 封隔器胶筒压缩行程有机械限位，最大压缩量为 100.2mm，其作用是防止胶筒被过度压缩而造成损坏，但改进后胶筒的线应变较原胶筒大，机械限位失效，胶筒存在被过度压缩的风险。

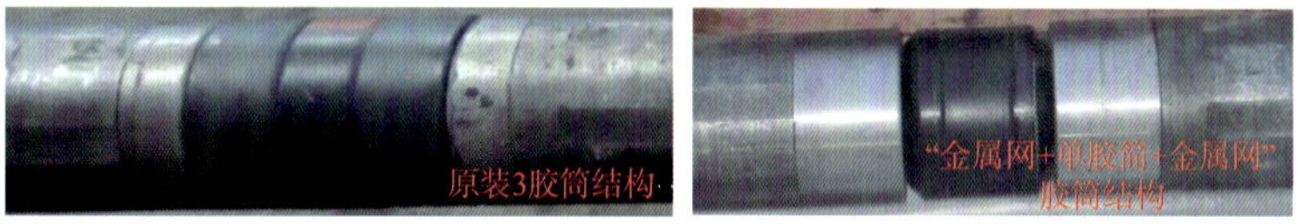

图 1-7-35 CHAMP 封隔器原装胶筒与改进型胶筒结构对比

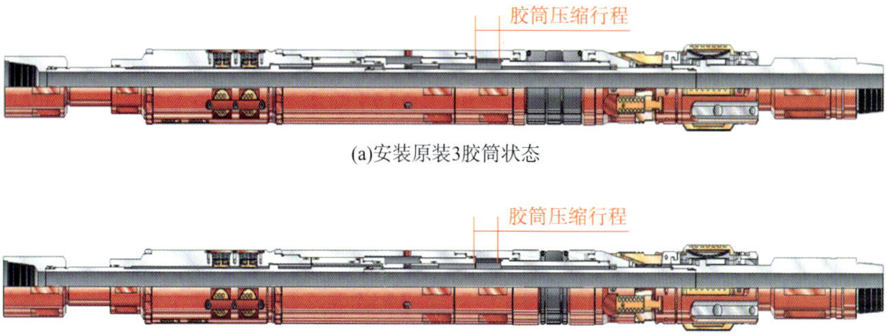

(a)安装原装3胶筒状态

(b)安装“金属网+单胶筒+金属网”胶筒状态

图 1-7-36 CHAMP 封隔器结构示意图

水力锚锚爪受损，锚定力大大减弱，不足以克服开井期间封隔器之上油管温效(热胀)产生的力。随着温度的不断增加，作用在胶筒上的压缩力不断增大，最终造成胶筒被压溃(胶筒所受压应力大于橡胶的许用剪应力)，见表 1-7-3，封隔器失封。

表 1-7-3　开井后温效(热胀)对封隔器上管柱的影响(假设水力锚完全不起作用)

管柱平均升高温度/℃	温效产生的力/kN	坐封加压吨位/kN	管柱底端合力/kN
5	29.3	254.8	284.1
10	58.7	254.8	313.5
20	117.3	254.8	372.1
30	176	254.8	430.8
40	234.6	254.8	489.4
50	293.3	254.8	548.1
60	351.8	254.8	606.6
70	410.6	254.8	665.4
80	469.2	254.8	724

另外，顺南 3[#]井坐封吨位 254.8kN(一般为 137.2～156.8kN)，坐封吨位值过大是造成封隔器胶筒压溃的另一个原因。设计如此大坐封吨位的原因如下：

(1)E 型阀关闭前，正挤甲酸盐溶液(地面液体温度大约 0℃)，井筒温度下降，封隔器之上油管受冷收缩，封隔器坐封吨位减小，见表 1-7-4。

表 1-7-4　E 型阀关闭之前(水力锚未工作)正反挤温效(冷缩)对封隔器坐封吨位的影响

管柱平均下降温度/℃	温效造成的管柱收缩量/m	坐封力减少吨位/kN	封隔器压缩距/m(包括下滑距 0.15m + 自由行程 0.16m)	温效影响后的等效压缩距/m	等效坐封吨位/kN
5	0.24	28.9	2.4/2.09	1.85	223.5
10	0.48	57.9	2.4/2.09	1.61	194.6
15	0.72	86.8	2.4/2.09	1.37	165.6
20	0.96	115.8	2.4/2.09	1.13	136.7
25	1.20	144.7	2.4/2.09	0.89	107.8
30	1.44	173.7	2.4/2.09	0.65	78.8
35	1.68	202.7	2.4/2.09	0.41	19.9

(2)E 型阀关闭后进行正注时，封隔器之上的油管温效(冷缩)未消失，而正挤与开井期间，水力锚一直处于工作状态，后期井温恢复与开井井温升高对封隔器之上油管的温效(热胀)产生的力由水力锚锚定，不会作用于封隔器上，封隔器坐封吨位保持在 E 型阀关闭前的低值。因此，为防止封隔器无法正常坐封，顺南 3[#]井的坐封吨位值设置得偏大以补足由于管柱受冷所造成的收缩力。

分析造成封隔器失封的原因如下：生产时井筒温度不断升高，封隔器之上的油管由于温度效应不断伸长，对下部封隔器产生一个压缩力，且随着温度的不断增加，压缩力不断增大。而开井前水力锚锚爪已经受损，其锚定力大大减弱，此压缩力和过大的坐封吨位大部分作用在封隔器胶筒上。另外，改进后的胶筒结构失去了防过度压缩功能，最终导致封隔器的胶筒被压溃。

综上所述，封隔器失封原因如下：

(1)造成封隔器失封的主要原因为温效引起的压缩力过大，造成封隔器胶筒破裂。

(2)造成封隔器失封的间接原因为水力锚锚定力减弱，封隔器坐封吨位过大及采用的胶筒组合失去防过度压缩功能。

(四)处理措施与效果

提出完井管柱后更换封隔器坐封、验封合格，同时建议减小开井期间泄套压速度与幅度，这样可以减弱井内压力激动，使水力锚工作相对平稳，减轻胶筒的疲劳。

(五)经验教训

(1)替液使用加热盐水，减少封隔器以上油管的温效，减小封隔器坐封吨位的降低幅度。

(2)对于带有 RD 安全循环阀的完井管串，为保证井下工具正常工作，需对套压进行控制。

(3)降低封隔器的坐封吨位，防止开井期间封隔器之上油管温效(热胀)产生的力过大，以致其与坐封吨位的合力压溃胶筒。

四、YB1#井封隔器承压过高导致失封

(一)基本情况

2013 年，对奥陶系中统一间房组(O_2yj)6259.00～6623.00m 裸眼完井，采用“水力锚 + 滚珠扶正器 + 安全丢手 + LXK344－138 裸眼封隔器 + 节流器 + 圆头引鞋”完井管柱，封隔器坐封位置 6252.43m，井温 142.69℃，井径 Φ152.4mm，该井 Φ177.8mm 套管未回接，悬挂器位置 3614.86～3619.69m。YB1#井井身结构、管柱数据见图 1－7－37、图 1－7－38。

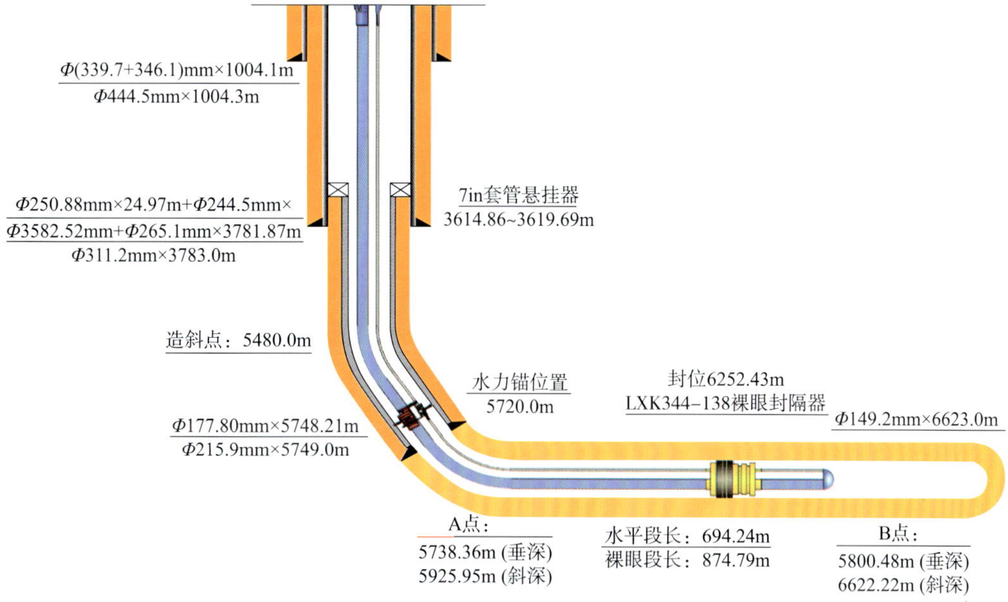

图 1－7－37 YB1#井井身结构示意图

管柱	名称	内径/mm	外径/mm	总长度/m	下深/m
	油管挂	76.00		0.36	
	双公接头	76.00	88.90	0.36	
	$3^1/_2$in TP-JC油管	76.00	88.90	5686.82	
	$2^7/_8$in TP-JC平角油管	62.00	73.00	18.6	
	7in 水力锚	62.00	146.00	0.4	
	$2^7/_8$in JC倒角油管	62.00	73.00	279.22	
	滚珠扶正器	62.00	142.00	0.4	
	$2^7/_8$in JC倒角油管	62.00	73.00	252.45	
	液压丢手			0.47	
	滚珠扶正器	62.00	142.00	0.4	
	LXK344-13裸眼封隔器	60.00	138.00	1.04 1.25	6252.43
	滚珠扶正器	62.00	142.00	0.4	
	节流器			0.16	
	$2^7/_8$in JC打孔油管	62.00	73.00	18.72	
	滚珠扶正器	62.00	142.00	0.4	
	圆头盲堵引鞋		120.00	0.18	6274.28

图1-7-38 YB1#井管柱数据

(二)发生经过

5月2~4日铣柱通井无遇阻显示，用密度1.14g/cm³的泥浆正循环洗井。4~6日模拟通井至井深6279m，无遇阻显示。6~7日组下底带LXK344-138封隔器的酸压完井管柱，无遇阻显示。

酸压过程中油套连通：酸压施工，最高泵压90.8MPa，最高套压61.7MPa，最大排量5.5m³/min，共注入750m³。起泵施工初期，封隔器瞬间失封，取消加砂(酸压曲线见图1-7-39)。

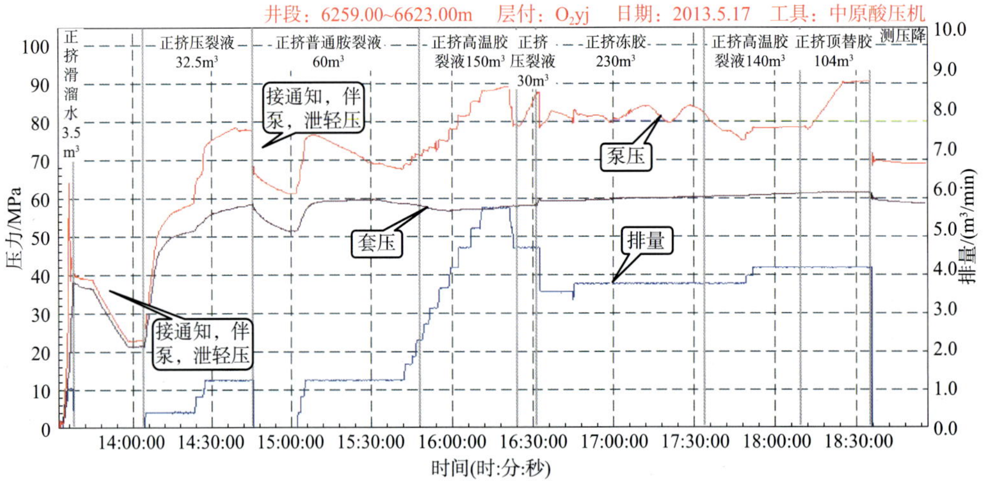

图1-7-39 YB1#井酸压施工曲线

(三)原因分析

YB1#井正挤滑溜水 3.3m^3 后验证油套连通，见油套连通前酸压曲线放大图(见图 1－7－40)。

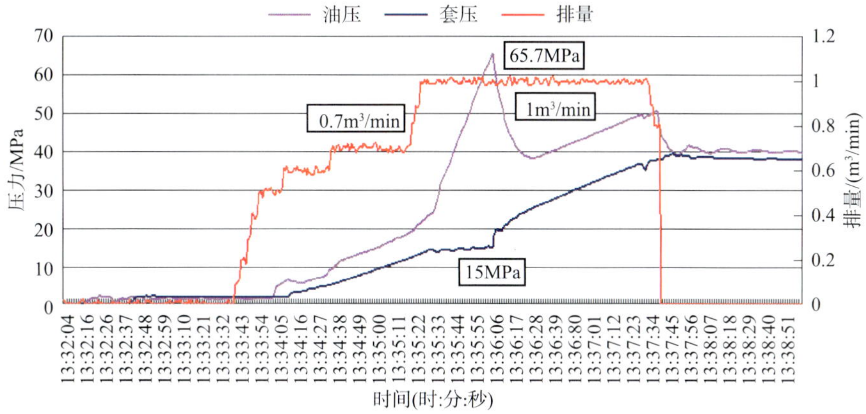

图 1－7－40 YB1#井酸压施工油套连通前酸压曲线放大图

当排量从 0.7m^3/min 增加至 1m^3/min 时，初期套压维持在 15MPa 稳定时间 33s，在此时间内油压持续上升至 65.7MPa，之后显示套压持续上升，油套连通。通过计算，在 1m^3/min排量下(全井油管简化为 Φ88.9mm 油管，油管内介质简化为清水)，油管摩阻值约为 9.61MPa(排量摩阻关系图见图 1－7－41)。封隔器失封瞬间承压值约为 65.7－15－9.61＝41.09MPa。

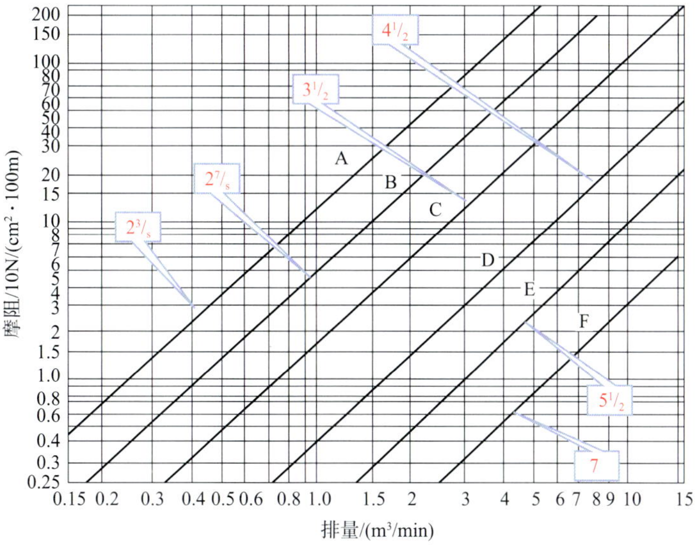

图 1－7－41 排量摩阻关系

(1) YB1#井 LXK344－138 封隔器失封瞬间承压值约为 41.09MPa，接近封隔器额定承压值 50MPa 极限。承压值较大可能是造成封隔器失封的主要原因。

(2)对比发现，在相同排量下，封隔器失封井施工初期，泵压对排量敏感(较低排量下泵压值较高)可能是由地层较致密和地破压力梯度较高造成的。YB1#井破裂梯度0.02MPa/m，塔河主体区块破裂梯度约0.016MPa/m。当然，裸眼封隔器失封与地破梯度高无直接联系，如酸压流体加重、环空流体密度加重等措施均可以在一定程度保证封隔器坐封良好。

2013年采用LXK344－138封隔器井酸压施工泵压排量对比见图1－7－42。

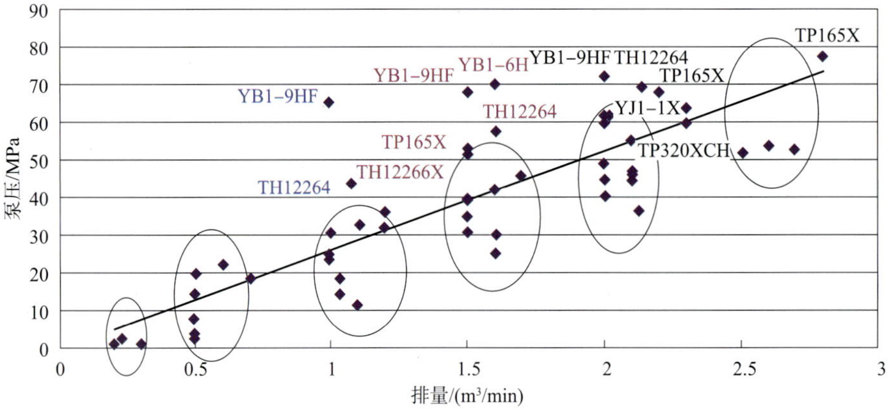

图1－7－42　2013年采用LXK344－138封隔器井酸压施工泵压排量对比

(四)处理措施与效果

生产过程控制套压低于环空承压最低值的80%，为52MPa，生产期间B环空始终未起压，保证了井筒完整性和生产的安全性。

(五)经验教训

K344－138封隔器通过节流器坐封，为保证封隔器在酸压初期可承高压，需改进节流器，降低坐封泵压。

(1)改进节流器结构，保证在较低排量、较低泵压条件下封隔器已坐封，可进行打备压作业，防止封隔器因承受压差过大而失封。

(2)根据区块破裂梯度采用不同节流器，或采用双节流器，确保低排量下封隔器完全坐封。

五、跃进1X井酸压期间密封件损坏导致套压异常

(一)基本情况

2012年，跃进1X井采用“循环滑套＋水力锚＋RTTS封隔器”完井管柱，地破实验期间套压异常。跃进1X井入井管串数据见图1－7－43。

管柱	名称	内径/mm	外径/mm	上扣扣型	下扣扣型	数量/个	总长度/m	下深/m
	压缩距						2.52	-2.52
	油补距						9.43	6.91
	油管挂	76	278	$3^{1}/_{2}$in TP-JCB	$3^{1}/_{2}$in TP-JCB	1	0.27	7.18
	双公接头	76	88.9	$3^{1}/_{2}$in TP-JCP	$3^{1}/_{2}$in TP-JCP	1	0.82	8.00
	$3^{1}/_{2}$in油管	76	88.9	$3^{1}/_{2}$in TP-JCB	$3^{1}/_{2}$in TP-JCP	640	5988.68	5996.68
	变扣接头	62	108	$3^{1}/_{2}$in TP-JCB	$2^{7}/_{8}$in TP-JCP	4	0.37	5997.05
	$2^{7}/_{8}$in油管	62	73	$2^{7}/_{8}$in TP-JCB	$2^{7}/_{8}$in TP-JCP	106	988.76	6985.81
	变扣接头	62	89	$2^{7}/_{8}$in TP-JCB	$2^{7}/_{8}$in EUEP	1	0.39	6986.20
	循环滑套	38/52	105	$2^{7}/_{8}$in EUEB	$2^{7}/_{8}$in EUEP	1	0.4	6986.60
	7in水力锚	60	143	$2^{7}/_{8}$in EUEB	$2^{7}/_{8}$in EUEP	1	0.47	6987.07
	变扣接头	61	127	$2^{7}/_{8}$in EUEB	$4^{5}/_{32}$in-8N	1	0.19	6987.26
	7in RTTS封隔器	60	146	$4^{5}/_{32}$in-8N	$2^{7}/_{8}$in EUEP	1	0.57 0.77	6987.83 6988.60
	变扣接头	62	93	$2^{7}/_{8}$in EUEB	$2^{7}/_{8}$in TP-JCP	1	0.36	6988.96
	$2^{7}/_{8}$in油管	62	73	$2^{7}/_{8}$in TP-JCB	$2^{7}/_{8}$in TP-JCP	1	9.32	6998.28
	喇叭口	62	89	$2^{7}/_{8}$in TP-JCB	—	1	0.17	6998.45

图 1-7-43 跃进 1X 井入井管串数据

(二)发生经过

跃进 1X 井 2012 年 10 月组下酸压管柱、坐封封隔器、坐油管挂、装采油树并试压合格，用密度 1.01g/cm^3 的清水反替井内密度 1.15g/cm^3 的泥浆。

投球入座后用密度 1.01g/cm^3 的清水 0.2m^3 正打压至 10MPa 关闭滑套；继续打压至 16MPa 突降至 11MPa，球座击落；继续正注密度为 1.01g/cm^3 的清水 1m^3，泵压 11～29MPa，节流泄压至 0MPa，返出密度 1.01g/cm^3 的清水 1.2m^3；用密度 1.01g/cm^3 的清水 1.6m^3 环空反打压至 15MPa，稳压 30min，压降 0.2MPa 验封合格，见图 1-7-44。

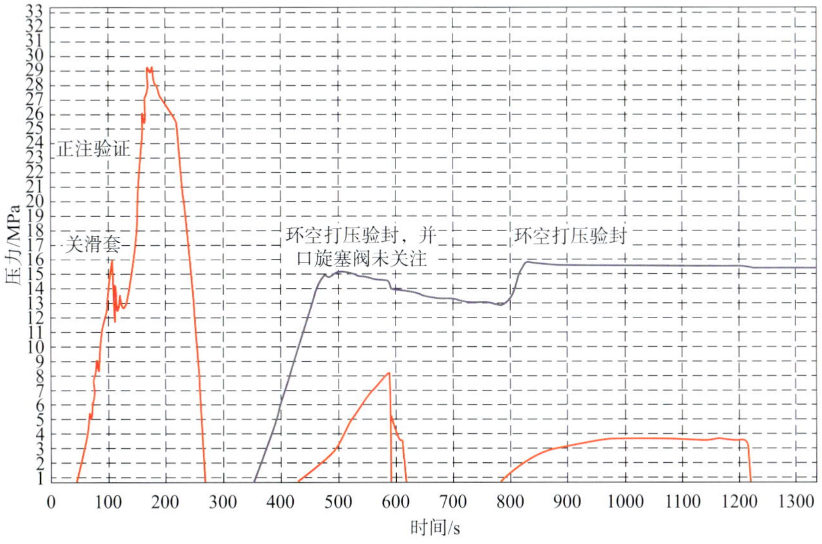

图 1-7-44 关滑套、封隔器验封曲线

地破实验套压异常：

用密度 1.01g/cm^3 的清水 15m^3 做地破实验，泵压由 0MPa 先上升至 41MPa 后下降至 39MPa，排量 0.17～0.19m^3/min，套压由 15MPa 上升至 24.5MPa。停泵测压降，油压由 38MPa 下降至 31.2MPa，套压由 24.5MPa 上升至 26MPa，节流泄油压至 0MPa，套压由 26MPa 下降至 4MPa，返出密度 1.01g/cm^3 的清水 5m^3，详细情况见图 1－7－45、图 1－7－46。

地破压力试验期间套压持续升高，存在异常，认为油套从此时间段已经连通。用密度 1.01g/cm^3 的清水 6.1m^3 正注进行验证，泵压 0～39MPa，套压 0～33MPa，随着油压升高套压迅速升高，油套连通，且连通程度相比地破试验期间高很多。

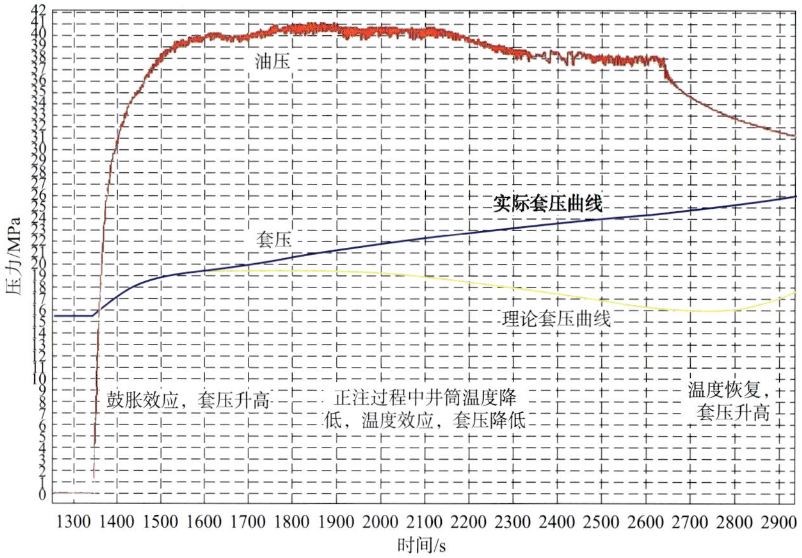

图 1－7－45　地破试验曲线图 1

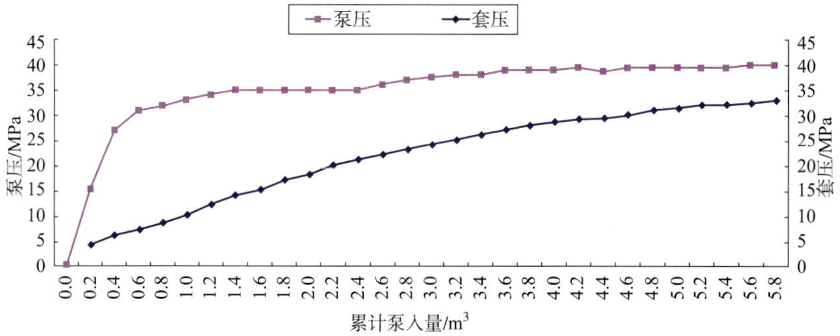

图 1－7－46　地破试验曲线图 2

起出工具检查：

11 月 2～7 日提甩酸压完井管柱，现场检查循环滑套、Φ177.8mm 水力锚、Φ177.8mmRTTS 封隔器，发现循环滑套循环孔内有一道断裂 O 形圈，RTTS 封隔器一个胶筒落井，一个胶筒损坏，且严重炭化（见图 1－7－47）。

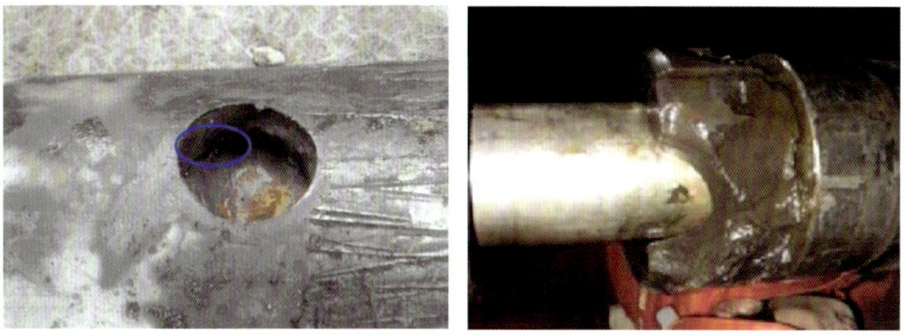

图 1－7－47　工具起出图片 1

工具起出后现场对循环滑套进行试压，循环孔漏液严重，无法起压，表明循环滑套密封失效，内外连通。对 RTTS 封隔器和水力锚进行试压，打压至 2MPa 时，水力锚一个锚爪开始渗液，继续打压至 10MPa，3min 压力下降至 9MPa，一个锚爪滴液。

试压完成后对工具进行拆解，发现水力锚各锚爪 O 形圈完好，没有刺伤痕迹。循环滑套循环孔上部两道 O 形圈完好，下部两道 O 形圈完全损坏（见图 1－7－48）。

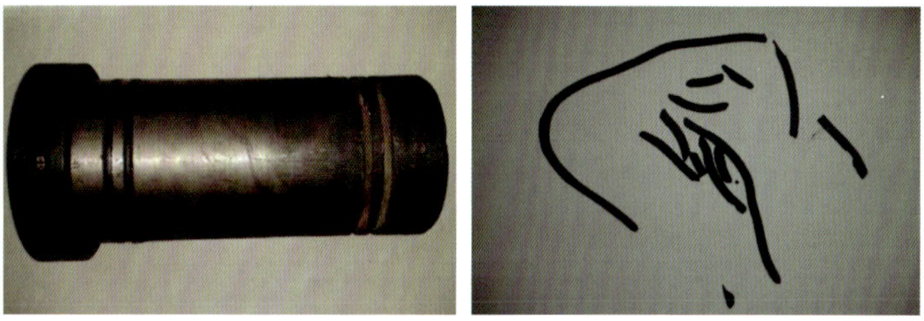

图 1－7－48　工具起出图片 2

（三）原因分析

1. 水力锚锚爪刺漏

跃进 1X 井使用的水力锚密封件为氟橡胶，氟橡胶热膨胀系数一般在 $(2\sim3)\times10^{-4}$，而钢材的热膨胀系数一般为 1.2×10^{-5}。氟橡胶的热膨胀系数是钢材的 10 倍以上，工具出井后温度下降幅度达到 150℃，导致密封件受冷收缩幅度明显高于钢材，而密封件在高温条件下工作使其产生永久变形，弹性变差，密封件的弹性膨胀量无法补充温度变化引起的变形量，导致密封件和钢体之间出现间隙，密封失效，出现渗漏。

如果在井下已出现刺漏，那么经过长时间高泵压压井，渗漏位置应该出现明显刺坏痕迹。因此认为水力锚在井下高温条件下不用考虑密封件的热膨胀，密封件始终挤压水力锚钢体，密封有效，跃进 1X 井油套连通不是水力锚所致。

2. 封隔器胶筒原因

封隔器起出后对其进行检查，发现一个胶筒落井，一个胶筒损坏，且胶筒严重炭化，对封隔器进行试压无渗漏表明，封隔器内部密封件密封良好。按照“跃进 1X 井下 RTTS 封隔器施工设计”要求，跃进 1X 井使用的是耐温 204℃、耐压差 70MPa 的高温封隔器，封隔器胶筒材质为氟橡胶。工具出井后胶筒严重炭化，封隔器在井下累计工作 14d，油套出现连通时封隔器累计工作 4d。封隔器胶筒在如此短时间出现严重炭化表明胶筒存在质量问题，不能排除油套连通是因为封隔器胶筒存在质量问题所致。

3. 循环滑套原因

起出的循环滑套进行现场检查，发现循环孔处有断裂的O形圈一端，表明滑套内部至少一道O形圈已经断裂。在进行试压时一打压即发现循环孔开始漏液，继续打压由于漏失严重无法起压。拆开后发现循环孔上部两道O形圈完好，下部两道O形圈断裂成多段，内套上有明显流体刺过痕迹，有一道O形圈痕迹，表明早期O形圈即从槽内滑出(见图1-7-49、图1-7-50)。

图1-7-49　循环滑套情况

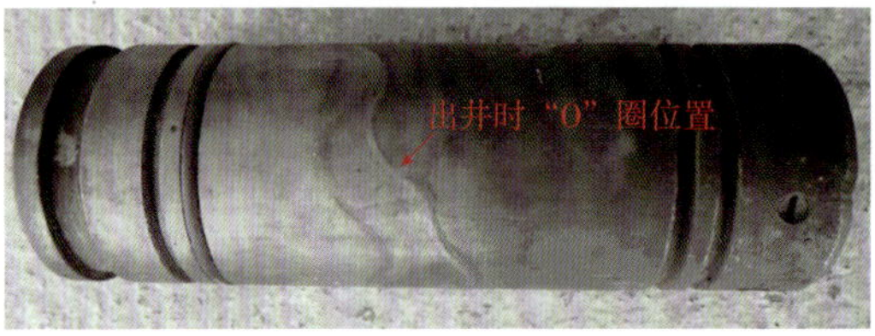

图1-7-50　循环滑套活塞情况

跃进1X井使用循环滑套耐温160℃，耐压差50MPa，密封件采用氢化丁腈，循环孔上下各两道O形圈，关闭循环滑套时上部两道O形圈始终在相对密闭空间内滑动，与之配合部位没有直径变化，因此不易出现问题。而下部两道O形圈需要通过循环孔，并且进入缩径部位才能达到密封效果，这个过程中可能出现O形圈挤出、剪切破坏等情况，只要两道O形圈同时受到损坏，就可能出现循环滑套密封失效、管柱油套连通的情况，详细结构见图1-7-51。

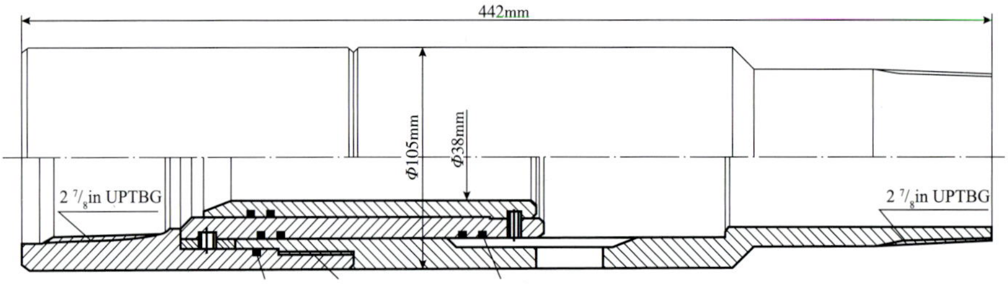

图1-7-51　循环滑套结构示意图

根据循环滑套出井状态及前期施工过程中的油套压变化情况，认为循环滑套活塞下部第一道O形圈在进入密封面过程中受到一定的损坏，第二道O形圈在滑套关闭下移过程中从O形圈槽内挤出或是后期在承受较大压差作用下被挤出。

第一道 O 形圈失效原因：拆开工具检查发现第一道 O 形圈在槽内，但是断裂成多段，多处缺失，有明显水力刺过痕迹。根据循环滑套机械制造图纸，活塞外径 71mm，O 形圈槽内径 66mm，槽深 2.5mm，使用的 O 形圈规格 $\Phi71\times\Phi65\times d_3$，计算出压缩率为 16.7%，符合 GB/T 3452.3—2015 中 12% ~28% 的要求，拉伸量 1.015%，符合 GB/T 3452.3—2015 中小于 5% 的要求。

液压、气动密封情况见图 1-7-52，活塞密封 O 形圈预拉伸率见表 1-7-5。

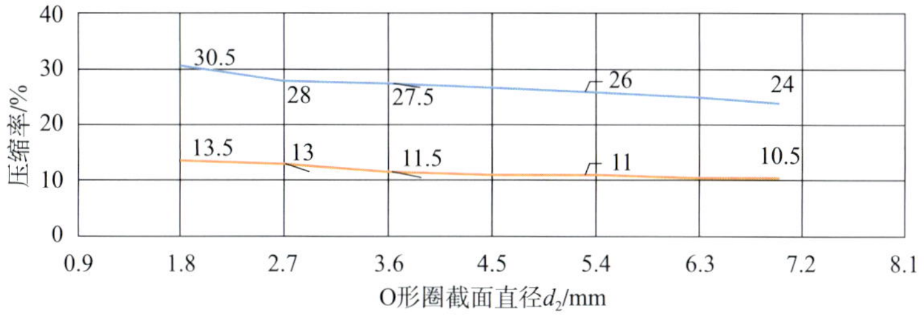

图 1-7-52 液压、气动密封

表 1-7-5 活塞密封 O 形圈预拉伸率

应用情况	O 形圈内径 d_1/mm	Y_{max}/%
动密封或静密封	4.87 ~13.20	8
	14.0 ~38.7	6
	40.0 ~97.5	5
	100 ~200	4
	205 ~250	3
	258 ~400	3
静密封	412 ~670	2

根据 GB/T 3452.3—2015 中关于沟槽和配合偶件表面的表面粗糙度要求，沟槽的底面和侧面在静密封有交变压力的情况下(循环滑套关闭到位后，密封圈基本不运动，但是可能出现正反压差变化)要求表面粗糙度 $Ra\leqslant1.6$，配合偶件表面 $Ra\leqslant0.8$。跃进 1X 井使用的循环滑套沟槽的底面和侧面、配合偶件表面 Ra 均为 3.2，未达到标准要求。O 形圈在较粗糙的表面运动和承受交变压差的情况下容易损坏 O 形圈，造成密封能力下降，见表 1-7-6、图 1-7-53。

表 1-7-6 沟槽和配合偶件表面的表面粗糙度

表面	应用情况	压力状况	表面粗糙度	
			Ra	Ry
沟槽的底面和侧面	静密封	无交变、无脉冲	3.2(1.6)	12.5(5.3)
		交变或脉冲	1.6	6.3
	动密封		1.6(0.8)	6.3(3.2)

续表

表面	应用情况	压力状况	表面粗糙度	
			Ra	*Ry*
配合偶件表面	静密封	无交变、无脉冲	1.6(0.8)	6.3(3.2)
		交变或脉冲	0.8	3.2
	动密封		0.4	1.6
倒角表面	3.2	12.5		

注：括号内的数值应用于要求精度较高的场合。

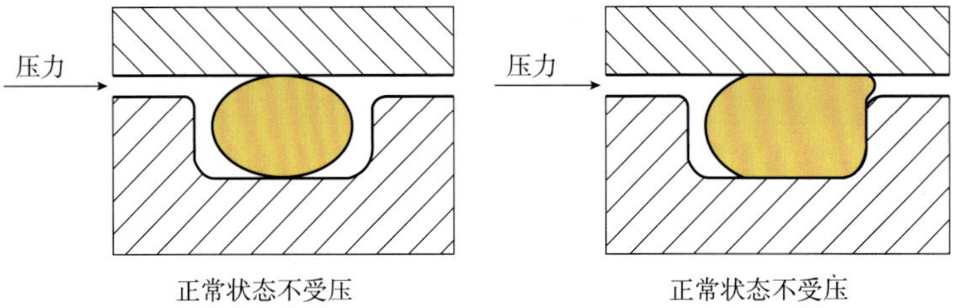

图 1-7-53 正常状态下 O 形圈情况

在正常情况下，O 形圈安装到位后被挤压压扁达到密封效果，当受到压差作用力后沿着受力方向进一步挤压变形，部分橡胶被挤进间隙里。由于跃进 1X 井使用的滑套 O 形圈接触部分粗糙度均较高，关闭滑套时 O 形圈滑过部位没有黄油的润滑(下部两道 O 形圈及配合的密封面在滑套关闭前均暴露在完井液中，长时间高温条件下黄油流失)，导致其磨损严重，尤其是 O 形圈沿滑动方向的前端磨损最为严重(见图 1-7-54)。

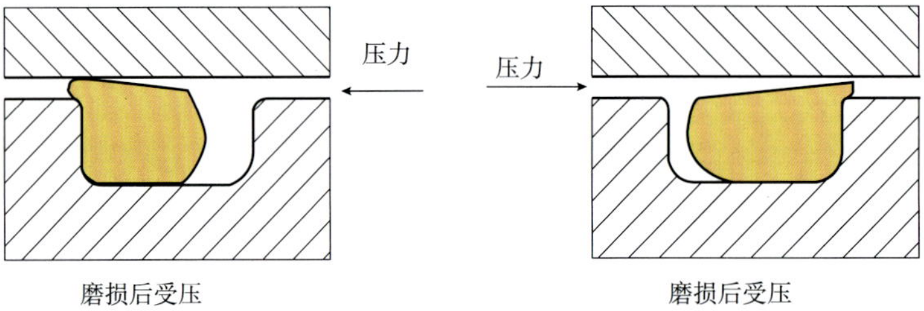

图 1-7-54 磨损后 O 形圈受压情况

滑套关闭后环空打压对封隔器进行验封时 O 形圈受力情况如图 1-7-54 左图所示，由于受力方向一侧 O 形圈磨损程度较轻，具有一定密封作用，在压力作用下推动 O 形圈运动到沟槽侧面并挤压变形。挤压变形量弥补前期磨损量，所以 O 形圈仍然具有密封效果，封隔器验封期间油套不连通，验封 15MPa 合格。

地破时由于滑套内压高于外压，O 形圈磨损严重一侧受到的压力大，受力情况如图 1-7-54右图所示。在压力作用下，流体沿着 O 形圈间歇进入并挤开仍然具有一定密封效果一侧，密封失效，油套连通，表现为地破试验期间套压逐步升高。

第二道 O 形圈失效原因：由于下接头与活塞配合面间隙极小(下接头内径 71mm，活塞外径 71mm，仅有一点加工误差），O 形圈进入后基本不可能被挤出，因此认为第二道 O 形圈在进入密封面之前即被挤出。

根据循环滑套机械加工图纸，倒角角度为 20°，倒角面粗糙度 *Ra* 为 3.2，倒角角度和倒角面粗糙度均达到要求上限，因此 O 形圈在进入密封面时就可能被挤出。

根据 GB/T 3452.3—2015 中关于径向静密封和动密封的适用范围要求，跃进 1X 井使用的 O 形圈内径为 65mm，应该选用截面直径 5.3mm 及以上密封圈；跃进 1X 井使用的 O 形圈截面直径为 3mm，明显小于推荐值，导致其容易从沟槽内挤出。径向静密封和动密封的适用范围见表 1-7-7。

表 1-7-7　径向静密封和动密封的适用范围

O 形圈规格范围		应用					
		活塞密封			活塞杆密封		
d_2	d_1	液压动密封	气动动密封	静密封	液压动密封	气动动密封	静密封
1.80	1.8～4.87		▲	▲		▲	
	3.2～5.00	▲	▲	▲	▲	▲	▲
	14.0～32.5				▲		▲
2.65	14～40.0	▲	▲	▲	▲	▲	▲
	41.2～165				▲		▲
5.30	40.0～115	▲	▲	▲	▲	▲	▲
	118～400				▲		▲
7.00	109～250	▲	▲	▲	▲	▲	▲
	258～570						

注：“▲”为推荐使用的密封形式。

综合分析认为第二道 O 形圈被挤出的原因为倒角偏大、倒角面粗糙度偏大、O 形圈截面直径偏小共同所致。

（四）处理措施与效果

提升循环滑套密封圈的性能，更换井下工具重新下完井管柱，施工正常。

（五）经验教训与建议

（1）循环滑套密封件选用耐温能力更高的氟橡胶。

（2）提高循环滑套的加工精细度，要求尽可能降低密封面的粗糙度。

（3）改进循环滑套结构，选用截面直径更大的 O 形圈，增加接触面积。

（4）在 O 形圈两侧加装支撑密封，防止 O 形圈受到损坏和高压差下被挤出，提高承压能力。

（5）对封隔器胶筒使用的橡胶材料进行化验，确认是否为氟橡胶，是否能够达到封隔器设计耐温要求。

第二章　射孔作业故障

射孔作业是指用电缆、油管、钻杆或连续油管将射孔枪送入射孔井段，引爆射孔弹射开套管和储层。

第一节　油泥堵塞导致射孔枪未正常起爆

一、S4#井射孔枪未起爆

（一）基本情况

2008 年，对石炭系下统卡拉沙依组（C_1K_1）5216.0～5222.0m 井段进行射孔完井，该井 Φ177.8mm 套管回接到井口，下深 5359.14m。采用"射孔枪＋安全枪＋压力开孔起爆器＋EUE 油管 4 根＋定位短节 1 根＋Φ73mmEUE 油管 1714m＋Φ88.9mmEUE 油管 3500m"射孔管柱。起爆方式：油管打压射孔（压力开孔起爆器）；枪型 SQ－127，弹型 DP41RDX－52－127 型射孔弹；孔密 16 孔/m；相位 90°；采用螺旋式布孔。

（二）发生经过

完井液密度 1.14g/cm^3，温度 115℃，压力开孔起爆工艺装 21 个销钉，设计打压值 12MPa。套管校深、组下射采联作完井管柱，油管校深，调整管柱后装采油树，打压至 15MPa 无射孔显示，油、套泄压至 0MPa，再次打压至 38MPa 无射孔显示。

起出射孔枪，检查枪未响。

（三）原因分析

2008 年 3 月 12 日起出射孔枪，发现起爆器以上有 35cm 厚的沉砂（见图 2－1－1），致使在打压过程中，压力无法有效传导至剪切活塞，活塞不能下行剪断销钉（见图 2－1－2），起爆器药饼没有被撞击起爆，造成射孔枪未响。

（四）处理措施与效果

更换压力开孔起爆器，组下射孔管柱时油管内灌注无固相、不沉淀的射孔液，并用 120 目筛网过滤，再次射孔正常。

图2－1－1 起爆器以上有35cm厚的沉砂

图2－1－2 起爆器的销钉完好无缺

(五)经验教训及建议

(1)使用旧油管进行传输射孔时，必须严格按照相关规定对入井油管进行通径、清洗，清除油管内的杂物，确保射孔施工安全顺利进行。

(2)在使用压力开孔起爆器，油管内打压射孔时，油管内必须灌注无固相、不沉淀的射孔液，并用120目筛网过滤，保证起爆器上没有沉淀物，确保射孔施工的成功率。

(3)在井筒试压条件允许的情况下，使用在起爆器上装射孔筛管、环空打压的起爆方式，可以避免杂物沉淀于起爆器上导致压力无法传递至起爆器的故障，提高射孔作业成功率。

二、AT9#井射孔枪未起爆

(一)基本情况

2011年，AT9#井采用Fracgun复合射孔工艺对4500.0～4511.0m井段进行补孔(孔密16孔/m、127枪)改层作业。采用“射孔枪＋安全枪＋压力开孔起爆器＋EUE油管4根＋定位短节1根＋Φ88.9mmEUE油管”射孔管柱。

(二)发生经过

2011年12月31日至2012年1月2日套管校深、组装射孔枪、组下射孔管柱至预定位置。

2012年1月2日油管校深后调整管柱使射孔枪对准射孔深度。

2012年1月2日正打压至30MPa，压力不降，井口无液体返出，判断起爆器没有正常起爆；再次正打压至35MPa，压力不降，井口无液体返出，判断起爆器依旧没有正常起爆；第三次正打压至40MPa，压力不降，井口无液体返出，起爆器没有正常起爆。

拆泵车管线，发现泵车管线内有油泥物，检查旋塞口有油泥。起出射孔管柱，检查射孔枪未起爆。

(三)原因分析

开孔起爆器活塞处以上堆积大量沉淀物，如图2－1－3所示，无法使足够压力作用在活塞面上剪断销钉(见图 2－1－4),活塞不能下行,无法撞击起爆药饼,导致射孔枪未响。

经分析,沉淀物可能有以下几个来源:

(1)虽然射孔管柱中用的油管是新油管或者已修复的油管,但是并不能排除油管内壁没有一点杂屑,杂屑的堆积可能形成油泥。

(2)射孔液的密度是 1.14g/cm^3,虽然灌液垫时用 50 目的滤网过滤,但是射孔液不可能做到绝对干净、无杂质,射孔液内的漂浮物沉积有可能形成油泥。

(3)上油管丝扣时,操作规范规定将丝扣油涂抹在公扣处,但是由于操作不当,可能将丝扣油涂抹在母扣处,造成丝扣油落进油管内形成油泥。

图 2－1－3 AT9#井开孔起爆器活塞内堆积的油泥

图 2－1－4 AT9#井压力开孔起爆器销钉未被剪断

实验验证:

(1)通过剪切实验,证明销钉剪切值与设计一致,排除了射孔器材质量问题。

(2)压力起爆器传压部位被堵塞,导致压力未能有效传递,致使剪切销钉未被剪断,造成压力起爆器起爆失败。

(四)处理措施与效果

更换压力开孔起爆器,配防沉砂装置,组下射孔管柱时油管内灌注无固相、不沉淀的射孔液,并用 120 目筛网过滤,再次射孔正常。

(五)经验教训及建议

(1)使用旧油管进行传输射孔时,必须严格按照相关规定对入井油管进行通径、清洗,清除油管内的杂物,确保射孔施工安全顺利进行。

(2)在使用压力开孔起爆器,油管内打压射孔时,油管内必须灌注无固相、不沉淀的射孔液,并用 120 目筛网过滤,保证起爆器上没有沉淀物,确保射孔施工的成功率。

(3)在井筒试压条件允许的情况下,使用在起爆器上装射孔筛管、环空打压的起爆方式,可以减少杂物沉淀于起爆器上,确保压力传递至起爆器上,提高射孔作业成功率。

(4)开孔起爆工艺使用配套的防沉砂装置,能够避免压力起爆器传压部位被堵塞而导致起爆器无法正常起爆。

第二节 延时起爆器质量问题导致射孔枪未正常起爆

TK72#井射孔枪未起爆

(一)基本情况

2012年，对水平段4850.0~4876.5m、4886.0~4905.5m、4912.5~4982.0m进行射孔完井，该井Φ177.8mm套管未回接，悬挂器位置3188.8m，人工井底5016.98m。采用“导向枪尾+射孔枪+夹层枪+射孔枪+安全枪+压力开孔起爆器+Φ88.9mmEUE油管+定位短节+Φ88.9mmEUE油管+气举阀+Φ88.9mmEUE油管”射孔管柱。

(二)发生经过

1. 第一次气举排液

1月10日气举，氮气到达气举阀位置进入油管，停止气举；1月11日泄套压至0MPa，油管补密度为1.12g/cm^{3}的油田水23.8m^{3}后液面92m，环空287m。

2. 打压射孔情况

1月12日油管和环空补满液后正打压至22MPa(起爆压力12.43~18.18MPa)，观察30min，油套压均无压降，电脑断电无法通过TCP监测判断射孔枪是否起爆。

3. 第二次气举排液

1月12日用8-10-无油嘴开井，累计排液4m^{3}后油压落零，无法自喷；气举阀气举排密度为1.12g/cm^{3}的油田水72.2m^3。

4. 起管柱检查情况

1月13~15日泄套压至0MPa，井筒补满密度为1.12g/cm^{3}的油田水76m^3，起射孔管柱检查发现以下问题。

(1)气举单流阀内有杂物，阀杆有刺痕迹，阀头O形圈脱落。入井前对气举阀正打压实验，打压至60MPa稳压20min无压降；起出后对气举阀打压实验，打压至40MPa，20s压力即降落至零，单流阀处刺漏。

(2)开孔起爆器已正常起爆，生产孔已打开，延时起爆器未能充分燃烧(延时药柱燃烧7min左右断燃，剩余3min左右的药柱未燃烧)，起出31根射孔枪均未起爆。

(三)原因分析

开孔起爆器已正常起爆，生产孔已打开，延时起爆器未能充分燃烧，起出31根射孔枪均未起爆。

经分析，造成延时起爆器内延时药柱断燃的原因可能如下：

(1)延时起爆器耐温、耐压160℃/48h于2009年7月出厂，已超过保质期，而管柱下到位距离打压射孔的时间为69h，延时起爆器质量问题有可能导致延时药柱断燃。

(2)现场使用时又受到低温环境的影响，可能药柱部分受潮，导致药柱断燃。

(3)在装配延时药柱过程中，有可能药柱之间没有压实，存在间隙，导致出现断燃的现象。

延时起爆器内部结构、其他相关图片见图2-2-1～图2-2-4。

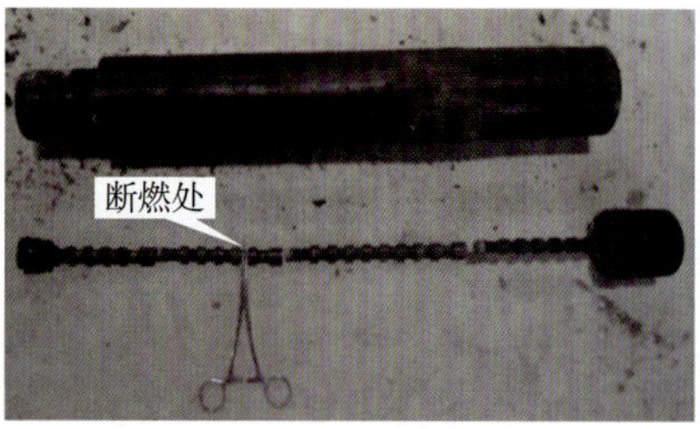

图2-2-1　TK72#井延时起爆器内部结构

图2-2-2　延时起爆器底部

图2-2-3　延时起爆器顶部

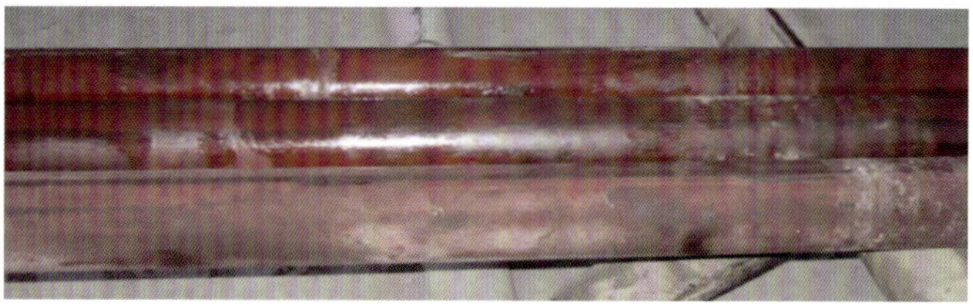

图2-2-4　起出的射孔枪(未响)

造成TK72#井射孔失败的主要原因为延时起爆器内延时药柱断燃。

(四)处理措施与效果

更换合格压力开孔起爆器和延时起爆器，后续射孔枪正常鸣响。

(五)经验教训及建议

(1)始终保持储存火工品的环境干燥，杜绝火工品潮湿现象发生。

(2)所有火工品出库前施工方检查有效期，在入井前监督人员对照出厂单，检查产品有效期，火工品过有效期坚决不许入井。

第三节　射孔上提遇卡

T90#井起爆后上提射孔管柱遇卡

(一)基本情况

2015年，对三叠系下油组(T_2a^1)4802～4964m、4989～5025m井段进行钻杆传输射

孔，该井 Φ177.8mm 套管回接到井口，下深 5359.14m。采用“射孔枪 + 安全枪 + 压力开孔起爆器 + Φ73mmTP – JC 斜坡油管 + 定位短节 + Φ88.9mm 钻杆”射孔管柱。正打压射孔；枪型 YD – 102，弹型 DP44RDX41 – 4；孔密 16/14/12/10 孔/m；相位为六方位向上/四方位向下/全方位，总装弹 2070 发。

(二) 故障发生经过

(1) 刮管：10 月 31 日 ~ 11 月 2 日分别组下 Φ177.8mm 和 Φ139.7mm 套管刮管器对封隔器坐封位置 4440 ~ 4540m 和射孔位置 4565.5 ~ 5030m 井段进行刮管，井斜角为 2.68° ~ 34.44°，狗腿度 3.37° ~ 8.74°/30m；

(2) 替浆、洗井：11 月 2 ~ 4 日组下钻头用密度 1.21g/cm^3 的油田水循环洗井。

(3) 组下射孔管柱、射孔：11 月 5 日组下射孔管柱至井深 5010m，校深、调整管柱，射孔枪正对射孔井段 4802 ~ 4964m、4989 ~ 5025m，环空打压至 12MPa 突降至 0MPa，井口有震感，TCP 监控明显，射孔成功。射孔后立即上提管柱遇卡，间断性提下放活动管柱，过提 50t、下压 10t 5 次均未解卡。

(三) 故障原因分析

射孔枪在出厂前均已试压，试压压力为 105MPa，密封圈耐温 220℃，无划痕和无损坏，因此射孔枪进水的可能性相当低，射孔枪在出厂前经过打靶实验，毛刺高度和涨径小于 3mm。

遇卡的原因可能为：

(1) 射孔枪经过起爆后毛刺和套管壁紧紧贴合在一起。此应为主要原因。

(2) 由于射孔位置井斜 85.99° ~ 92.14°，狗腿度最大达 8.5°/30m，起爆时射孔枪在高温高压震动情况下和井壁紧贴在一起，造成卡钻。

(3) 井筒上有残留的水泥块、铁锈和沙子等异物落在枪身造成卡住，射开目的层后也可能出沙卡住射孔枪。

(四) 处理措施与效果

11 月 6 ~ 7 日间断性逐渐增加悬重活动解卡，最高上提 160t(含大钩)，最低下放至 80t，未解卡。

11 月 8 日逐渐增加悬重间断活动，最高过提 70t，解卡不成功。

11 月 10 日用 Φ48.5mm 通井规电缆传输过钻具通井至井深 3920m 遇阻，张力由 8.0kN 下降至 6.7kN，起出检查通井规完好。

11 月 10 ~ 11 日用密度 1.21g/cm^3 的油田水 50m^3 正循环节流压井，过提 35t，下压 20t，连续活动 9 次，解卡无效；11 月 11 日电缆传输 Φ37.5mm 通井规过钻具通井至井深 4580m，起出通井规，检查完好；11 月 12 日电缆传输 Φ35mm 钻杆切割 Φ73mm 油管，切割位置 4569.89m，提出检查引爆成功(见图 2 – 3 – 1、图 2 – 3 – 2)；11 月 12 日管柱提出井口，发现最下端油管端面不规则断脱。

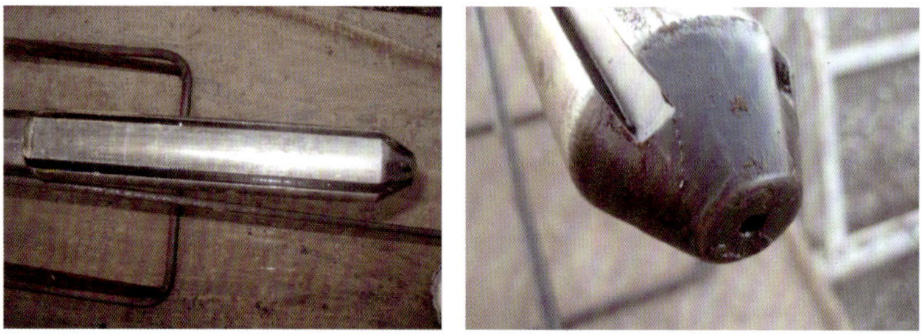

图 2-3-1　T90#井 Φ37.5mm 通井规提出图

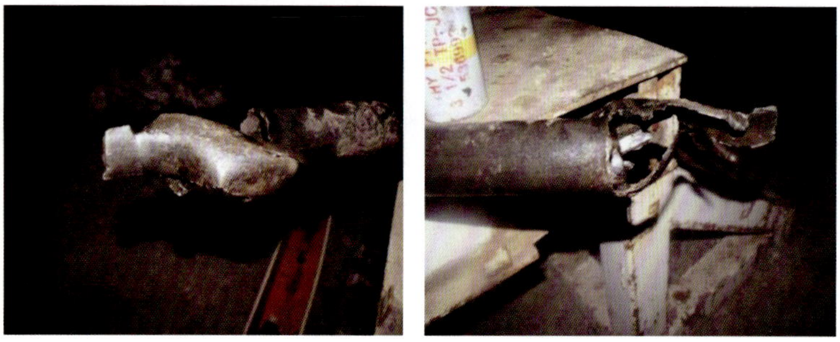

图 2-3-2　T90#井 Φ73mm 油管提出图

对 3920m 遇阻点的钻杆进行地面检查，用 Φ48mm 通井规可通过，但用 Φ50mm 通井规不能通过，其余钻杆采用 Φ50mm 通井规均可通过(见图 2-3-3、图 2-3-4)。

Φ48mm通井规可通过　　Φ50mm通井规不可通过

图 2-3-3　通径规检查遇阻点实物图

图 2-3-4　内壁粗糙不光滑

(五)经验教训

水平井射孔段普遍在百米以上，射孔枪起爆后射孔弹穿枪时产生的毛刺在重力作用下和套管壁易紧紧贴合，为防止射孔后上提遇卡，建议如下：

(1)井筒刮管时尽量刮壁干净，后续洗井尽量把异物洗出井筒。

(2)在枪接头加规环(外径大于枪身外径 3mm)以隔开枪身毛刺和套管。

第三章　绳缆作业故障

绳缆作业是指在完井试油阶段的清蜡、探液面、投堵塞器、试井和生产测井等利用钢丝或电缆作业输送手段的施工作业。在现场施工中频繁出现仪器串起下阻卡、井口防喷装置刺漏、钢丝/电缆断裂、DPT 投捞异常以及压力计数据回放异常等。

第一节　上提过程遇卡

绳缆作业仪器串起下过程中受绳缆外径、阻流管、井内流体性质及管串结构影响，易发生遇阻甚至遇卡的情况。

一、QG#井电缆腐蚀断裂导致上提时遇卡

(一)基本情况

2010 年，对震旦系 5733.00～5809.96m 井段酸压后投产，4mm 油嘴自喷生产，油压 0～29.22MPa，套压由 7.7MPa 先上升至 14.5MPa 后下降至 6MPa，日产油 0～10.8m^3，含水 83%～100%，日产气 31885～65218m^3，地层供液稳定。

从水样分析可看出(见表 3－1－1)，该井产水已呈地层水特征。为确定具体出水井段，决定进行产液剖面测井作业。

表 3－1－1　QG#井水样全分析

井号	层位	取样日期	密度/(g/cm^3)	pH	Cl^-/(mg/L)	Br^-/(mg/L)	I^-/(mg/L)	总矿化度/(mg/L)
桥古 1	Z	2010.10.27	1.111	5.7	91448.24	0.00	5.00	140891.49
		2010.11.1	1.081	6.0	76023.23	0.00	7.00	120138.50

(二)发生经过

2010 年 11 月 19 日进行第一趟通井探底作业(见表 3－1－2)，井下仪器组合由上而下为马龙头＋弹簧扶正器＋加重杆＋遥传、磁定位、伽马＋三臂井径。

表 3－1－2　第一趟探底工具串

仪器名称	直径/mm	长度/mm
马龙头	38	410

续表

仪器名称	直径/mm	长度/mm
弹簧扶正器	43	820
加重杆(7支)	(5支)43+(2支)38	10000
遥传+磁定位+伽马	38	1080
三臂井径	43	1300
总长度		13610

11月20日仪器下放至遇阻位置5797m(人工井底5809m)，校深过程中仪器工作正常；上提电缆测磁定位、自然伽马、井径曲线时，电流异常，地面判断井下仪器可能出现短路，决定上提井下仪器进行检查。

仪器起至距井口200m处，电缆以10m/min上提(采取电缆张力缓冲人工控制)，距井口50m后，以3m/min上提电缆，电缆拉力在650磅左右(显示正常)。仪器进入防喷管内，电缆张力增至850磅，绞车停止上提仪器。试关防掉器时，发现仪器没有全部进入防喷管，再次打开防掉器，绞车下放电缆，仪器下放不动，现场怀疑限流管内密封脂稠，绞车试提仪器，电缆拉力增到1700磅，仪器不动；松盘根，降低流管压力后，人力上下活动电缆无果，电缆最大拉力2000磅，仍无法解卡。放松电缆后，保持张力在650磅左右。试关闭清蜡闸门，不能完全关闭，试关闭1号闸门，仍然不完全关闭，确定工具串在防喷管及采油树之间。电缆参数见表3－1－3。

表3－1－3 电缆参数

电缆型号	直径	绝缘电阻	电缆拉断力		长度	启用时间	防硫级别
			破坏拉力	弱点拉力			
CAMESA	5.6mm	>500VDC	5000磅	2000磅	7000m	2009.08	—
累计使用次数	10井次，最大下深5430m						

(三)原因分析

电缆被气侵导致电缆在限流管处遇卡。由于电缆在高温、高压气井的环境内，可能导致气分子经过电缆绝缘层薄弱环节进入缆芯内，在电缆上提过程中随着电缆外皮钢丝张力的逐步降低，缆芯内的气体压力明显高于电缆外皮张力，致使电缆内的气体向电缆内外层钢丝拉力最弱的位置流动，导致电缆尾端扩径，造成电缆在限流管处遇卡。而QG#井遇卡后通过观察注脂泵的压力发现，遇卡后比正常注脂状况下压力减小了24MPa，而控制头处仍然没有刺漏现象，说明限流管处已被堵死。在仔细检查电缆时，发现电缆外层钢丝有气泡产生(见图3－1－1)，且电缆局部有凸起的现象。现场用游标卡尺测量电缆，最大外径达到6mm，而限流管内径为5.7mm，确定该电缆已被气侵，所以电缆被气侵导致在限流管处遇卡。

图 3-1-1 电缆外层钢丝

解卡过程中，压井前，油管压力 29MPa，而缆芯内部气体压力高于 29MPa，且电缆内外层钢丝的拉力又最小，导致电缆外径的增加，致使电缆在限流管内卡死，没有膨胀空间；而在压井过程中，油管压力迅速变小，缆芯内部气体压力不变，造成缆芯内部气体与外界环境的压差迅速增大，致使限流管及防喷管内部的电缆的缆芯内部气体迅速向电缆缆芯的弱点扩散。而此时的缆芯弱点就是电缆马龙头内部锥体的上部，此处电缆的内外层钢丝用马龙头的本体与铜垫挤死在锥体的上部。因此，此处的缆芯没有内外层钢丝的保护，又是受限空间，导致此处的缆芯瞬间释放。释放的气流将挤死在锥体上的内外层钢丝切断，导致仪器落井。图 3-1-2 为电缆炸开位置示意图。

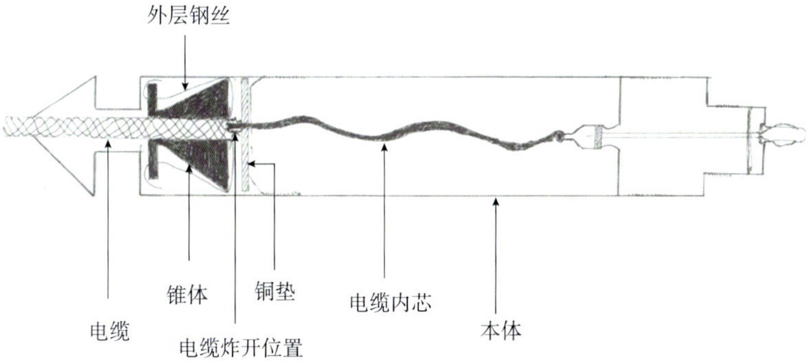

图 3-1-2 电缆炸开位置

(四)处理措施与效果

加大电缆拉力，最大拉力达到 3200 磅，未能解卡，将电缆保持在 600 磅的张力，组织压井。待油管压力达到 1MPa 时，电缆突然落地，井口人员迅速关闭防掉器，关闭清蜡闸门，拆卸防喷装置，发现仪器落井。检查电缆脱落处，有切断痕迹(见图 3-1-3)；检查限流管(2.3m)内部电缆，有 3 处凸起；检查电缆绝缘正常。

图 3-1-3 电缆脱落处切断痕迹

地面丈量限流管下部到脱落点处电缆长度为6.4m，滑轮落地距离为1m。得出仪器落井瞬间电缆在阻流管内被抽出1m。通过仪器总长、防喷管总长和防掉器到1号主阀之间的长度计算确定，入井仪器串下端停留在1号主阀处，见图3-1-4。

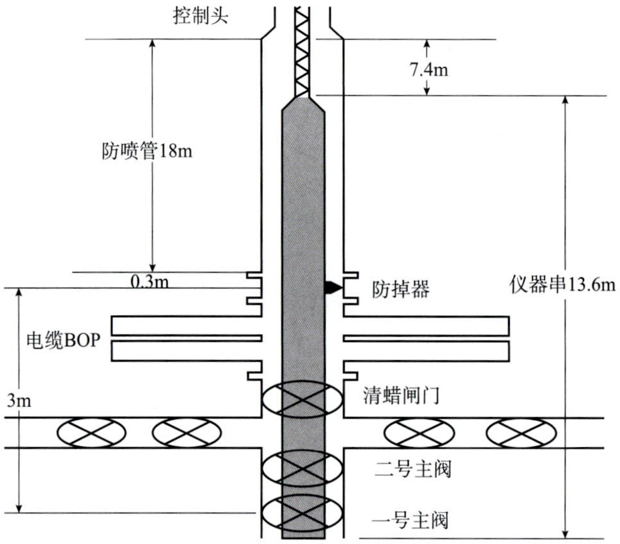

图3-1-4　电缆脱落处井口

(五)经验教训与建议

(1)对于高含硫化氢等复杂作业井采用性能可靠的防硫电缆，降低作业风险。

(2)引进防硫钢丝作业的存储式八参数生产测井工艺。

二、SHB2#井水合物及管柱弯曲导致钢丝下放上提时遇阻卡

(一)基本情况

2019年，该井进行试井作业，管串结构数据见表3-1-4。

表3-1-4　管串结构数据

入井管串(自上而下、工程)					
序号	工具名称	外径/mm	内径/mm	长度/m	下深/m
1	油补距			10.84	10.84
2	油管挂	270.00	88.90	0.50	11.34
3	双公(114.30×12.70mm P110S BGT2)	114.30	88.90	0.61	11.95
4	114.30×12.70mm BG110S BGT2 油管(380根)	114.30	88.90	3622.06	3634.01
5	变丝(114.30×12.70mm×114.30×7.37mm P110S BGT2)	114.30	88.90	0.91	3634.92
6	114.30×7.37mm BG110S BGT2 油管(148根)	114.30	99.56	1411.04	5045.96
7	变丝(114.30×7.37mm BGT2B×88.90×6.46mm P110S TP-G2P)	114.30	76.00	0.92	5046.88

续表

入井管串(自上而下、工程)					
序号	工具名称	外径/mm	内径/mm	长度/m	下深/m
8	88.90×6.45mm P110S TP－G2 油管(94 根)	88.90	76.00	847.77	5894.65
9	变丝(Φ88.90×6.45mm P110S TP－G2B×BGT2P)	88.90	76.00	0.82	5895.47
10	Φ88.9mm 伸缩管	131.00	76.00	10.22	5905.69
11	压缩距			－5.85	5899.84
12	变丝(Φ88.90×6.45mm P110S BGT2B×TP－G2P)	88.90	76.00	0.77	5900.61
13	Φ88.90×6.45mm P110S TP－G2 油管(115 根)	88.90	76.00	1036.05	6936.66
14	变丝(Φ88.90×6.45mm P110S TP－G2B×BGT2P)	88.90	76.00	0.88	6937.54
15	Φ88.9mm 压井滑套	110.00	60.00	0.51	6938.05
16	Φ88.90×6.45mm BG110S BGT2 油管(1 根)	88.90	76.00	9.55	6947.60
17	变丝(Φ88.90×6.45mm P110S BGT2B×FOXP)	88.90	76.00	0.83	6948.43
18	变扣接头	108.00	45.00	0.30	6948.73
19	5½″WJ－MR 封隔器	117.80	46.00	0.67	6949.40
				0.89	6950.29
20	刚性扶正器	114.00	62.00	0.25	6950.54
21	变丝(Φ73.02×5.51mm P110S EUEB×BGT2P)	73.02	60.50	0.85	6951.39
22	Φ73.02×5.51mm BG110S BGT2 油管	73.02	62.00	9.53	6960.92
23	变丝(Φ73.02×5.51mm P110S BGT2B×EUEP)	73.02	60.50	0.84	6961.76
24	Φ73mm 圆头引鞋	108.00	62.00	0.18	6961.94

(二)发生经过

1. 第一次施工遇阻过程

2019 年 11 月 21 日通井工具串下至 5.5m 开始出现遇阻现象，继续下放多次遇阻，最深下至 11.3m 处遇阻，经多次上提下放活动通井工具串无效(对比防喷管长度计算，实际最大下深应为清蜡闸门以下 7.15m 左右)，通井工具串底部已过采气树大四通。通井工具串提至井口，检查发现通井规底部被黑色胶状物和白色结晶堵满(见图 3－1－5)。

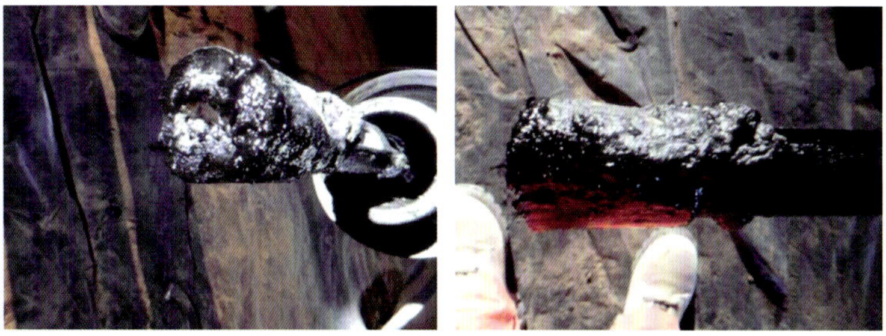

图 3－1－5　通井工具出井照片

入井工具串结构：钢丝绳帽（Φ38mm ×0.1m）+钨钢加重杆（Φ45mm ×4m）+钨钢加重杆（Φ48mm ×1m）+机械震击器（Φ45mm ×1.7m）+通井规（Φ50mm ×0.2m），总长7.22m，总重121kg，最大外径50mm。

2. 第二次施工遇阻过程

2019年11月23日正注乙二醇0.35m^{3}后，通井至井深5055m处出现遇阻现象，下放至5100m，下放张力减小由427kg降至365kg；上提工具串试张力，上提张力由490kg上升至565kg，上提至5050m，张力恢复正常。再次下放工具串至5180m，其间加密试提，下放张力在430～60kg区间波动，上提张力在485～568kg区间波动，讨论后将测试深度调整至5100m完成后续测压施工。

（三）原因分析

（1）第一次遇阻从带出的样品及通井工具串配重（124kg）来看，可以排除工具串过轻（理论计算工具配重为76kg）无法抵消井口压力和密封盘根摩阻力而造成工具无法下放的情况。根据通井工具串下放遇阻情况及带出的样品分析，黑色胶状物黏度高、地面不融化，现场无法确定其成分，白色结晶物遇热可溶解，且有气体释放，分析该白色结晶物是水合物，遇阻原因为井内黑色胶状物和水化物堆积造成油管内径变小，工具串遇阻。

（2）SHB2#井为机械加压封隔器坐封，坐封时下放加压12t至坐挂管柱，可能存在管柱弯曲变形。通井工具下至5050～5180m有遇阻现象，张力波动较大，即该原因导致。4½in油管下至井深5045.96m，下部为3½in油管，下深至6948.43m，3½in油管长度1902.47m，通井至5050m出现遇阻现象，表明加压坐封时，在4½in油管变3½in油管处变形较大。此次通井最大深度5180m，下过变径（4½in油管变3½in油管）约130m，仍存在遇阻现象，表明变形段较长，若继续下放，工具上提遇卡的风险加大。

（四）处理措施与效果

1. 第一次遇阻处理

分别正注乙二醇350L、300L等，各焖井1h后原通井仪器串进行通井无法通过遇阻点。

2. 第二次遇阻处理

（1）调整通井工具串结构，结构为：钢丝绳帽（Φ38mm ×0.1m）+滚轮接头（Φ53mm ×0.1m）+钨钢加重杆（Φ48mm ×1.2m）+滚轮接头（Φ53mm ×0.1m）+万向节（Φ45mm ×0.22m）+滚轮接头（Φ53mm ×0.1m）+钨钢加重杆（Φ48mm ×1m）+滚轮接头（Φ53mm ×0.1m）+万向节（Φ45mm ×0.22m）+滚轮接头（Φ53mm ×0.1m）+万向节（Φ45mm ×0.22m）+钨钢加重杆（Φ48mm ×1m）+滚轮接头（Φ53mm ×0.1m）+万向节（Φ45mm ×0.22m）+滚轮接头（Φ53mm ×0.1m）+钨钢加重杆（Φ48mm ×1m）+滚轮接头（Φ53mm ×0.1m）+万向节（Φ45mm ×0.22m）+通井规（Φ55mm ×0.25m），总长6.35m，总重114kg，

最大外径 Φ55mm。其中，滚轮接头见图 3－1－6。

图 3－1－6 滚轮接头

（2）使用滚轮加重杆＋钨钢加重杆，连接顺序：钢丝绳帽（Φ38mm×0.1m）＋滚轮加重杆（Φ45mm×1.0m）＋钨钢加重杆（Φ48mm×1.0m）＋滚轮加重杆（Φ45mm×1.5m）＋钨钢加重杆（Φ48mm×1.0m）＋滚轮加重杆（Φ45mm×1.5m）＋钨钢加重杆（Φ48mm×1.0m）＋通井规（Φ50mm×0.25m）。其中，滚轮加重杆见图 3－1－7。

图 3－1－7 滚轮加重杆

使用滚轮加重杆在通井、测试过程中，下放上提张力均无异常波动，证明滚轮加重杆能有效减小因管柱变形带来的摩阻，极大地降低了工具在管柱变形段遇卡的风险。

（五）经验教训

（1）作业前通过注入乙二醇或沥青分散剂降低水合物和胶质物造成的遇阻风险。

（2）对于管柱弯曲井，一方面提前论证安全下入深度，另一方面优化配置工具串结构，通过活节连接、滚轮加重等方式提高可通过性。

第二节 YJ# 井盘根和 BOP 密封件损坏导致上提过程井口刺漏

绳缆作业仪器串起下过程中盘根挤压磨损，在井口压力高以及控制不当的情况下会出现刺漏等井控险情。

YJ#井通井上提过程防喷盒刺漏

(一)基本情况

2013 年 6 月 26 日对 YJ#井进行静压及梯度测试，通井上提过程发生防喷盒盘根刺漏、BOP 不能完全关闭。

(二)发生经过

6 月 26 日通井至设计井深 6920m 后上提至 6499.6m 时，发现防喷盒盘根刺漏，对防喷盒打压 6MPa，观察 5min，控制无效，再对防喷盒打压 23MPa，刺漏加剧，立即关闭 BOP 密封闸板。

防喷装置由上到下：防喷盒、防喷管、防掉器、防喷器。

通井工具串：Φ32mm 绳帽 ×0.3m + Φ48mm 加重杆 ×1.6m + Φ38mm 加重杆 ×1.57m，重 71kg。

6 月 27 日对防喷管未能完成泄压，用密度 1.6g/cm^3 的泥浆 37.24m^3 平推压井成功后打开 BOP 闸板芯，通井工具串提出井口。

(三)原因分析

(1)现场对防喷盒内盘根进行检查：上部盘根存在磨损、裂纹、膨胀现象，其余盘根正常。分析受温度、压力和 H_2S 影响，在钢丝反复上提下放试提张力作用下发生变形(见图 3－2－1)，造成失封。

(2)对 BOP 解体检查，发现异常情况有二：其一，闸板胶皮与钢丝接触处无明显印痕，分析闸板关闭力不足；其二，防喷器壳体与液缸之间两道密封圈存在严重的磨损(见图 3－2－2、图 3－2－3)，分析在打压关闭闸板时出现了液压油由内缸窜至外缸现象，使得活塞对闸板推力不足。

图 3－2－1　变形盘根与正常盘根对比照片

图 3－2－2　BOP 密封闸板胶皮照片

综上所述，造成 YJ#井静压梯度测试失败的原因为防喷盒、BOP 发生机械故障。

(四) 处理措施与效果

发现防喷盒刺漏后，立即实施防喷盒补压，关闭 BOP，防喷管保压，准备更换盘根工具，调集压井泵车。

图 3－2－3　BOP 缸体密封圈解体

完成 BOP 关闭操作后，防喷管内压力仍保持 40.0MPa，判断 BOP 不能完全关闭且防喷盒部分盘根仍起一定密封作用，不能实施更换盘根作业。

本区块地层压力系数 1.14MPa/100m，选用密度 1.6g/cm^3 的泥浆作为压井液，压井成功后起出井内工具串。

(五) 经验教训

(1) 对直井、无机械封隔器的井适当做张力试提实验，避免加密试提对盘根造成严重拉伤磨损。

(2) 加密对防喷设备(防喷盒、防掉器及防喷器)维护保养，防喷盘根选择合理的储存条件。

(3) 采用质量可靠、技术先进的防喷盒密封盘根(耐高温、高压)。

(4) 将 BOP 上部剪切闸板更换为密封闸板，以提高其可靠性，降低机械故障发生率。

(5) 采用双防喷盒或阻流管式防喷装置，提高动密封可靠性。

第三节　TK125# 井钢丝/电缆断裂落井

绳缆作业过程中钢丝/电缆一旦断裂，将导致断裂部位以下钢丝/电缆和仪器串落井，打捞工具的选择以及打捞方式的论证尤为重要。

一、TK125#井硫化氢腐蚀导致电缆断裂落井

(一) 基本情况

2008 年 7 月，TK125#井酸压后开井测试，累计排液 42.5m^3 后停喷，进行连续油管气举，气举累计排液 504.5m^3 后自排，累计产水 1303.8m^3，为确定出水位置，决定进行生

产测井施工。

电缆为 Φ5.6mm 中防硫电缆(1500×10^{-6})，仪器为 Φ38mm 的七参数产液剖面测井仪器。电缆破断拉力为 22.2kN，电缆头弱点拉力设置为 10kN，6200m 电缆自重为 855.6kg。

(二)发生经过

(1)探底：下 Φ38mm CCL + GR + CAL + WTC + 加重杆的仪器串进行探底测量，仪器串长 3m，重 30kg，探得井底深度为 6370m，上提测量 CAL 和 GR 曲线，将仪器起出井口后，该井停喷，结束产液剖面测井。

(2)连续油管气举诱喷：进行连续油管气举，气举时出液 $20m^3/h$，停止气举后，井口无液返出，不能进行产液剖面测井。

(3)注入剖面测井：下 Φ38mmCCL + GR + TEMP + PRE + FOLW + 加重杆的仪器串进行项目测量，仪器串长 5.63m，重 56kg，测静温曲线，注水，泵压 0.3 ~ 0.4MPa，排量 $10m^3/h$，同时开始下放和上提测量 2 条涡轮曲线，仪器停在 6252m 处，地滑轮突然落地，张力降为 0(此前张力 12.6kN，正常)，判断电缆和仪器串已落井。此时仪器在井内深度为 6252m，计算落井电缆约 6200m。

(三)原因分析

造成测井电缆断脱的主要原因有以下三种情况：

(1)井下仪器和电缆遇卡，强拉拉力大于电缆安全拉力值(20kN)，拉断电缆，造成电缆断脱。此次测井施工过程中最大张力为 12.6kN，根本没有超过电缆安全拉力值 20kN，所以排除强拉拉断电缆的可能性。

(2)井内有尖硬且锋利的物体，当电缆通过尖硬且锋利的物体时，切断电缆，造成电缆断脱。施工过程未有落物入井，油管入井时全部通径，管串最底部有引鞋，所以可以完全排除尖硬且锋利的物体切断电缆的可能性。

(3)在含硫化氢环境中，电缆入井一定次数后，遭受腐蚀，产生弱点，当电缆承受超过弱点拉力值时，造成电缆断脱。本盘电缆 2008 年 6 月 24 日启用，前后共使用了 5 井次，具体情况见表 3-3-1。

表 3-3-1 电缆使用历史记录

井号	TP16	TK1201	TP8-1	TK1247	TK1055
深度/m	6693	6576	6668	6100	6376
最大张力/kN	17.4	19	17.3	15.3	17
H_2S 含量/(mg/m^3)	16	500	20	200	300

此次电缆断脱主要原因是第三种情况，即遭受硫化氢腐蚀后产生弱点，当电缆承受超过弱点拉力值时，造成电缆断脱。其根据包括以下几点：

(1)电缆断头钢丝断裂成很多小的短节，且断头处平整，没有缩径现象，明显是腐蚀断裂的特征，不是拉断特征，见图 3－3－1。

（2）电缆断头外层钢丝呈散开状，而不是内部缆芯缩入外层钢丝中被外层钢丝包裹着，不是拉力过大造成电缆断脱，而是腐蚀断裂的特征，见图 3－3－2。

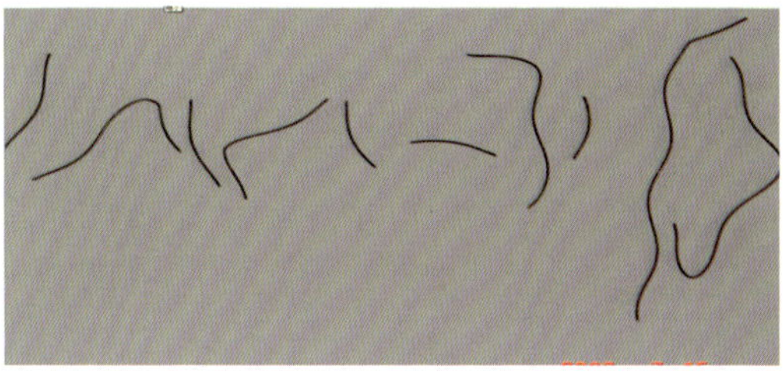

图 3－3－1 外层钢丝断裂短节

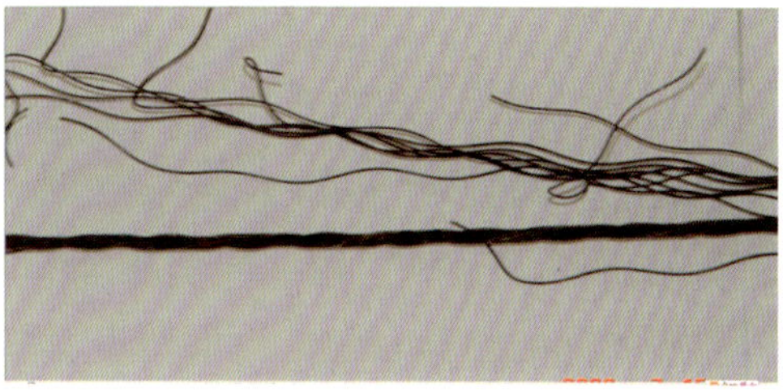

图 3－3－2 电缆断头外层钢丝呈散开状

（3）第二次和第三次打捞分别捞获 30cm 和 50cm 电缆，电缆在最大张力为 13.8kN 时拉断，正常情况下张力达到 20±1kN 时不会拉断电缆，可见腐蚀造成电缆张力下降了 31%，说明电缆断点附近已经严重腐蚀，见图 3－3－3 和图 3－3－4。

图 3－3－3 第二次捞获的 30cm 电缆

图 3－3－4 第三次捞获的 50cm 电缆

（四）处理措施与效果

（1）探鱼顶：首先用 Φ5.6mm 电缆接 Φ38mm 磁定位＋伽马，下面挂接 Φ73.2mm 刮蜡片下井。缓慢下放电缆，井口遇阻，起出。更换 Φ70mm 刮蜡片再次下井，10m 处遇阻，起出。换成 Φ64mm 刮蜡片，在 380m 处成功探到鱼顶。

（2）第一次打捞：用 Φ11.8mm 电缆连接内打捞锚（见图 3－3－5）下井到 376m 处，然后缓慢上提电缆，张力缓慢增加。到 165m 位置时，张力达到 13.4kN，随后突然降为 4kN。提打捞锚到井口，发现捞锚上挂有一根 30cm 长的钢丝。

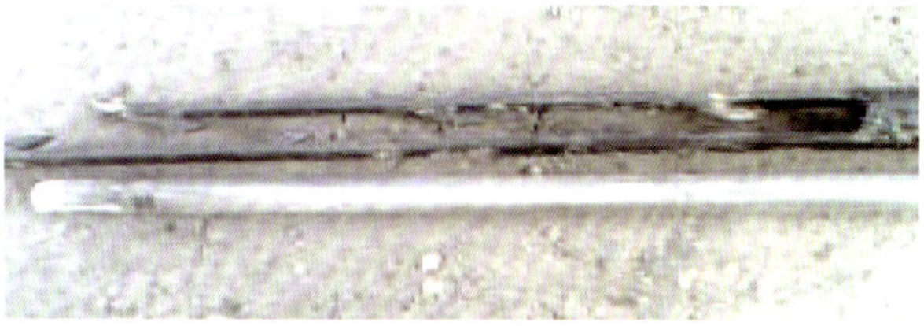

图 3－3－5 内捞锚和钨钢加重杆

（3）第二次打捞：增加打捞锚配重 20kg（加重杆长 1.4m，为 Φ38mm 普通钨钢），增加配重后打捞锚第二次下井到 376m 处，上提电缆。张力缓慢增加，到 127m 位置时，张力达到 13.8kN，随后突然降为 4kN，上提捞锚到井口，发现打捞锚上挂有 30cm 长的电缆，打捞锚有 3 根齿断脱，说明打捞锚齿的强度不够。

图 3 -3 -6　改进后的内打捞锚

改进打捞锚(见图 3 -3 -6)，加强齿的强度，主要是加宽加厚锚齿和加固焊点。到达 375m 处遇阻。上提电缆，到 130m 时，张力达到 13.5kN，随后突然降为 4kN，上提捞锚到井口，发现打捞锚上挂有 50cm 长的电缆。再次下井打捞锚，又捞出 15cm 外层钢丝几根。

内捞锚和钨钢加重杆实物见图 3 -3 -5：内部中空，6 个锚爪，最小外径 Φ60.5mm，最大外径 Φ72.5mm。

(4)第三次打捞：第三次下入打捞锚至 367m，遇阻后上提。张力逐渐增大，最大为 17.8kN，后稳定在 16.9kN。上提打捞锚到井口。分析判断认为，井下电缆及仪器全部捞获。将井下电缆提出井口 1.5m 后，用钢丝绳卡固定电缆，然后用管钳放在卡子下面，缓慢下放电缆。电缆和井下仪器的重量全部落在卡子上。观察 10min，电缆没有滑脱现象，取下打捞锚，换 Φ5.6mm 电缆绞车与井下电缆对接。检验强度合格后，用吊车提起电缆，当对接点全部缠入滚筒后，用绞车提电缆，张力 16.8kN，缓慢上提电缆，最后将电缆和仪器全部提出井口，打捞成功。

(五)经验教训

(1)采用先探鱼顶，确定鱼顶深度后再进行打捞的方式，是必不可少的一步。在井内状况复杂、不能下仪器探鱼顶的情况下，可以采用经验公式计算获得鱼顶位置和打捞工具下深位置。

$$L = KS + L_1 \qquad (3-3-1)$$

式中，L 为电缆头位置，m；L_1 为假设电缆为刚性电缆头所在位置，m；K 为下落系数(自由段 Φ5.6mm 电缆一般取 0.04 ~0.08)；S 为落井电缆总长度，m。

$$H = L + \Delta H \qquad (3-3-2)$$

式中，H 为打捞时工具应下深度，m；ΔH 为下深附加量，m，一般取 20 ~50m。

(2)在油管内打捞落井电缆采用内捞锚打捞成功率较高，但锚爪必须坚固，数量不宜太多，6 个左右最好，能承受 20 ±1kN 的拉力方可打捞。捞获电缆后，应缓慢上提电缆，同时观察张力变化情况，张力不能超过 2 ±1kN。

(3)捞锚筒上面一定要带电缆压盘(见图 3 -3 -7)，电缆压盘比油管内径小 5 ~8mm。电缆压盘有两个作用：一是把电缆压弯，以方便把电缆缠上钩；二是阻止电缆缠成一团后形成活塞卡住打捞工具。

图 3-3-7 电缆压盘图

(4)在油管内软打捞，入井工具配重一定要足够，尤其是针对鱼顶在井口 300~400m 附近的情况，从第一次打捞捞获一根 30cm 长的钢丝的情况来看，电缆在油管内未加压时是直立于井筒中的，加重打捞后上部电缆首先弯曲，所以再次打捞时就能捞上电缆，加重后明显效果更好。

二、SHB3#井剪应力和疲劳损伤导致钢丝断裂落井

(一)基本情况

SHB3#井投产后用 5mm 油嘴稳定生产，日产油 168m^3，日产气 48265m^3，不含水，气油比 287，关井后进行压恢试井，管串结构数据见表 3-3-2。

表 3-3-2 管串结构数据

入井管串(自上而下)					
序号	工具名称	外径/mm	内径/mm	长度/m	下深/m
1	油补距	—	—	9.50	9.50
2	油管挂	175	76	0.32	9.82
3	双公短节	88.9	69.86	0.67	10.49
4	Φ88.9mmTP-JC 油管 P110S×9.52(105)根	88.9	69.86	991.27	1001.76
5	Φ88.9mmTP-JC 油管 P110S×6.45(373)根	88.9	76	3491.00	4492.76
6	Φ88.9mmTP-JC 油管 P110×6.45(263)根	88.9	76	2476.76	6972.52
7	变扣 Φ88.9mmTP-JCB×Φ73mmTP-JCP	88.9	62	0.78	6973.30
8	Φ73mmTP-JC 油管 P110×5.51(22)根	73	62	204.78	7178.08
9	变扣 Φ73mmTP-JCB×Φ73mmEUEP	88.9	62	0.78	7178.86
10	Φ114mmPHP-2 封隔器	114	49	1.72	7179.41/7180.58
11	Φ73mmN80EUE 油管 N80×5.51(1)根	73	62	9.37	7189.95
12	接球器	95	30/58	0.21	7190.16
13	Φ73mmN80EUE 油管 N80×5.51(1)根	73	62	9.38	7199.54
14	Φ73mmEUE 喇叭口	93	—	0.13	7199.67

(二)发生经过

2008 年 7 月 8 日钢丝带压力计停点测静压至 7000m，面板张力 6.23 ~ 6.26kN，防喷盒手压泵压力 1 ~ 2MPa。

7 月 15 日关井吊测压力恢复期间，地滑轮排卡上端钢丝断裂，落井钢丝 7012.80m，工具串：Φ48mm 绳帽 ×0.2m + Φ48mm 加重杆 ×0.7m ×2 + Φ48 加重杆 ×0.5m ×3 + (Φ38mm 压力计 ×3 + Φ38mm 防腐蚀装置) ×2.1m，总长 5.2m，重 84kg。

(三)原因分析

SHB3#井试井钢丝受大风影响，在钢丝排卡上端产生剪应力和疲劳损伤，这是造成钢丝断裂的主要原因。

7 月 8 日工具串下至设计位置(7000m)，7 月 8 ~ 15 日每日风力在 5 级以上，根据受力分析(如图 3 – 3 – 8 所示)，钢丝排卡至地滑轮之间的钢丝因固定绳拉力(0.85kN)作用被“固定”在采油树上，无法与排卡以上至天滑轮之间的钢丝形成一个整体。在风力作用下，上部钢丝因长度远远大于被“固定”段钢丝，随风摆动，而下部的钢丝不动，这就在排卡上端面形成了一个固定点，钢丝围绕这个固定点开始疲劳损伤。从断口(断口最大直径 4.05mm，SHB3#井入井钢丝直径 4.00mm)上可以印证该结论，如图 3 – 3 – 9 所示。

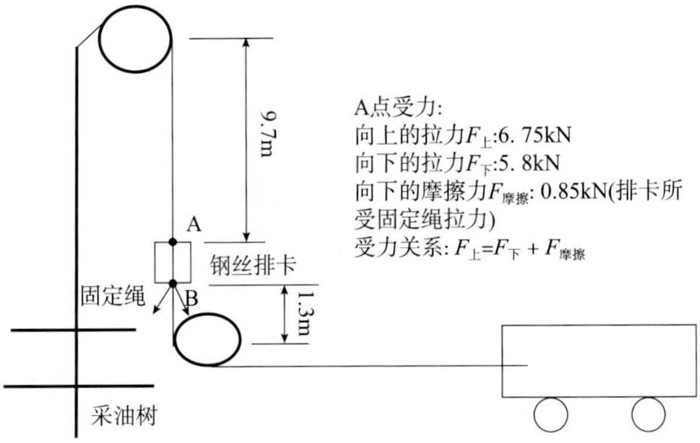

图 3 – 3 – 8　受力分析示意图

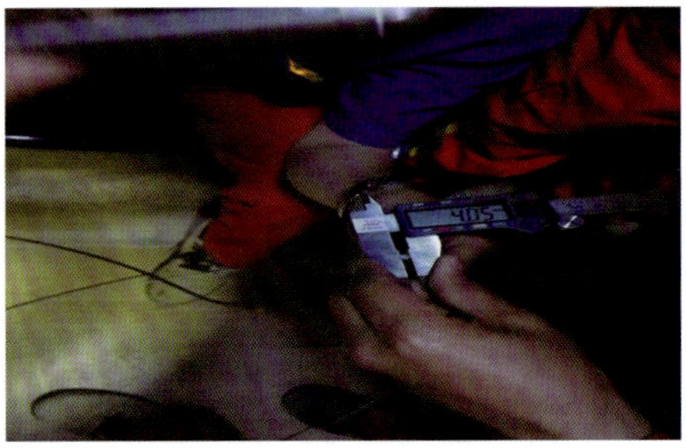

图 3 – 3 – 9　钢丝断口

(四)处理措施与效果

1. 探鱼顶

探测工具串：Φ48mm 绳帽头 ×0.2m ×1 + Φ48mm 加重杆 ×4.20m + Φ66mm 钢丝探测器 ×0.40m ×1，总长 4.80m，总重 100kg。

7 月 16 日连接探测工具串，连接井口防喷装置，试压合格后，下探测工具串至 243.10m，探得鱼顶，复探 2 次，张力波动 0.10 ~ 0.35kN，人工造窝 5 次后上提工具串至井口。

2. 钢丝打捞

打捞工具串：Φ48mm 绳帽头 ×0.2m ×1 + Φ48mm 加重杆 ×4.20m + Φ60mm 内捞矛 ×0.65m ×1，总长 5.05m，总重 100kg。

7 月 17 日连接打捞工具串，连接井口防喷装置，试压合格后，下打捞工具串，下放速度 50 ~ 60m/min，下至深度 252.52m，上提工具串，最大张力 4.94kN，上提至 185.70m 时，张力由 4.94kN 下降至 0.63kN，上提工具串至井口，打捞未果。

3. 连续油管打捞

由于 4.0mm 钢丝较 3.2mm 钢丝刚性大，人工造窝较为困难，因此改为 Φ44.45mm 连续油管带钢丝捞矛进行打捞作业。

防喷装置井口连接(从下至上)：转换法兰 + 两组钢丝防喷器 + 泄压阀 + 四闸板防喷器组 + 防喷管 + 防喷盒 × 注入头 + 鹅颈管。

打捞工具串：Φ54mm 转换接头 ×0.145m + Φ54mm 单流阀 ×0.268m + Φ54mm 液压丢手 ×0.46m + Φ67mm 防窜接头 ×0.123m + Φ54mm 外捞矛 ×0.75m。

(1)第一次打捞。7 月 27 日下连续油管至井深 243.8m 遇阻，悬重由 2468kg 降至 1912kg，加压 500kg，加压后下至 244.4m。后上提连续油管打捞工具至 170m，悬重在 3521kg 和 3188kg 之间来回波动，比试提悬重大 200kg，悬重无明显捞获显示。

(2)第二次打捞。继续下放试抓，将连续油管以 5m/min 速度下放至 178m 遇阻，悬重由 2544kg 降至 900kg，加压 1.5t，后上提至井深 176m，悬重最大达到 4580kg，立即停止上提，用 2mm 油嘴开井，观察 30min，压力无明显变化，更换 2.5mm 油嘴，悬重逐渐降至 3810kg、3524kg。采取边放喷边上提的方式，缓慢将连续油管打捞工具上提至井口，发现在井口过试井防喷器过程中最大上提悬重 4521kg；继续缓慢将工具串提至连续油管防喷管，关试井防喷器。

由于井口关钢丝 BOP 未关住，采用密度 1.30g/cm^3 的盐水压井，泄压后，拆连续油管井口防喷设备，检查，未打捞成功。

(3)第三次打捞。7 月 28 日下放 Φ67mm × 1.655m 外捞矛至井深 256.32m 遇阻，悬重由 2577kg 降至 325kg，加压 2t，上提工具至井口。悬重最大 3895kg，检查发现捞获 0.2m 钢丝头(见图 3 - 3 - 10)。

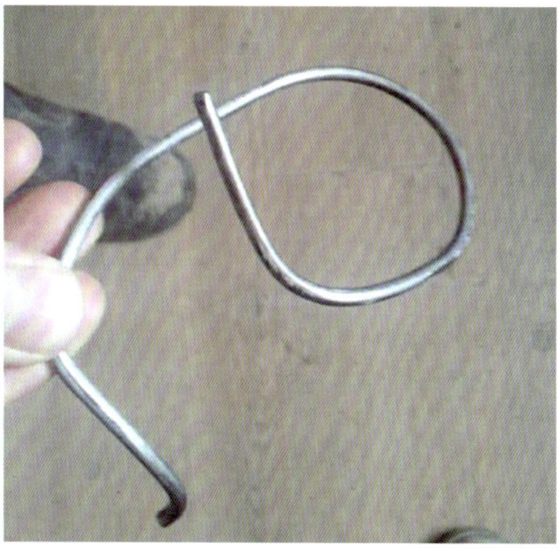
图 3 - 3 - 10 捞获 0.2m 钢丝头

(4)第四次打捞。继续下放外捞矛至井深 253.88m 遇阻，悬重由 2779kg 降至 1200kg，加压 1.5t，后上提工具至井口，发现捞获 2m 钢丝团(见图 3 - 3 - 11)。

(5)第五次打捞。改选加工 Φ65mm ×0.60m 内捞矛。工具串由上至下组合：Φ45mm 连续油管接头×0.145m+Φ54mm 单流阀×0.268m+Φ54mm 丢手工具×0.46m+Φ67mm 扶正接头×0.123m+Φ65mm 内捞矛×0.6m，工具串总长1.596m。

7月29日下内捞矛至251.96m 遇阻，悬重由2535kg 降至1893kg，加压700kg，后上提打捞工具至井口，发现捞获1.3m 钢丝团(见图3-3-12)。

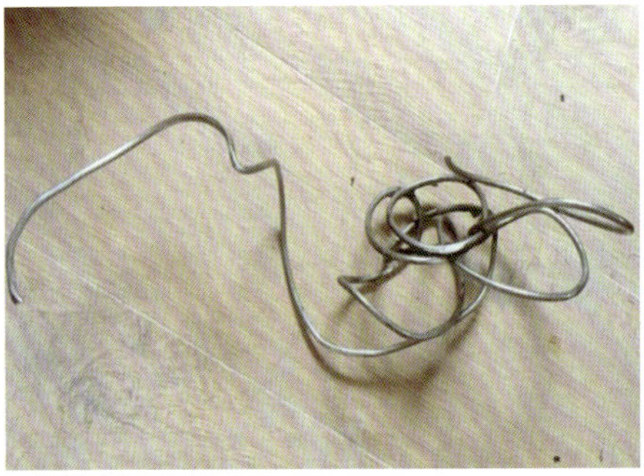

图3-3-11　捞获2m钢丝团

图3-3-12　捞获1.3m钢丝团

(6)第六次打捞。整改内捞矛为Φ67mm×0.57m，继续下至井深248m 遇阻，悬重由1968kg 降至1065kg，加压900kg，后上提打捞工具至井口，发现捞获约1.5m 钢丝团(见图3-3-13)。

(7)第七次打捞。继续下内捞矛工具串至井深120.4m 遇阻，悬重由2075kg 降至1511kg，加压500kg 后开始上提，悬重最大达到4418kg，拆卸连续油管防喷器，检查钢丝捞获，打钢丝绳卡；拆卸连续油管注入头及防喷设备，注入头塔架；关闭BOP 铜闸板，对接钢丝。

上提井内钢丝，绞车面板显示总长度为6990m，剩余地面为14m+捞获钢丝团5m+打绳帽对接钢丝1m，总长度7010m。判断井内落物为绳帽头+加重杆+电子压力计+硫化氢防腐监测工具。

(8)通井情况。通井至7157.49m 遇阻，从起出铅印的照片(见图3-3-14)可以看出落鱼不在封隔器处，已落井。通井工具串：钢丝绳帽Φ48mm×0.2m+加重杆Φ48mm×5.22m+铅印Φ56mm×0.12m。

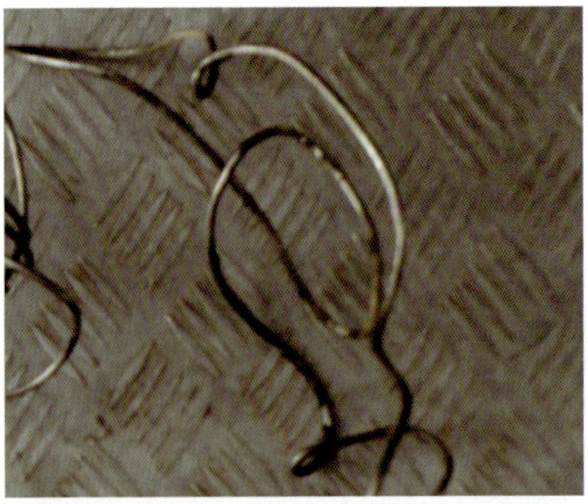

图3-3-13　捞获约1.5m钢丝团

图3-3-14　铅印遇阻后照片

(五)经验教训

(1)在长时间采用吊测工艺施工时，建议用钢丝排卡对滚筒、地滑轮进行保护，以防止钢丝由于非正常原因断裂而造成落井事故，因此今后若采用吊测工艺施工，建议可以打排卡，但排卡不能受力，而且必须采用先进的三角式排卡。

(2)建立健全钢丝吊测施工安全操作规程，严格按规程操作。

(3)压力恢复、压力降低、干扰试井等任务要求长期监测井底温压数据，为了降低井口风险，建议采用机械坐落式投捞工艺，建议完井管柱考虑设计坐落短节。

(4)研制可以满足深井投捞的高温高压电子投捞设备(耐压 100MPa，耐温 180℃)。

三、SHB4#井钢丝质量问题导致其断裂落井

(一)基本情况

SHB4#2019 年 5 月投产，日产油 89.1t，日产气 $2.8\times10^4m^3$，硫化氢含量 $13297mg/cm^3$。

2018 年 12 月 2 日测静压及梯度数据，油层中部压力 87.75MPa(8007.13m)，油层中部温度 164.95℃，油层中部压力系数 1.145MPa/100m。天然气中硫化氢质量体积浓度 $21241.61mg/m^3$，二氧化碳体积分数 1.77%。该井测井难度较大，需要耐温 200℃、8mm 以上防硫钢丝或电缆，且带仪器下井后整体重量不超过破裂压力 50%。现有电缆不能满足测井要求，采用钢丝带存储式仪器测井。该井管串结构见表 3-3-3。

表 3-3-3 管串结构数据

序号	工具名称	外径/mm	内径/mm	长度/m	下深/m
1	油补距	—	—	9.50	9.50
2	Φ88.9mmTP-JC 油管挂	278	75	0.31	9.81
3	Φ88.9mm(TP-JC 公×BGT2)双公接头	88.9	69.86	0.80	10.61
4	Φ88.9mmP110S-BGT2-9.52mm 油管	88.9	69.86	1687.95	1698.56
5	Φ88.9mm(9.52mm)×Φ88.9mm(6.45mm)变扣	88.9	69.86	0.90	1699.46
6	3½in P110S-BGT2-6.45mm 油管	88.9	76	1951.41	3650.87
7	Φ88.9mmBGT2 母×3½in TP-G2 公变扣	88.9	76	0.87	3651.74
8	3½in TP110-TP-G2-6.45mm 油管 1 根	88.9	76	1718.22	5369.96
9	Φ88.9mmTP-G2 母×3½in BGT2 公变扣	88.9	76	0.86	5370.82
10	压井滑套	111	60	0.44	5371.26
11	3½in P110S-BGT2-6.45mm 油管 1 根	88.9	76	9.56	5380.82
12	Φ88.9mmBGT2 大通径伸缩杆 2 根	130	73	6.20	5387.02
13	3½in P110S-BGT2-6.45mm 油管 1 根	88.9	76	9.56	5396.58
14	Φ177.8mm 水力锚	144	75	0.66	5397.24

续表

序号	工具名称	外径/mm	内径/mm	长度/m	下深/m
15	短油管	88.9	76	2.01	5399.25
16	Φ177.8mm 套管液压封隔器	147	60	0.90	5400.15
				0.80	5400.95
17	刚性扶正器	147	62	0.25	5401.2
18	Φ73mmP110－EUE 油管 1 根	73	62	9.50	5410.7
19	多级球座	95	30/60	0.22	5410.92
20	喇叭口	95		0.13	5411.05

测井井段为 7580～8010(斜)m，选用 4mm 双防钢丝(见表 3－3－4)8500m，额定破断拉力 1996kg，耐温 175℃的存储式仪器，仪器串为：自然伽马＋接箍＋压力＋温度＋持水＋密度＋涡轮流量仪。

表 3－3－4　钢丝参数表

生产厂家型号	ST	实际长度	8500m	启用日期	2019 年 1 月 15 日
		外径	Φ4.0mm	使用次数	1
				车号	
最近一次拉力(日期)		2019 年 5 月 2 日破断拉力 2005kg		现场小队最大允许拉力	1197kg
防 H_2S		200000 × 10^{-6}		防二氧化碳	20%
重量		103kg/1000m		额定破断拉力	1996kg

(二)故障发生经过

2019 年 5 月 12 日，通井探底至井深 7784m，进行存储式产液剖面七参数测试，测量井段 7450～7750m，以 24m/min 速度上提仪器至 7517m 时，钢丝突然从滚筒根部断脱，张力由 1100kg 降至 20kg，7517m 钢丝及存储式七参数产液剖面测井仪器(带 3 根加重杆及两个弹簧扶正器)落井。

(三)故障原因分析

1. 钢丝断裂情况

现场对断头钢丝进行测量，断头处钢丝比原装钢丝直径变细(直径 3.0mm)，颜色变暗，钢丝表面不平滑(见图 3－3－15、图 3－3－16)。

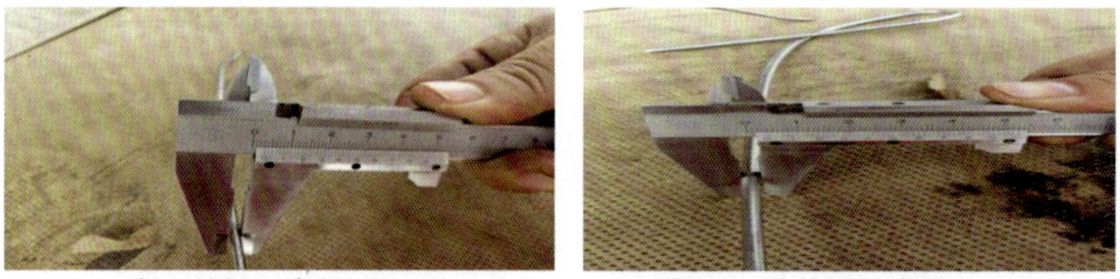

(a)断口处钢丝直径(3.4mm)　(b)钢丝入井前测量直径(4.1mm)

图 3－3－15　钢丝直径对比情况

图 3-3-16　落井前后对比及变形钢丝长度(300m)

此次钢丝的出厂指标为破裂拉断力需达 4400 磅(1995kg)。而实际中 4.0mm 未下井钢丝破断拉力实验数值为 4100 磅(1859kg)，3.0mm 变形钢丝拉断力更小，为 3007.8 磅(1364kg)。钢丝拉断力测试屈膝曲线见图 3-3-17。

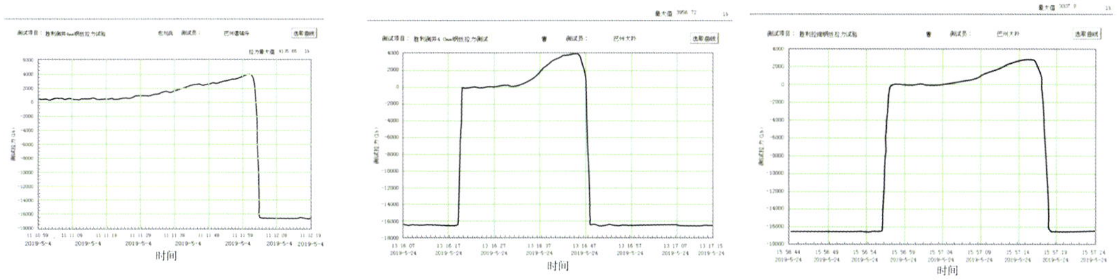

图 3-3-17　拉断力测试屈膝曲线(从左至右分别为出厂指标、下井前、落井后)

2. 钢丝质量问题

通过钢丝拉断力实验发现，此次钢丝拉断力小于出厂指标，不合格，此外成分检测结果与出厂结果相差较大，其中的 Cu、Mo、Ni 含量远小于出厂结果(见图 3-3-18)。

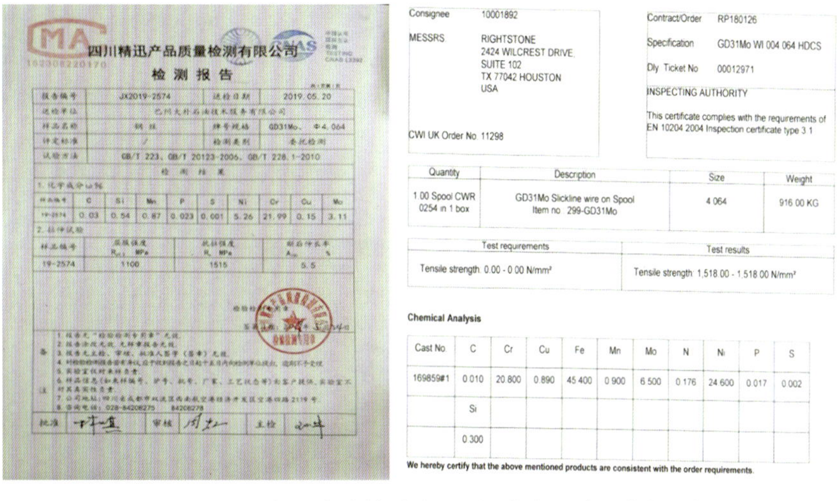

图 3-3-18　钢丝成分检测结果(左)与钢丝出厂指标(右)

3. 钢丝受力分析

钢丝在保持较高张力状况下，在同一位置反复提拉，且经过天地滑轮的不断弯曲换向，造成钢丝疲劳作业，屈服变形后拉断力指标降低，这是造成钢丝落井的另一主要原因。

在第一趟钢丝下井过程中，钢丝探底后第一次提起的瞬时拉力为1220kg(钢丝额定破断拉力的61.77%)，已超过破断拉力50%，提起后张力稳定为1160kg(钢丝额定破断拉力的58.73%)。推测钢丝已经受伤，但由于探底作业过程简单、时间较短(约40min)，钢丝未见异常，且没有即时测量钢丝直径。

第二次下井测量时，假设钢丝已变形为3mm，此时破裂拉力为1364kg，工具遇阻后上提基本保持在1100kg左右，接近钢丝额定破断拉力的80.64%，且井下工作程序设计达10.5h，因而容易促使钢丝发生屈服变形，造成钢丝断裂。

(四)处理措施与效果

钢丝从遇阻位置上提300m后断脱落井，由于上部5400m为Φ88.9mm油管，下部2450m为Φ177.8mm套管及裸眼段，按照Φ88.9mm油管内每1000m弯曲7m，套管及裸眼段每1000m弯曲20m，估计断头钢丝应在井下油管530m左右，考虑到井下钢丝可能伸长70~160m，因此预测钢丝落鱼顶部应该靠近370~470m位置。

1. 选用KMS生产的8.18mm防硫电缆(相关参数见表3-3-5)进行打捞

表3-3-5 8.18mm防硫电缆数据

生产厂家	KMS	长度	8035m	启用日期	2013年9月
电缆绝缘	大于500MΩ	外径	8.18mm	使用次数	40
破断拉力	9758lb	拉力实验日期	2019年5月22日	现场允许拉力	4800lb
弱点拉力	5100lb	电缆空气重量	600lb/km	电缆阻值	75Ω
防 H_2S	100000×10^{-6}	防二氧化碳	10%	出厂额定拉力	11000lb

打捞工具：马龙头Φ38mm×400mm+加重杆Φ43mm×1120mm×3+震击器Φ43mm×2280mm+内打捞工具Φ60mm×600mm，仪器串总长7180mm，总重90kg。

内打捞矛与打捞外钩见图3-3-19。

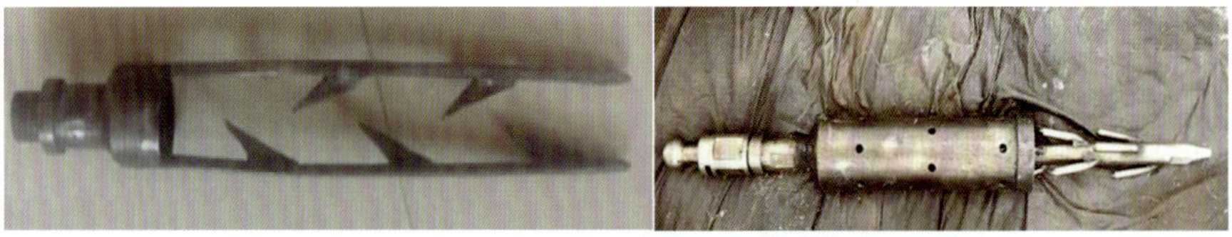

图3-3-19 内打捞矛(左)与打捞外钩(右)

(1)第一次打捞。5月30日~6月1日下内捞矛，先造弯，再打捞，三次共捞获钢丝247m(外径3.0~3.6mm)，如图3-3-20所示。

打捞工具串：Φ38mm 绳帽头 ×0.32m + Φ43mm 加重杆 7 支 ×9.49m + Φ43mm 震击器 ×2.28m + Φ59.5mm 内捞矛 ×0.59m；总长 12.68m，总重 170kg。

图 3-3-20 捞出的钢丝及打捞矛

(2)第二次打捞。6 月 9 日组下内捞矛打捞，捞获 0.9m 断钢丝(外径 3.20～3.65mm)、1m 断钢丝(外径 3.30～3.97mm)、2.45m 钢丝(外径 3.91～3.93mm)，如图 3-3-21、图 3-3-22 所示。

捞矛有内打捞工具串：Φ38mm 绳帽头 ×0.32m + 旋转短节 Φ43mm ×0.275m + Φ43mm 加重杆 8 支 ×9.96m + Φ43mm 震击器 ×2.28m + Φ59.5mm 内捞矛 ×0.59m；总长 13.425m，总重 176kg。

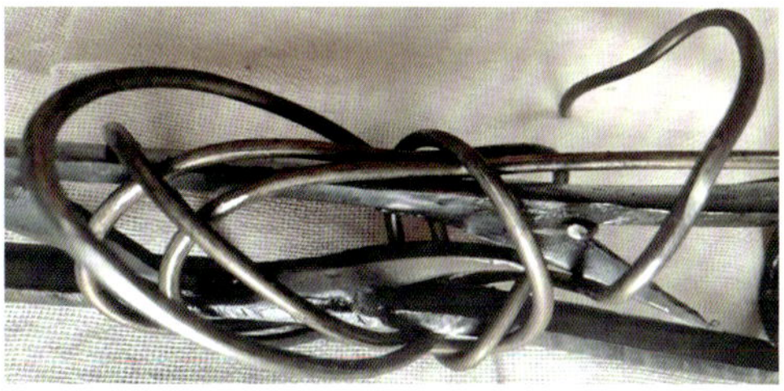

图 3-3-21 打捞矛悬挂断钢丝

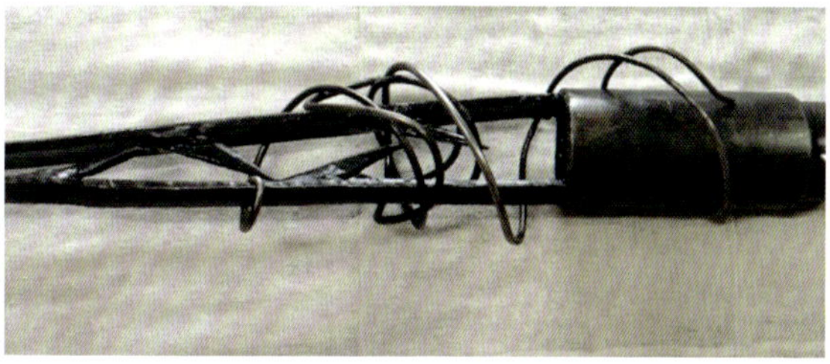

图 3-3-22 打捞矛悬挂断钢丝

内捞矛捕获钢丝后无法拉动井下整体钢丝，后续每次只能捞出钢丝 0.9～2.47m。因效率较低，改用连续油管打捞。

2. 连续油管打捞

(1)第一次打捞。7 月 6 日连续油管带外捞矛入井打捞，6 次打捞均未成功，矛钩上部带出部分井下钢丝，长度约为 35m、46.6m、15.3m、19.8m、5.5m、7.2m(见图 3-3-23)。

图 3-3-23 第一次打捞出井钢丝

工具串：Φ45mm 连续油管接头 ×0.145m + Φ54mm 单流阀 ×0.268m + Φ54mm 丢手工具 ×0.46m + Φ54mm 螺杆马达 ×3.45m + Φ67mm 防窜接头 ×0.123m + Φ54mm 外捞矛 ×0.75m，总长 5.196m。

(2)第二次打捞。7 月 15 日连续油管带切刀工具至鱼顶 863m 有遇阻显示，加压 1.1t 下行 2m 未通过，上提遇卡，提至 859m 张力由 9.2t 突降至 5.9t，上提至 850m 张力由 5.5t 升至 8t 又降至 5.5t，后正常上提工具出井口。

(五)经验教训

(1)采用先探鱼顶，确定鱼顶深度后，再进行打捞的方式，是必不可少的一步。在井内状况复杂、不能下仪器探鱼顶的情况下可以采用经验公式计算获得鱼顶位置和打捞工具下深位置[见前文公式(3－3－1)]。

(2)在油管内打捞落井电缆采用内捞锚打捞成功率较高，但锚爪必须坚固，数量不宜太多，6个左右最好，能承受20±1kN的拉力方可打捞。捞获电缆后，应缓慢上提电缆，同时观察张力变化情况，张力不能超过2±1kN。

图3－3－24　电缆压盘图

(3)捞锚筒上面一定要带电缆压盘(见图3－3－24)，电缆压盘比油管内径小5～8mm。电缆压盘有两个作用：一是把电缆压弯，以方便把电缆缠上钩；二是阻止电缆缠成一团后形成活塞卡住打捞工具。

(4)在油管内软打捞，入井工具配重一定要足够，尤其是针对鱼顶在井口300～400m附近的情况，电缆在油管内未加压时是直立于井筒中的，加重打捞后上部电缆首先弯曲，所以再次打捞时就能捞上电缆，加重后明显效果更好。

四、TS3#井防喷管内气体急剧压缩导致电缆熔断

(一)故障井基本情况

TS3#井次酸压后投产，4mm油嘴反掺正采，地层日产液66.2m^3，地层日产油29.3m^3，含水55.73%，注采比1.5：1。TS3#井管串数据表见表3－3－6，入井电缆参数见表3－3－7。

表3－3－6　TS3#井管串数据

管串数据					
序号	工具名称	外径/mm	内径/mm	长度/m	下深/m
1	油补距			9.37	9.37
2	Φ88.9mmTP－JC油管挂	176	76	0.4	9.77
3	Φ88.9mmTP－JC双公短节	88.9	76	0.68	10.45
4	Φ88.9mmTP－JC×6.45mm×TP110S油管480根	88.9	76	4482.18	4492.63
5	Φ88.9mmTP－JC×6.45mm×P110油管107根	88.9	76	1009.02	5501.65
6	Φ88.9mmTP－JC B×Φ73mmEUE P变丝	88.9	62	0.86	5502.51
7	掺稀滑套	108	48/52	0.38	5502.89
8	Φ73mmEUE×5.51mm×P110油管84根	73	62	797.91	6300.8
9	Φ193.7mm水力锚	160	62	0.46	6301.26
10	Φ73mmEUE×5.51mm×P110油管2根	73	62	19.07	6320.33
11	Φ73mmEUE×5.51mm×N80油管21根	73	62	199.19	6519.52

续表

管串数据					
序号	工具名称	外径/mm	内径/mm	长度/m	下深/m
12	机械安全丢手	118	62	0.38	6519.9
13	Φ73mmEUE×5.51mm×N80 油管 1 根	73	62	199.19	6529.48
14	刚性扶正器	158	62	0.25	6529.73
15	K344－158 封隔器	158	62	0.94/1.11	6530.67/6531.78
16	K344－158 封隔器	158	62	0.94/1.11	6532.72/6533.83
17	刚性扶正器	158	62	0.25	6534.08
18	Φ73mmEUE×5.51mm×N80 油管 5 根	73	62	47.58	6581.66
19	节流器	94	31/59	0.16	6581.82
20	喇叭口	94	73	0.13	6581.95

表 3－3－7　入井电缆参数表

生产厂家	KMS	长度	7500m	启用日期	2014 年 12 月
电缆绝缘	大于 500MΩ	外径	5.6mm	使用次数	8
破断拉力	6100lb	拉力实验日期	2016 年 1 月 22 日	现场允许拉力	3000LB
弱点拉力	3600lb	电缆空气重量	300lb/km	电缆阻值	102Ω
防 H_2S	—		防二氧化碳	—	

(二)故障发生经过

2016 年 3 月 12 日井口防喷设备连接完成后，利用原井流体压力试压，关防掉器，缓慢开清蜡闸门补液，听到响声后等待井液注入，1min 内电缆断裂，上部电缆刺出控制头，立即关闭清蜡闸门。

检查绞车一头电缆发现：电缆断裂处整齐(无拉、无扭现象)，部分电缆外铠甲粘连在一起(钢丝与钢丝被焊接在一起)，用手触摸断裂处温度较高，电缆断裂处颜色泛灰暗；电缆断裂处距离马龙头端 1.97m，为防喷管和阻流管变径处(见图 3－3－25、图 3－3－26)。

图 3－3－25　马龙头断点

图 3－3－26　绝缘层烧焦

电缆铠甲典型设计见图 3-3-27，绳缆相关参数见表 3-3-8。

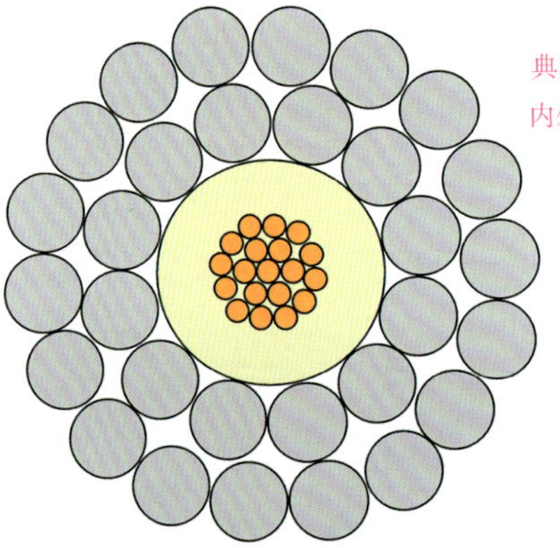

图 3-3-27　电缆铠甲典型设计

表 3-3-8　绳缆参数

绳缆类型	额定温度/℃	塑料类型	绝缘层厚度/mm	铜芯结构/mm	电阻率/(Ω/km)	电容/(pf/m)	外径/mm	重量/(kg/km)	
								空气	清水
1N22PP	149	Poly	0.622	19×0.302	13.5	190	2.743	139	115
1N22PXZ	216	Camtane	0.33	19×0.302	13.5	194	2.159	141	119
		ETFE	0.292				2.743		
1N22PIZ	260	FEP	0.33	19×0.302	13.5	190	2.159	143	119
		ETFE	0.292				2.743		
1N22WG	316	TE	0.622	19×0.302	15.4	190	2.743	144	119

(三)故障原因分析

电缆断裂处整齐，部分电缆外铠甲粘连在一起，用手触摸断裂处温度较高，绝缘层有烧焦的现象。分析电缆断裂原因为：

(1)此次电缆已使用 17 井次，且使用环境高温、高压、含有硫化氢，在使用过程中对电缆会造成不同程度的损伤。

(2)开清蜡阀门时，井内高压(21.5MPa)原油迅速填充防喷管内，类似于活塞，瞬间将防喷管内气体压缩到防喷管顶端，形成高压气体。高压气体在进入阻流管的过程中体积减小，温度瞬间提升(可能超过绝缘层耐温值 260℃)，导致电缆钢丝熔断。

(3)开清蜡阀门时，井内高压(21.5MPa)原油迅速填充防喷管内，对电缆有较强的上顶力，在高温热效应与高压冲击力的合力作用下最终导致电缆断裂。

(四)处理措施与效果

拆防喷器组，起出断裂电缆，更换新电缆，打开清蜡闸门前防喷管内打备压，随后施工正常。

(五)经验教训

(1)利用试压泵将防喷管内充满液体，将气体完全排出防喷管，并加压到23MPa(略高于井内压力1~2MPa)。

(2)开井时缓慢打开清蜡阀门，杜绝高压气体瞬间释放过程。

第四节　DPT电子投捞异常

DPT电子投捞受仪器耐温及电子元器件工作稳定情况影响，以及悬挂器结构缺陷，在现场使用中异常情况较多。

YD#井工具结构缺陷导致DPT投捞异常

(一)基本情况

2010年10月进行压恢试井作业，油压6~23.9MPa，套压3.9~2.2MPa，压力计投放深度5300m，管串结构数据见表3-4-1。

表3-4-1　管串结构数据

入井管串(自上而下、工程深度)					
序号	工具名称	外径/mm	内径/mm	长度/m	下深/m
1	油补距			9.59	9.59
2	油管挂	174	76	0.29	9.88
3	双公3½in EUEP×3½in TP-JCP	88.9	76	0.25	10.13
4	变扣3½in EUEB×2⅞in TP-JCP	88.9	76	0.4	10.53
5	2⅞in TP-JC油管564根	73	62	5328.92	5339.45
6	变扣2⅞in TP-JCB×2⅞in EUEP	88.9	62	0.64	5340.09
7	7in PHP-MCHR封隔器	146	61	0.8 0.54	5340.89 5341.43
8	2⅞in EUE油管2根	73	62	18.95	5360.38
9	接球器	95	22/58	0.15	5360.53
10	变扣接头2⅞in EUEB×2⅞in TP-JCP	88.9	62	0.4	5360.93
11	2⅞in TP-JC油管2根	73	62	18.99	5379.92
12	喇叭口	88.9	72	0.17	5380.09

(二)发生经过

1. 第一次测压恢

10月11日将DPT压力计投放至5300m，关井测压恢。10月26日捞压力计、测静压，打捞工具出井后发现打捞器底带悬挂器蘑菇头，悬挂器本体和压力计没有捞出。之后探得鱼顶1545.07m，两次打捞落鱼失败后，通过打铅印，第三次打捞落鱼成功，将压力计提出井口。

因两个压力计所录取数据不能获取静压及静压梯度(见图3-4-1)，需重新测压恢。

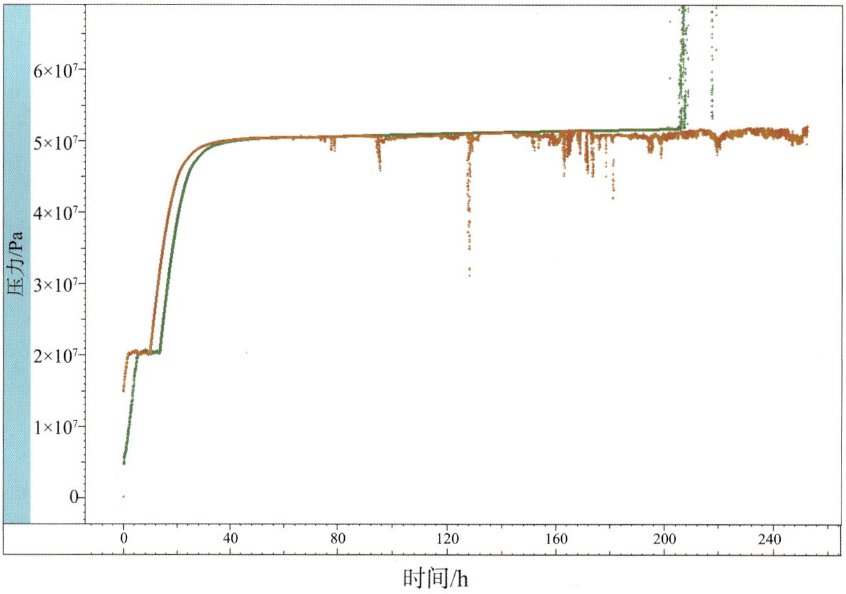

图3-4-1　两个压力计录取数回放

2. 第二次测压恢

11月6日投压力计5021m提前丢手(设计井深5300m)，准备捞出悬挂器重新投放，在捞悬挂器时拉断钢丝。使用6mm电缆带打捞工具打捞失败。

(三)原因分析

1. 第一次测压恢后上提悬挂器落井原因分析

(1)由于悬挂器(见图3-4-2)的蘑菇头所在芯杆(见图3-4-3)与悬挂器之间依靠丝扣连接，在打捞工具抓住蘑菇头上提的过程中，钢丝和工具串在井内会旋转，而悬挂器的支撑臂与油管内壁有摩擦，钢丝绳帽为固定的死结，不能自由旋转，造成在上提的过程中蘑菇头芯杆与悬挂器本体存在扭矩，蘑菇头芯杆脱扣。

(2)工具结构不稳定。

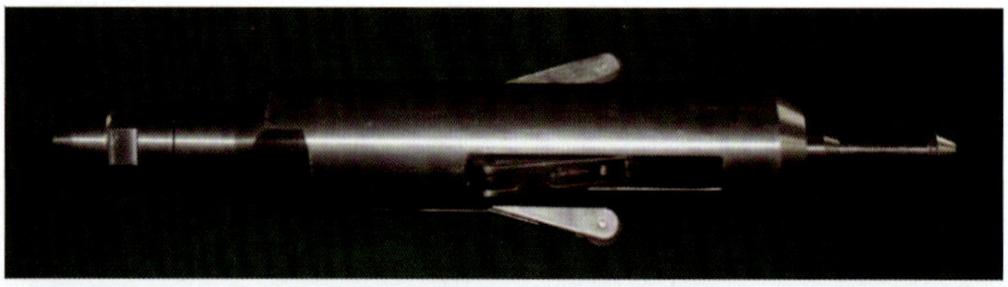

图3-4-2　悬挂器

图 3－4－3　蘑菇头芯杆

2. 第一次测压恢数据失败原因

(1)仪器提出井口后，现场用万用表测量40771压力计的电池(编号619－12)，发现电池电压为0V。从4段数据记录来看，这支压力计存在初期断电现象，后电池持续供电252h后电压降为0。数据显示期间，因电量不足多次出现数据波动现象。

(2)40688压力计电池(编号619－11)提出后现场测量电压为2.6V，而正常工作时电压为3.2V。低于3.2V后，可能存在压力计供电不足，导致压力计采点性能降低，出现数据异常波动。

(3)此次施工所用电池性能不稳定，不能满足要求。

3. 第二次测压恢钢丝断脱原因

(1)工具结构原因导致仪器串遇卡。

(2)张力面板显示异常，不能正确显示实际的张力大小。

(四)处理措施与效果

*Φ*55mm探头下放至深度5.7m遇阻，人工上提下冲多次活动，工具串继续下放至7.2m遇阻(见图3－4－4)。

图 3－4－4　探头被采油树上的台阶碰出破口图

*Φ*47/57mm内捞矛在同一位置遇阻后，人工多次上提下冲后，工具串下至8.1m采用人工上提电缆无法提动，起出检查打捞工具串完好。之后再次下放同一工具串，在8.1m处遇阻后，绞车张力增至11.4kN时突降为0.3kN，解卡后深度为7.9m。起出检查发现打捞矛被挤坏，4个前臂向内缩径为笔尖状(见图3－4－5、图3－4－6)。

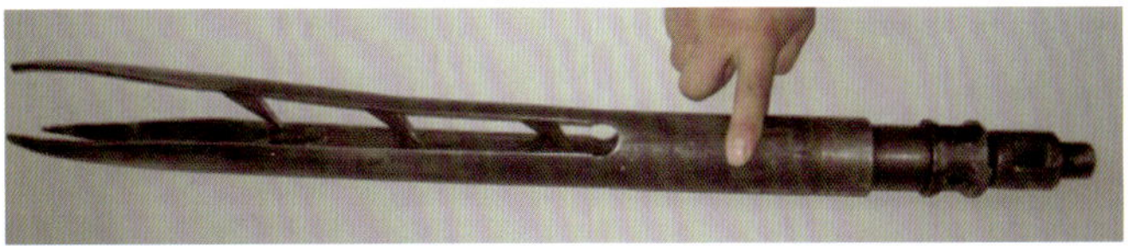

图 3－4－5　*Φ*47/57mm内捞矛入井前照片

图 3－4－6　Φ47/57mm 内捞矛起出后照片

Φ47/54mm 内捞矛下放至 8.1m 处遇阻，经过人工上提下放后，起出工具串检查发现捞矛被挤坏向内缩径，捞矛下端最小外径处缩径为 30mm（见图 3－4－7、图 3－4－8）。

图 3－4－7　Φ47/54mm 内捞矛入井前照片

图 3－4－8　Φ47/54mm 内捞矛起出后照片

判断工具串遇阻后为外卡情况。11 月 13 日使用外捞矛捞出钢丝和两支压力计，最下面那支压力计从压力计之间的丝扣处掉落，取出工具串的底部为第二支压力计底部的母扣（见图 3－4－9）。

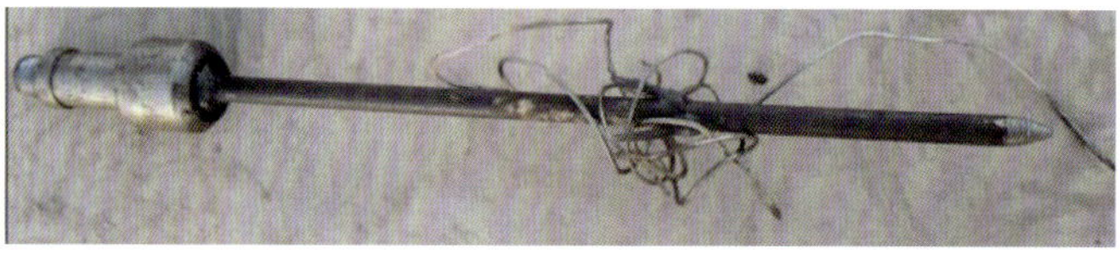

图 3－4－9　外捞矛起出后带钢丝

（五）经验教训

（1）测试时下入 3 支 20K 电子压力计及配套的高性能电池，建议使用进口电机，以利于更可靠地取得 2 支压力计数据。

（2）改进脱挂器的脱手电机密封圈性能，使得电机启动时间更准确、更可靠，丢手后要求用专用探头试探丢手位置。

（3）工区内绳帽、打捞头、加重杆等相关井下工具实现标准化。

第四章　掺稀诱喷

塔河油田奥陶系油气藏是以重质油为主的油气藏，塔河 4 区、6 区及西北地区，均以重质油为主（塔河 6 区及西北地区有原油密度 >1.0g/cm^3 的重质油藏）。重质油油稠，往井口流动过程中，随着温度的降低，逐渐失去流动性。将稀油和稠油井底进行混合后流出井筒的开采方式称为掺稀作业。

第一节　TH12311#井长时间关井未进行正挤导致稠油凝管

（一）基本情况

TH12311#井对 $O_2yj+O_{1-2}y$ 层 6160.00～6396.50m 井段测试，采用“掺稀滑套 + 水力锚 + K344 - 150 封隔器”完井管柱，该井 Φ193.7mm 套管直下。井身结构见图 4 - 1 - 1。

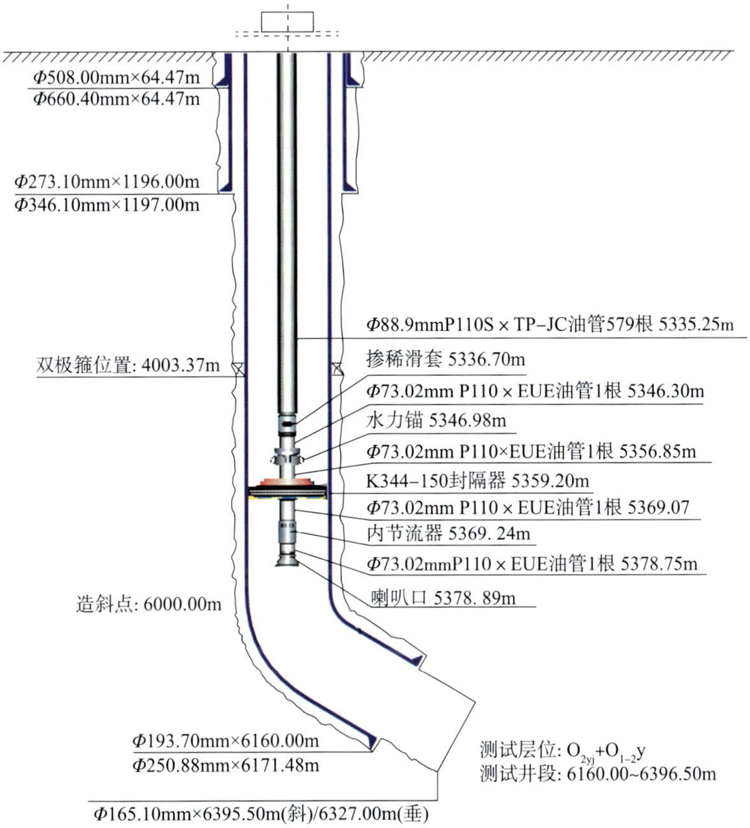

图 4 - 1 - 1　TH12311#井井身结构示意图

（二）发生经过

2019 年 TH12311#井组下完井管柱、装采油树并试压合格正反挤密度 1.14g/cm³ 的油田水后关井观察，油压由 13MPa 上升至 13.5MPa，套压由 13MPa 下降至 12.5MPa。

8mm 油嘴开井排液，累计排液 22m³ 后油压异常下降，取样含少量油点，判断稠油上返。正挤密度 0.895g/cm³ 的稀油，泵压由 80MPa 下降至 75MPa（1min），然后下降至 70MPa（7min），压降缓慢，反复尝试，累计正挤稀油 1.0m³。关井观察，油压下降至 38MPa，泄油压至 0MPa，判断稠油堵塞井筒。

（三）原因分析

12 区奥陶系原油密度为 0.9950～1.0377g/cm³，动力黏度很大，流动性极差，属于高黏度、高含蜡、高含硫的超重质原油。正挤油田水至开井累计耗时 178h，在此期间稠油因重力置换已经上返。

（四）处理措施与效果

连续油管解堵：连续油管边下边循环小环空至 4000m，最高泵压 33.6MPa，累计注入密度 0.895g/cm³ 稀油 151.3m³，见硫化氢 35ppm，火焰高度 0.2～0.5m，正挤，挤密度 0.898g/cm³ 稀油 3.5m³，泵压 50MPa，压降较小，解堵效果差；经过反复打压油管未通，提出连续油管，泵车增大排量正挤稀油 1.5m³，泵压由 50MPa 下降至 22MPa，压降大，此时显示油管解堵连通。

（五）经验教训

为防止长时间井口未有动作稠油上返凝管，建议：

（1）提前准备回注液（漏失井使用钻井队储备液；酸压井排酸队预留 20～30m³ 返出液）。

（2）泵车开井前连接好管线并试压 65MPa 合格。

（3）泵车自备罐提前准备好回注液、密度 1.08g/cm³ 的油田水 2m³（提前连接泵车供液管线，漏失井钻井队连接，酸压井排酸队连接）。

（4）安排人员在井口坐岗，每 15min 观察压力变化，取样观察液性，计量出液量并进行记录，特殊情况加密观察。

（5）开井排液达到油管容积＋口袋容积－2000m 油管容积时进行试挤，压力无异常则继续排液，压力异常升高，继续回注。

（6）未见稠油但检测到硫化氢时进行试回注试挤。

（7）压力、产液、温度在工作制度不变的情况下有明显波动，进行试挤。

（8）如遇类似井（钻井队施工结束至开井间隔时间长的井或 12 区 3 小区、5 小区），建

议现场回注 $20m^3$ 判断稠油是否进入井筒。

第二节　TK123# 井未及时将稠油回推导致凝管

(一)基本情况

TK123#井未及时回推导致稠油凝管，2008 年该井对奥陶系 6442.19～6491.46m 井段试油，入井管串见表 4－2－1。

表 4－2－1　管串结构数据

工具名称	内径/mm	外径/mm	长度/m	下深/m
油补距			8.42	8.42
油管挂	76	174	0.4	8.82
Φ88.9mmEUE 双公短节	76	88.9	0.32	9.14
Φ88.9mmEUEP110S(壁厚 6.45mm)油管 577 根	76	88.9	5485.74	5494.88
Φ88.9mmEUE 母×Φ73mmEUE 公	62	114	0.53	5495.41
Φ73mmEUEP110S(壁厚 5.51mm)油管 19 根	62	73.02	181.37	5676.78
常闭阀	52	95	0.31	5677.09
Φ73mmEUEP110S(壁厚 5.51mm)油管 1 根	62	73.02	9.5	5686.59
Φ73mmEUE 母×Φ88.9mmEUE 公	62	93	0.08	5686.67
CYY211－146 封隔器	60	146	0.45/1.95	5687.12/5689.07
Φ73mmEUEP110S(壁厚 5.51mm)油管 1 根	62	73.02	9.49	5698.56
Φ73mmEUE 接箍	76	93	0.14	5698.70

(二)发生经过

(1)反掺正采：2 月 27 日用 8mm 油嘴反掺正产，泵压 18.5MPa，套压 18MPa，油压 10MPa，平均产混 $13.45m^3/h$，平均净产 $2.05m^3/h$。

(2)正挤稀油 $30m^3$(泵压 21MPa，排量 $0.25m^3/min$)、钻井队甩钻具。

(3)再次掺稀发生异常。3 月 6～7 日用 8mm 油嘴反掺正采，油压突然从 16MPa 降至 0.86MPa，泵压 18MPa，排量 $10.2m^3/h$，井温 25～40℃。

(三)原因分析

油压快速下降显示稠油上返至油管内，而现场未及时回注稀油。TK123#井油压、套压、泵压时间变化见图 4－2－1。

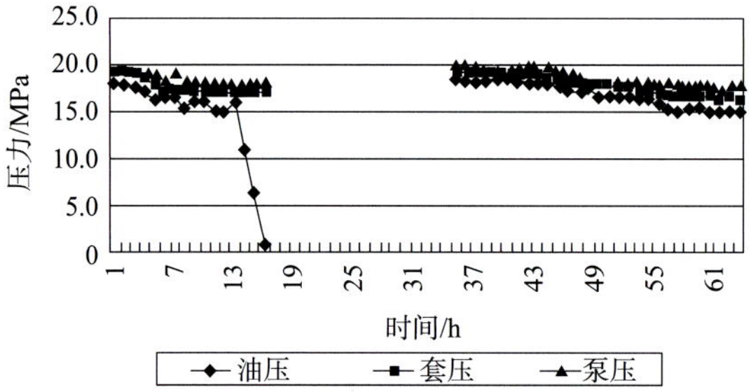

图 4-2-1 TK123# 井油压、套压、泵压随时间变化情况

(四)处理措施与效果

3 月 7 日正挤稀油，泵压 35~60MPa，共挤入 4.03m^3，同时环空注入 80~84℃的稀油 61m^3，泵压 18.1~19.17MPa。

3 月 8 日油压 20.4~60MPa，油管挤通，累计注入稀油 19.48m^3，继续正挤 50~60℃的热油 29.08m^3，焖井后正常生产。

(五)对策及建议

(1)现场试油根据压力、产出量及时调整注采比；

(2)稠油上返及时回注稀油。

第五章　井口装置故障

井口装置是指井口表层套管的最上部和油管头异径连接装置之间的全部永久性装置，包括套管头壳体、套管头四通、油管头四通、转换四通、多段头壳体和四通等。连接装置及附件包括转换连接装置、油管头异径连接装置、顶部连接装置、三通和四通、流体取样器；套管/油管悬挂器包括芯轴式悬挂器和卡瓦式悬挂器；阀门和节流器包括单层/多层完井阀、驱动阀、驱动器用阀、止回阀、节流阀、地面/水下安全阀及驱动器；单件连接装置包括焊颈连接装置、盲板连接装置、螺纹式连接装置、异径连接装置和封隔连接装置。

第一节　TP34#井套管悬挂器密封失效

套管悬挂器安装不到位，是导致大多数密封失效的主要原因。

一、TP34#井套管悬挂器未安装到位导致密封失效

(一)基本情况

TP34#井是位于托甫台的一口开发井，2015年12月22日开始钻进作业，2016年2月9～10日Φ250.8mm双级固井并进行坐挂作业，Φ250.8mm套管坐挂吨位110t，测量悬挂器压板距套管头上法兰面60mm，套管预留高度为175mm。2月11日安装钻井井口，对钻采一体化四通(副密封)试压61.29MPa，稳压30min，压降0.31MPa；钻采一体化四通(主密封)试压61.37MPa，稳压30min，压降0.33MPa，试压合格。TP34#井三开和四开钻井井口见图5-1-1。

(二)发生经过

2016年8月31日对70MPa级别、13⅜″×9⅞″套管头的BX159法兰预试压不合格，判断Φ250.8mm套管悬挂器密封失效，更换其主密封后试压合格。损坏密封见图5-1-2。

(三)原因分析

该井采用Φ250.8mmWE型套管悬挂器，卡瓦用于悬挂套管，上部方形密封依靠拧紧内六角螺钉激发密封，悬挂器结构和实物见图5-1-3和图5-1-4。

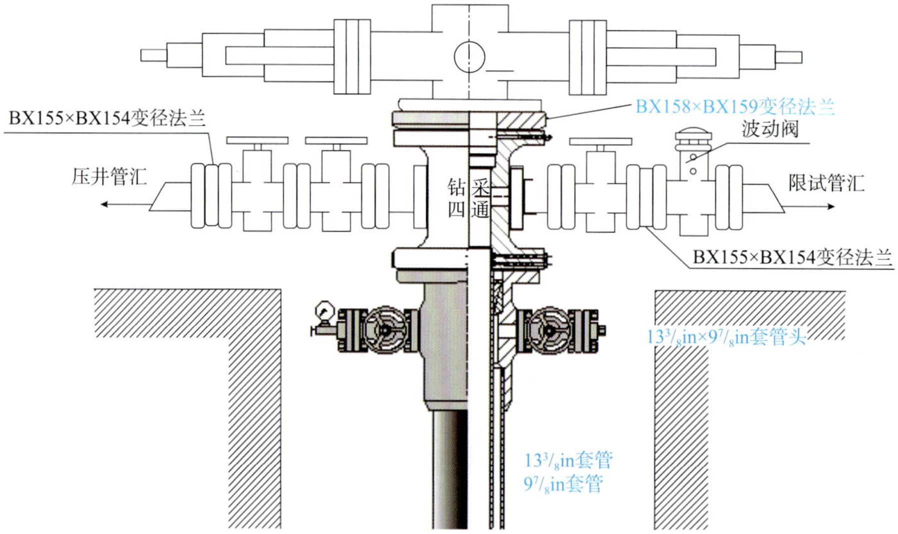

图 5-1-1　TP34# 井三开和四开钻井井口示意图

图 5-1-2　TP34# 井损伤的悬挂器密封

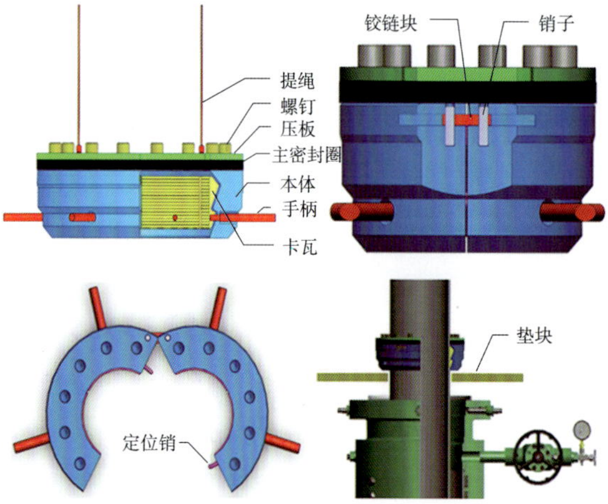

图 5-1-3　WE 型套管悬挂器结构示意图

图 5-1-4　WE 型套管悬挂器实物图

该井 2 月 10 日首次安装悬挂器和 9 月 2 日拆开钻采一体化四通后，测量数据对比见表 5-1-1。根据数据可判断首次安装悬挂器后套管和悬挂器均出现 16～18mm 下沉，见图 5-1-5 和图 5-1-6。

表 5－1－1 套管悬挂器坐落位置变化记录

时间	2 月 10 日	9 月 2 日	差值
套管预留高度/mm	175	157	－18
压板距上法兰高度/mm	60	76	－16

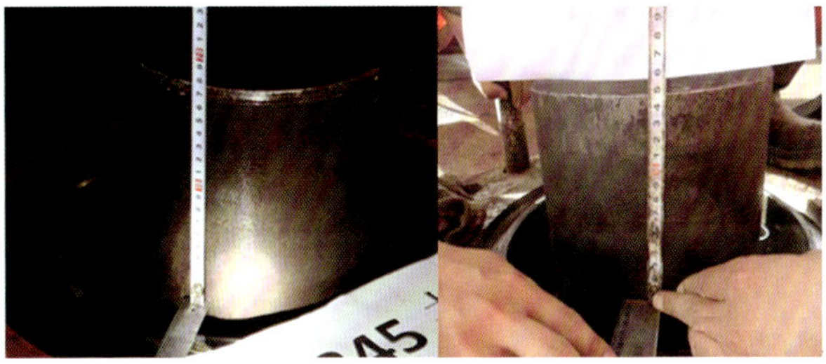

图 5－1－5 套管预留高度前后对比

图 5－1－6 压板距上法兰高度前后对比

根据压板距上法兰前后高度差 16mm 和压板厚度 15mm 可推断，首次安装悬挂器后方形密封仍位于套管头内密封位置，试压合格，后续施工过程中因井口震动套管悬挂器坐落到位，但方形密封在瞬间下移过程中损伤(摩擦或拔活塞损伤)，再次试压时无法稳压(见图 5－1－7)。

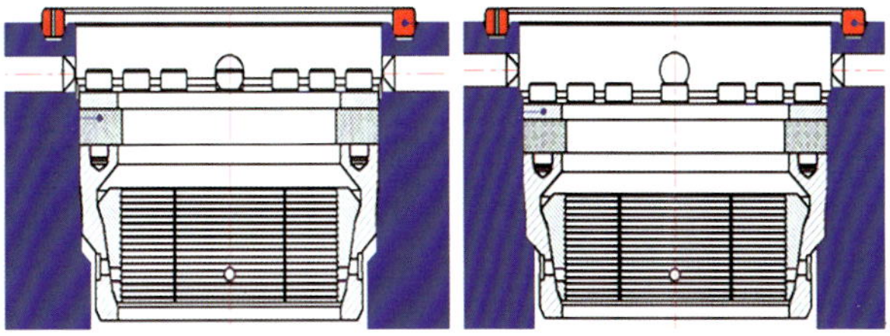

图 5－1－7 悬挂器未坐落到位和坐落到位对比

综上所述，TP34#井 WE 型套管悬挂器密封失效是因悬挂器未安装到位造成。

(四)处理措施与效果

拆钻采一体化四通并更换套管悬挂器主密封，试压合格。

(五)经验教训

(1)确保悬挂器安装到位。安装 WE 型套管悬挂器时，需严格按照安装说明书进行，在加压吨位前，必须保证悬挂器已坐落到位(不能提前加压吨位，否则可能无法坐落到位)。操作人员可采用敲击扳手对悬挂器对称敲击，使悬挂器压板平面低于套管头内通孔第一个台肩(顶丝下端)，确保方形密封完全进入套管头内通孔密封部位(见图5－1－8、图5－1－9)。

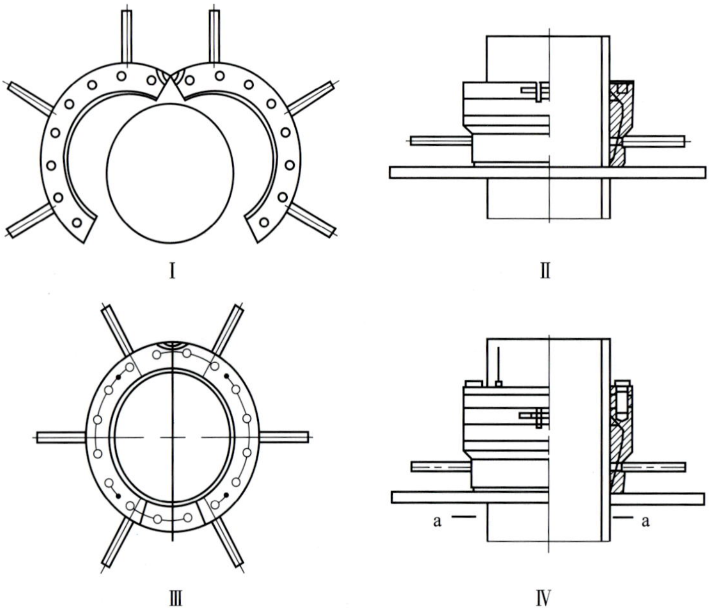

图5－1－8　WE型套管悬挂器安装示意图

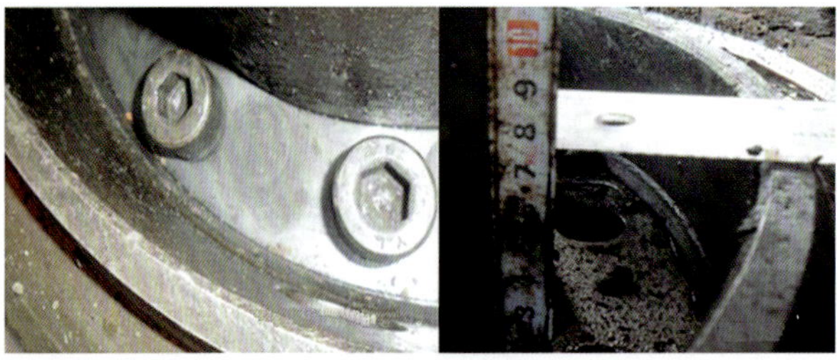

图5－1－9　悬挂器坐落到位实物

(2)根据统计数据，压板距法兰平面高度应在75mm左右，测量该值可作为悬挂器是否坐落到位、悬挂器密封是否到位的判断依据。

二、SHB5$^{\#}$井紧固螺栓用力不均导致套管悬挂器密封失效

(一)基本情况

SHB5$^{\#}$井使用的是70MPa级别、$13\frac{5}{8}$in × $9\frac{7}{8}$in套管头，材料级别为EE，生产日期2014年3月8日。

(二)发生经过

2016年6月13日，SHB5$^{\#}$井Φ250.8mm套管悬挂器密封圈渗漏，更换Φ250.8mm悬

挂器密封圈和 Φ250.8mmBT 密封圈。

在井队拆卸完防喷器、钻采四通、变法兰径，清理套管悬挂器上的杂质后，测量压板平面到套管头平面的距离。测量后发现，压板平面到套管头平面的距离有高有低，误差在3cm 左右(见图5－1－10)。检查螺丝时有3个螺丝比较松，套管基本居中但有点偏磨。检查并记录完后，开始拆卸 Φ193.7mm 套管悬挂器上的12个螺丝和密封圈。清洗密封圈时，发现局部地方被刺坏(见图5－1－11)。

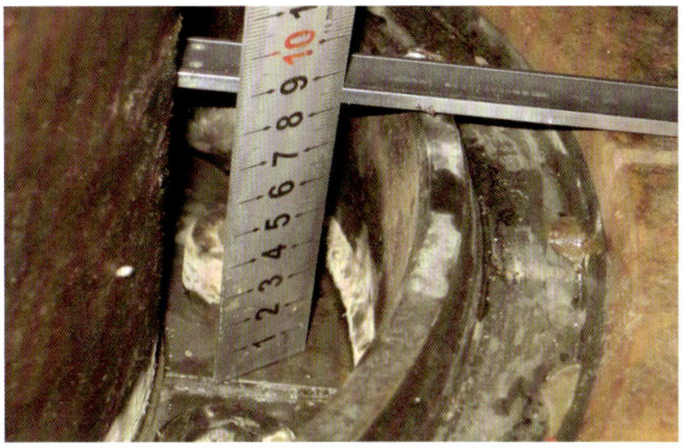

图5－1－10　现场压板平面到套管头平面的距离误差3cm

图5－1－11　密封圈局部被刺坏

(三)原因分析

Φ250.8mm 悬挂器上12根紧固螺丝时，用力不均，导致压板平面到套管头平面的距离有高有低。

(四)处理措施与效果

清洗 Φ250.8mm 套管悬挂器、Φ250.8mm 套管内壁、BX159 钢圈槽和 Φ250.8mmBT 密封圈槽后，重新涂抹黄油并安装 Φ250.8mm 悬挂器密封圈和 Φ250.8mmBT 密封圈，在安装 Φ250.8mm 套管悬挂器上的12根螺丝时安装防松垫片。紧固好 Φ250.8mm 悬挂器上12根螺丝，确保压板平面到套管头平面的距离一致、受力均匀。后安装 Φ193.7mm 钻采四通，进行注脂试压。2016年6月15日10时试压合格。

(五)经验教训

安装 Φ250.8mm 套管悬挂器上12根螺丝时安上防松动垫片，紧固螺丝时用力均匀，保证压板平面到套管头平面的距离高低一致。

第二节　清蜡阀门异常问题

清蜡阀门阀板内孔、阀座内孔不同程度的磨损、拉伤，以及阀板密封面和阀座密封面损伤，是造成清蜡阀门关闭异常的主要原因。

TK94#井清蜡阀门渗漏

(一)基本情况

TK94#井采油井口编号为2012029，材料级别EE级，生产日期2012年7月，清蜡阀编号2012657。

图5－2－1　TK94#井井口

(二)发生经过

该井井口(见图5－2－1)于2013年9月12日在完井设备管理部井控车间进行试压，试压合格后于2013年9月13日送井。井队于2013年10月3日安装采油树，现场安装后，对该套采油井口进行试压，试压合格。

2013年10月4～5日连续油管下深300m、600m气举13h，诱喷成功后上提连续油管。

5日关清蜡阀门，油压10MPa，阀门上部冒气泡，关1号主阀关井。开关清蜡阀门，检查阀板是否开关到位、阀板是否处于浮动密封状态。关闭阀门3min左右开始出现渗漏。如此反复开关三次，清蜡阀门渗漏状况无改善，现场判断为阀板密封失效。

(三)原因分析

2013年10月6日上午在井控车间对该清蜡阀进行了拆卸，清洗后发现：清蜡阀的阀板内孔、阀座内孔都出现了不同程度的磨损、拉伤痕迹，阀板密封面和阀座密封面也有损伤，阀体本体安装阀座接触的内孔部位也有拉伤痕迹(清蜡阀门结构见图5－2－2和图5－2－3，清蜡阀门损伤见图5－2－4、图5－2－5)。

现场施工人员开关清蜡阀门时未按照规范操作，造成连续油管与阀座、阀板摩擦而磨损，导致密封不严，清蜡阀门渗漏。

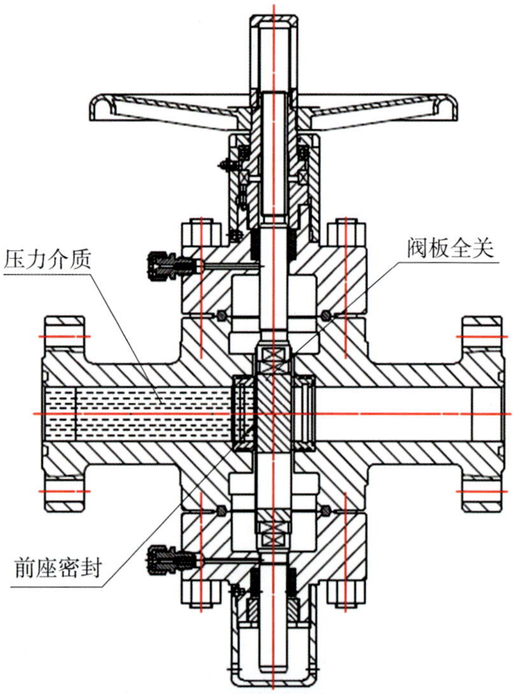

图5－2－2　清蜡阀结构示意图

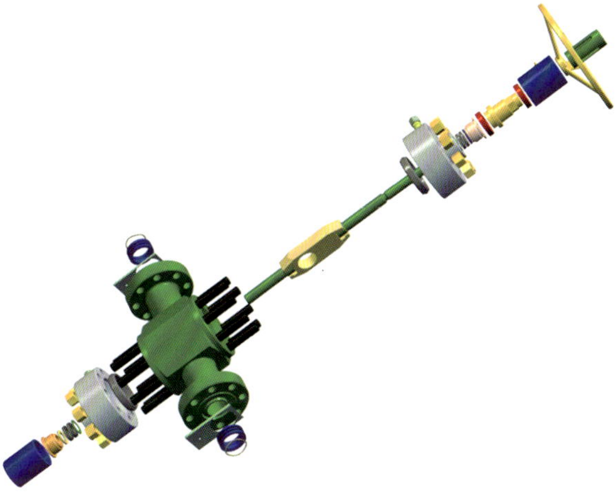

图 5-2-3 清蜡阀拆卸各部件

图 5-2-4 阀座密封面及内孔磨损拉伤

图 5-2-5 阀板密封面磨损拉伤

（四）处理措施与效果

对清蜡阀进行更换，现场试压合格，井口恢复正常。

（五）经验教训与建议

（1）为防止类似情况的再次发生，要求现场施工人员按照说明书提供的阀门开关圈数进行操作，阀门开关时一定要使阀门处于全开或全关状态，在阀门开关到位时一定要回转1/4～1/2圈以保证浮动密封的有效性。

（2）规范明确杆阀开关显示方法，包括开关总圈数或对全开全关刻度标示。

第三节 钻采四通异常问题

一、SHB6[#]井钻采四通顶丝不匹配导致其未安装到位

（一）故障井基本情况

SHB6[#]井位于新疆沙雅县境内，是一口高压油气井，该井前期漏失，目前井筒稳定，

井浆密度 1.60g/cm^3。鉴于地层压力情况不明，为保证井控安全，此次测试采用 105MPa EE 级采油树，目前井口结构：TF$13\frac{3}{8}$in ×$9\frac{7}{8}$in -69MPa + 钻采四通 + 变径法兰(BX158 × BX159) + 下双闸板 2FZ35 -70(上部 Φ88.9mm 半封；下部全封) + 上双闸板 2FZ35 -70(上剪切，下 5in ×$5\frac{1}{2}$in 变径) + 环形 FH35 -35/70 + 防溢管，其中钻采四通上下法兰分别为 BX158、BX159，上法兰承压级别为 105MPa，详见图 5 -3 -1。

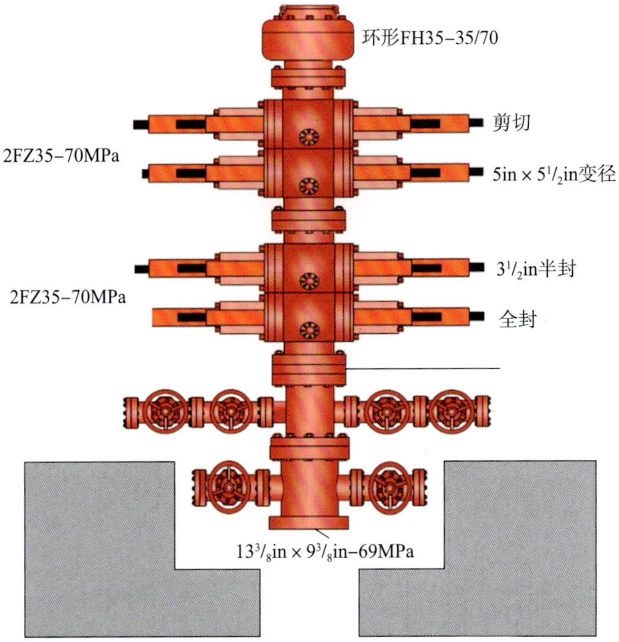

图 5 -3 -1　SHB6# 井井口结构

图 5 -3 -2　SHB6# 井现场顶丝情况

(二) 发生经过

2016 年 6 月 10 日待方案期间，安排井队对井口顶丝重新紧固时发现，钻采一体化四通上法兰一颗顶丝压杆全部上入压帽内部后仍无法紧固到位(其余 9 颗正常紧固到位)，见图 5 -3 -2。

(三) 故障原因分析

SHB6# 井此次使用钻采一体化四通为修复四通，针对异常原因做如下分析：

(1) 维修作业时将不同规格的钻采一体化四通上法兰顶丝混装。针对顶丝异常，初步怀疑进行维修作业时将不同规格的油管头四通上法兰顶丝混装，导致该顶丝过短而无法正常紧固至油管头内防磨套位置。对各种型号油管头四通及其配套顶丝(见图 5 -3 -3)参数进行落实，详细参数见表 5 -3 -1。

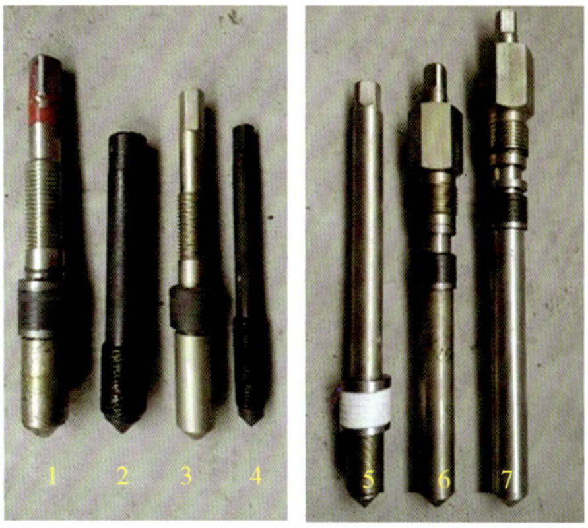

图 5-3-3 顶丝实物图

1—普通 70MPa 新顶丝；2—普通 70MPa 旧顶丝；3—普通 105MPa 新顶丝；4—普通 105MPa 旧顶丝；
5——一体化 Φ244.47mm、Φ250.8mm 旧顶丝(已停止使用)；
6——一体化 Φ244.47mm、Φ250.8mm 新顶丝；7——一体化 Φ177.8mm、Φ193.7mm 新顶丝

表 5-3-1 各型号油管头四通及配套顶丝参数

四通分类		上法兰外径/mm	最大通径/mm	顶丝长度/(新/旧)/mm	顶丝螺纹直径(新/旧)/mm	退出预留长度(新/旧)/mm	上紧预留长度(新/旧)/mm	装入顶丝数(新/旧)/颗
普通	70MPa	480	180	260/210	28/33	125/90	105/55	6/12
	105MPa	505	180	245/215	22/22	90/60	70/40	8/16
钻采一体化	Φ177.8mm、Φ193.7mm	815	180	430/—	28/—	130/—	110/—	10/—
	Φ244.47mm、Φ250.8mm	815	280	380/360	28/33	130/—	110/—	10/—

由此可知，不同型号油管头四通所对应的顶丝差别较大，主要体现为长度、本体、螺纹外径及顶丝螺纹分布。新顶丝主要在螺纹分布及四通装入数量方面做了优化，老顶丝螺纹设计于顶丝头部，考虑顶丝上紧后螺纹处于裸露状态，易磕碰而致螺纹损坏，新顶丝将螺纹设计于顶丝中后部，与压帽内螺纹相配合。同时，四通在新顶丝装入数量上做了优化，减少了装卸工作量，亦能保证顶丝对防磨套或油管挂的居中固定作用。

由于顶丝种类相对较多，且部分顶丝仅存在长度上的差异，压帽、本体、螺纹无差异，确实存在混用的可能性。

(2)套管头与钻采一体化四通顶丝混装。测量套管头上法兰 BX159 外径为 770mm，最大通径 346.9mm，推测该法兰顶丝长度约为 250mm，且与钻采一体化四通顶丝相比，仅存在长度差异，压帽、本体、扣型无差异。若现场误将套管头与钻采一体化四通顶丝混装，套管头由于 WE 悬挂器坐于顶丝下部，钻采一体化四通长顶丝仍可正常紧固到位；钻采一体化四通由于套管头顶丝过短，无法正常紧固至钻采一体化四通内防磨套位置。

(四)处理措施与效果

换装正确顶丝后安装到位。

(五)经验教训

顶丝等易损耗零件，现场带备份，且安装时必须安装正确。

二、TP12#井顶丝紧固过度导致钻采四通顶丝拆卸异常

(一)基本情况

TP12#井使用的是70MPa钻采四通，材料级别为FF－0.5，性能级别PR2，交接给井队时各阀门及附件正常。TP12#井油管四通总成及井口交接记录见图5－3－4。

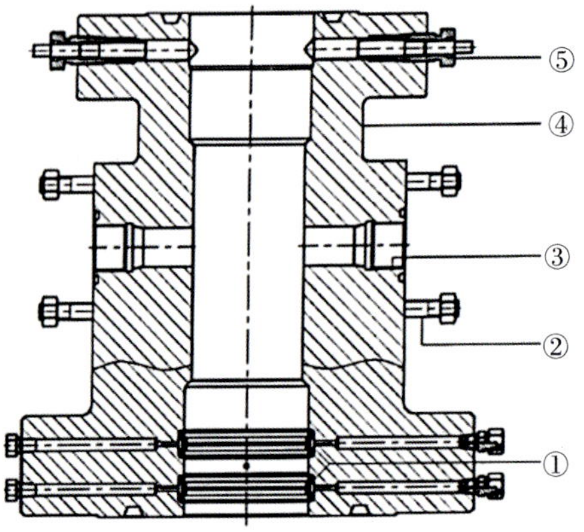

①二次密封；②侧出口栽丝螺栓；③侧出口VR堵螺纹；④油管四通本体；⑤顶丝总成

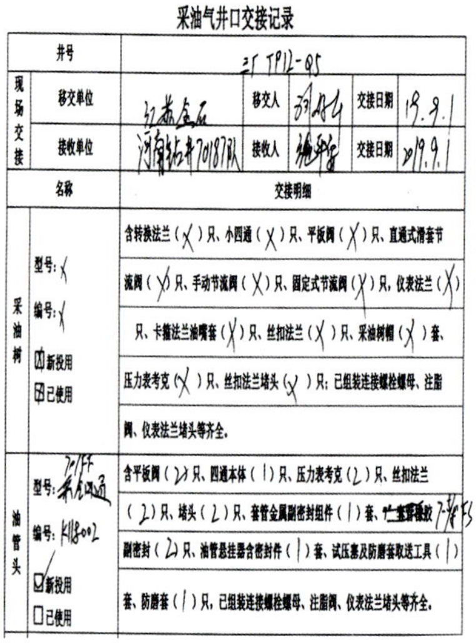

采油气井口交接记录

井号		ZT TP12-05				
现场交接	移交单位	江苏金石	移交人	[illegible]	交接日期	19.9.1
	接收单位	河南钻井70187队	接收人	[illegible]	交接日期	2019.9.1
名称		交接明细				
采油树	型号：╳ 编号：╳ ☒新投用 ☒已使用	含转换法兰（╳）只、小四通（╳）只、平板阀（╳）只、直通式滑套节流阀（╳）只、手动节流阀（╳）只、固定式节流阀（╳）只，仪表法兰（╳）只、卡箍法兰油嘴套（╳）只、丝扣法兰（╳）只、采油树帽（╳）套、压力表考克（╳）只、丝扣法兰堵头（╳）只；已组装连接螺栓螺母、注脂阀、仪表法兰堵头等齐全。				
油管头	型号：70/FF 采气四通 编号：K118002 ☑新投用 □已使用	含平板阀（2）只、四通本体（1）只、压力表考克（2）只、丝扣法兰（2）只、堵头（2）只、套管金属副密封组件（1）套、7-5/8″ FS副密封（2）只、油管悬挂器含密封件（1）套、试压塞及防磨套取送工具（1）套、防磨套（1）只，已组装连接螺栓螺母、注脂阀、仪表法兰堵头等齐全。				

图5－3－4　TP12#井油管四通总成示意图及井口交接记录

(二)发生经过

2019年11月4日发现4颗顶丝无法正常操作，对顶丝和顶丝压帽部分进行分解，发现顶丝压帽和顶丝本体已经粘在一起，无法更换填料，起出检查试压塞侧面有顶丝顶过的凹坑。

(三)原因分析

对4颗顶丝进行拆卸，发现问题如下：

(1)4颗顶丝中金属填料变形，V形填料因挤压变形，部分V形填料内圈被切掉，呈“U”形，见图5－3－5和图5－3－6。被挤压的填料夹杂在顶丝压帽和顶丝本体丝扣之间。

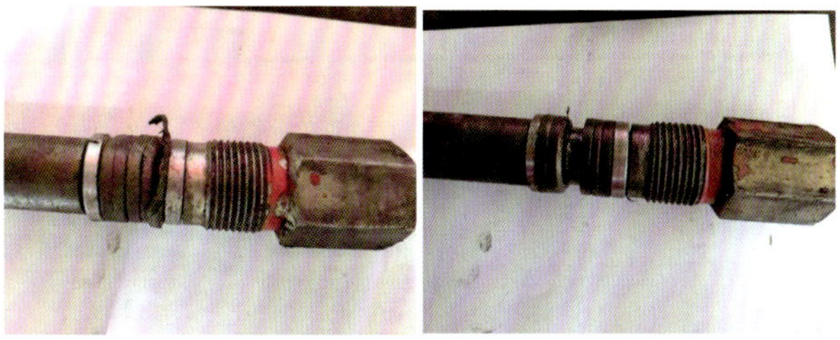

图 5－3－5　金属填料变形及 V 形填料内圈被切掉

图 5－3－6　变形的金属填料及被切掉的 V 形填料

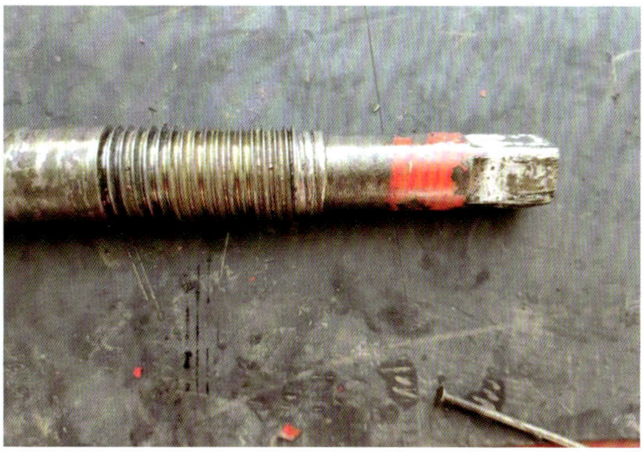

图 5－3－7　顶丝丝扣螺纹损伤

(2) 顶丝本体顶针变形，卸开困难，顶丝丝扣螺纹损伤(见图 5－3－7)。

对比顶丝损伤情况及试压塞取出情况分析，造成该井顶丝无法拆卸的原因为现场操作失误，现场投试压塞对井口防喷器试压后，顶丝紧固过度(见图 5－3－8)。

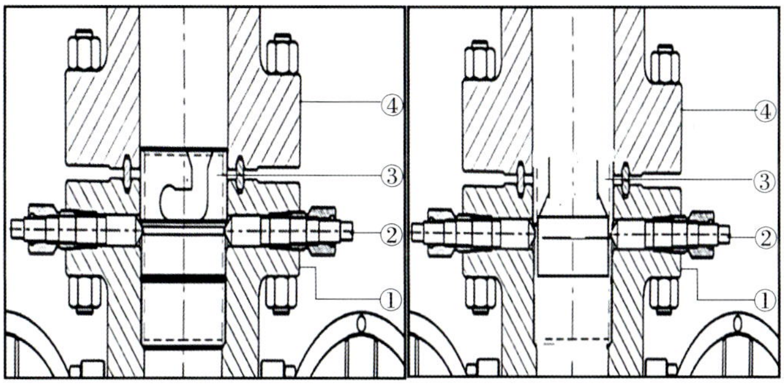

(a)安装防磨套到位　　(b)安装试压塞到位

图 5－3－8　防磨套及试压塞安装结构示意图

该类型钻采四通对应防磨套外径267mm，试压塞外径234mm。采用顶丝顶紧试压塞将比顶进防磨套单边需多顶进16.5mm(顶丝顶进是通过螺纹将旋转运动变成直线运动)。从顶针螺纹变形情况来看，该井顶丝已全部顶出，被挤压变形的V形填料夹杂其中，造成卸顶丝过程中顶丝螺纹黏扣。TP12#井防磨套及试压塞安装图见图5-3-9。

(a)TP12#井防磨套　　(b)TP12#井试压塞

图5-3-9　TP12#井防磨套及试压塞安装图

(四)处理措施与效果

更换顶丝总成，试压合格，异常解除。

(五)经验教训

(1)正常顶丝紧固到位后，顶丝压帽的丝扣还外露1~2扣。在此过程中，如果有渗漏情况，可通过压进顶丝压帽的方式解除异常。

(2)在完井期间有两道工序需要紧固顶丝并验松：一是安装防磨套到位，二是安装油管挂到位。在投试压塞试压过程中无须紧固顶丝，其他工序不需要对顶丝进行操作。